Thomas de Padova
Allein gegen die Schwerkraft

PIPER

Zu diesem Buch

Thomas de Padova erzählt in bestechend klarer Prosa von Einsteins zerrissenem Lebensumfeld während seiner ersten Jahre in der Reichshauptstadt Berlin. Er zeigt, wie sich Einstein aus der unglücklichen Ehe mit Mileva befreit, wie er zum Kämpfer und Verfechter des Pazifismus wird und wie er in einer auseinanderbrechenden Welt Raum und Zeit neu definiert.
Ein Porträt, das Leben und Wirken eines der größten Genies des 20. Jahrhunderts in neuem Licht erscheinen lässt.

Thomas de Padova, geboren 1965, hat in Bonn und Bologna Physik und Astronomie studiert. Er war lange Zeit Wissenschaftsredakteur beim *Tagesspiegel* und lebt heute als freier Publizist in Berlin. Bei Piper erschienen von ihm zuletzt »Das Weltgeheimnis«, ein vielbeachtetes Werk über Johannes Kepler und Galileo Galilei und Wissenschaftsbuch des Jahres 2010, sowie der Wissenschaftsbuchbestseller »Leibniz, Newton und die Erfindung der Zeit«.

www.thomasdepadova.com

Thomas de Padova

Allein gegen die Schwerkraft

Einstein 1914–1918

Mehr über unsere Autoren und Bücher:
www.piper.de

Von Thomas de Padova liegen im Piper Verlag vor:
Das Weltgeheimnis
Leibniz, Newton und die Erfindung der Zeit
Allein gegen die Schwerkraft

Die Taschenbuchausgabe erscheint mit freundlicher Genehmigung des
Carl Hanser Verlag GmbH & Co. KG.

© Piper Verlag GmbH, Georgenstraße 4, 80799 München
www.piper.de
Für direkten Kontakt und Fragen zum Produkt wenden Sie sich bitte
an: *info@piper.de*

Aktualisierte Taschenbuchausgabe
ISBN 978-3-492-31028-4
Piper Verlag GmbH, München
1. Auflage Mai 2017
2. Auflage Dezember 2019
© Carl Hanser Verlag, München 2015
Umschlaggestaltung: semper smile, München, nach einem
Entwurf von Birgit Schweitzer, München
Umschlagabbildung: ullstein bild, akg-images
Satz: Kösel Media GmbH, Krugzell
Gesetzt aus der Adobe Garamond
Druck und Bindung: CPI books GmbH, Leck
Printed in Germany

Vorwort

Dieses Buch erzählt von der Entstehung der allgemeinen Relativitätstheorie mitten im Ersten Weltkrieg. Es handelt von einer Katastrophe, die niemanden verschont, und von einem Forscher auf der Suche nach der Schwerelosigkeit. Von einer Welt, die zerbricht und in Albert Einsteins Physik in beispielloser Weise geistig zusammengehalten wird.

Unsere Geschichte beginnt am 13. Juli 1913, an dem Einstein vor der Entscheidung steht, die Weichen für sein künftiges Leben noch einmal neu zu stellen. Am Züricher Bahnhof trifft er auf Max Planck und Walther Nernst, die eigens aus Deutschland angereist sind, um ihrem deutlich jüngeren Forscherkollegen einen hoch dotierten Posten anzubieten – einen Traumjob ohne jegliche Lehrverpflichtungen an der Preußischen Akademie der Wissenschaften. Nach Berlin also? Planck und Nernst kommen ihm vor »wie Leute, die eine seltene Briefmarke erwerben wollen«.[1]

Derselbe 13. Juli 1913 ist auch das Datum eines anderen, gewagteren Aufbruchs: Nach einer klaren Nacht steigt der Schweizer Oskar Bider um 4 Uhr in der Früh in einen hölzernen Flugapparat, mit dem er das gesamte Alpenmassiv überqueren will, von Bern bis nach Mailand. Seine motorisierte Maschine rollt auf Fahrradreifen über eine Wiese – und schon ist Bider in der Luft, winkt den Schaulustigen noch einmal zu und nimmt Kurs auf das 3500 Meter hohe Jungfraujoch.

Während das staunende Publikum zu Bider und anderen Piloten aufschaut, den gefeierten Helden des frühen 20. Jahrhunderts, die einen uralten Menschheitstraum wahr gemacht haben, dreht Einstein die Perspektive um. Er fragt sich, was jemand erlebt, der aus großer Höhe im freien Fall auf die Erde zustürzt. Was für einen Piloten eine Höllenfahrt wäre,

Vorwort

lädt den Physiker dazu ein, die altbekannten Fallgesetze aus einem neuen Blickwinkel zu betrachten:

Angenommen, man befände sich in einer rundum geschlossenen Kabine, würde im freien Fall der Erde entgegensausen, unterwegs seine Schlüssel aus der Hosentasche nehmen und loslassen. Dann würden die Schlüssel nicht kurz darauf am Boden der Kabine aufschlagen, sondern an eben der Stelle im Raum verharren, an welcher sie losgelassen worden sind. Sie würden schweben. Auch man selbst würde keine Schwerkraft spüren.

Die Vorstellung, schwerelos zu sein, fasziniert ihn. Kaum ein Forscherkollege, dem Einstein noch nicht davon erzählt hat, wie sich die Schwerkraft aus Sicht eines frei fallenden Beobachters plötzlich in nichts auflösen würde. Sein Entwurf für eine neue Gravitationstheorie, an dem er nun schon seit sechs Jahren arbeitet, baut auf diesem Gedanken auf.

Planck betrachtet den Versuch, die bewährte newtonsche Theorie der Schwerkraft aus den Angeln zu heben, mit ziemlicher Skepsis. Dennoch will er Einstein in Berlin sehen. Er und Nernst versprechen sich von dem jungen Kollegen vor allem Beiträge auf einem anderen Gebiet, der Quantentheorie, über die in Wissenschaftlerkreisen kontrovers diskutiert wird. Einstein hat seine Originalität auch hier bereits unter Beweis gestellt.

Nach Berlin also, »als Akademie-Mensch ohne irgendeine Verpflichtung, quasi als lebendige Mumie«?[2] Für Einstein kommt das Angebot unerwartet, aber zum richtigen Zeitpunkt. Was Planck und Nernst nicht wissen: Er kennt Berlin nicht nur als Hochburg der Physik und Technik, wo er sich neue Impulse für seine theoretischen Arbeiten erhoffen darf. In der siedenden Millionenmetropole wartet seine Cousine und heimliche Geliebte Elsa Löwenthal auf ihn. Er hat das leidenschaftliche Werben um sie gerade erst wieder aufgenommen. Allerdings ist Berlin auch das Zentrum des preußischen Militarismus, der ihm seit seiner Jugend verhasst ist und der die europäischen Nachbarländer verstört.

Genau ein Jahr später, nur vier Monate nach seinem Umzug, macht das Deutsche Reich mobil. Plötzlich dringt ein lautstarker Nationalismus in alle Stätten der Wissenschaft. Wie eine tückische Krankheit habe er um sich gegriffen und sonst tüchtige und sicher denkende Menschen gefesselt, schreibt Einstein nach Zürich.³ Max Planck, Walther Nernst und Fritz Haber, die alles dafür getan hatten, den jungen Genius nach Deutschland zu holen, geraten in einen Kriegstaumel.

Als Universitätsrektor ruft Planck die Berliner Studenten zum Kampf gegen »die Brutstätten schleichender Hinterhältigkeit« auf.⁴ Der Chemiker Nernst erforscht, sobald der Stellungskrieg beginnt, die Wirkung von Tränen- und Reizgasen, mit denen der Feind aus den Schützengräben vertrieben werden soll. Und im selben Institut, in dem der mehr als hilfsbereite Haber seinem Kollegen Einstein ein Arbeitszimmer angeboten hat, damit er in Ruhe über die Gravitation und eine Verallgemeinerung seiner Relativitätstheorie nachdenken kann, beginnt die Suche nach noch wirksameren chemischen Kampfstoffen. Während Einstein Habers zwölfjährigem Sohn Nachhilfeunterricht in Mathematik erteilt, bricht der Institutsdirektor an die Westfront auf, um Giftgaseinsätze vorzubereiten.

Warum bleibt Einstein in Berlin, wo er zwar als Wissenschaftler ganz oben schwimmt, »aber allein, wie ein Tropfen Öl auf dem Wasser, isoliert durch die Gesinnung und Lebensauffassung«?⁵ Anhand paralleler Ereignisse führt dieses Buch die Leser langsam hinein in Einsteins zerrissenes Lebensumfeld und in seinen Gedankenkosmos. Es stellt den Menschen und Forscher als Zeitzeugen dar.

Die Jahre zwischen 1914 und 1918 sind Jahre des Staunens und des Schreckens. Sie erzählen von der wissenschaftlichen Aufbruchsstimmung in Berlin und der Entfesselung eines gewalttätigen Nationalismus. Sie zeigen, wie weit ein einzelner Forscher kommen kann, wenn er sich von seinen Fragen leiten und verführen lässt und wenn er Widerstand leistet gegen das unmenschliche Wüten.

Wie schnell ihn der Krieg politisiert, lässt sich unter anderem anhand seines im Jahr 2012 erstmals in seiner Gesamtheit veröffentlichten Briefwechsels mit seinem Freund Heinrich Zangger in Zürich nachvollziehen: Ende 1914 ist sich Einstein der Bedeutung von Wissenschaft und Technik im Krieg bereits voll bewusst. Ihr Zerstörungspotenzial sei riesig. »Wir müssen deshalb nach meiner Meinung eine politische Organisation im Großen anstreben, die gegen den einzelnen Staat sich verhält, wie letzterer gegen den einzelnen Räuber«, schreibt er nach Zürich.[6] Ein europäischer Staaten- oder Völkerbund ist in seinen Augen langfristig der einzige Ausweg aus der Gewaltspirale. Um diesem Ziel näher zu kommen, schließt er sich dem soeben gegründeten »Bund Neues Vaterland« an, der sich nach dem Krieg in »Deutsche Liga für Menschenrechte« umbenennen wird.

Aus Sicht seiner Forscherkollegen sind seine pazifistischen Bemühungen ähnlich hoffnungslos wie sein Versuch, die newtonsche Schwerkraft zu überwinden. Tatsächlich stürzt seine mühsam ausgearbeitete Theorie der Gravitation, die auf einer gekrümmten Raumzeit fußt, im Herbst 1915 wie ein Kartenhaus in sich zusammen. Als er ihre Voraussetzungen noch einmal überdenkt, erwächst ihm in dem Göttinger Mathematiker David Hilbert plötzlich ein Mitstreiter um deren mathematische Formulierung. Einstein, in Aufregung, gerät in einen Schaffensrausch. Innerhalb von vier Wochen präsentiert er der Preußischen Akademie drei Neufassungen.

Am 25. November 1915 mündet der angespannte Wettlauf zwischen den beiden Forschern schließlich in die Grundgleichungen der allgemeinen Relativitätstheorie, die er bald darauf auf das Universum als Ganzes anwendet. Als Pfeiler der modernen Kosmologie haben Einsteins Feldgleichungen auch hundert Jahre später nichts von ihrer Faszination eingebüßt. Auf ihnen beruhen heutige Vorstellungen von schwarzen Löchern, Gravitationswellen und expandierenden Universen.

Die folgenden Kapitel laden die Leser dazu ein, Einstein auf seinem Weg nach Berlin zu begleiten, zu einer Zeitreise ins Mekka der damaligen Physik, wo sich seine idyllisch gelegene Arbeitsstätte nach und nach in eine Großforschungseinrichtung für Massenvernichtungswaffen verwandelt, wo Pläne geschmiedet werden für einen Krieg, in dem nicht nur Flugzeuge erstmals zum Einsatz kommen und Panzer, sondern alle Ressourcen und Erfindungen des menschlichen Geistes, vom Ohrstöpsel bis zur einheitlichen Zeitmessung, in den Dienst des Militärs gestellt werden. »Unser ganzer gepriesener Fortschritt der Technik, überhaupt die Civilisation, ist der Axt in der Hand des pathologischen Verbrechers vergleichbar«, so Einsteins bitteres Fazit inmitten des Krieges.[7] Er kann nicht ahnen, dass seine eigene, hochgradig abstrakte Forschung hundert Jahre später eine sichere Navigation im Straßenverkehr ermöglichen wird, den Militärs allerdings auch das punktgenaue Lenken von Raketen und den Einsatz von Drohnen.

Die allgemeine Relativitätstheorie ist Einsteins bedeutendste wissenschaftliche Leistung. Seine gedankliche Verknüpfung von Raum, Zeit, Materie und Gravitation wirft Fragen auf, die Physiker und Philosophen bis heute umtreiben. Sie hat einen Wert an sich. Welchen Nutzen die Menschheit aus ihr ziehen kann, hängt jedoch maßgeblich davon ab, ob sie auch sein pazifistisches Erbe antritt.

Inhalt

Vorwort 5

Teil I: Das Vorfeld 15

1. Von Zürich nach Berlin? 17
An dem Tag, als der Schweizer Oskar Bider in einem wackeligen Einsitzer zum Flug über das gesamte Alpenmassiv abhebt, nimmt sein Landsmann Albert Einstein ein verlockendes Angebot an: von Zürich nach Berlin an die Preußische Akademie der Wissenschaften zu wechseln.

2. Forscherpaare 29
Zusammen mit der Nobelpreisträgerin Marie Curie bricht Einstein zu einer Bergtour auf. Mit von der Partie, doch stets in seinem Schatten, seine Frau Mileva, die ebenfalls Physik studiert und von einer gemeinsamen Wissenschaftlerkarriere geträumt hat. Mileva stammt aus einer serbischen Familie. Als die Wanderung ausklingt, geht auf dem Balkan ein grausamer Krieg zu Ende.

3. Metropolis 47
Einstein sieht seiner »Verberlinerung« nun zunehmend mit Unbehagen entgegen. Die deutsche Reichshauptstadt, in der seine Geliebte Elsa Löwenthal auf ihn wartet, überrascht den bis da-

Inhalt

hin nur in Fachkreisen bekannten Physiker mit Willkommensgeschenken und medialer Aufmerksamkeit.

Teil II: Das Schlachtfeld 77

4. Ultimatum 79
Um seine Frau Mileva zur Scheidung zu bewegen, knüpft Einstein unmögliche Bedingungen an ein weiteres Zusammenleben. Sie verlässt Berlin zusammen mit den Kindern am Abend des 29. Juli 1914 in einem der letzten Züge nach Zürich, bevor der Erste Weltkrieg nach Ablauf des österreichischen Ultimatums an Serbien entbrennt.

5. »Unglaubliches hat nun Europa in seinem Wahn begonnen« 107
Nach dem Einmarsch deutscher Truppen in Belgien verteidigen Einsteins engste Kollegen in dem berüchtigten Aufruf »An die Kulturwelt« den Militarismus und streiten alle deutschen Kriegsverbrechen ab. Er selbst, tief betroffen, unterstützt den pazifistischen »Aufruf an die Europäer«. Der Völkerbundgedanke wird zu seiner politischen Leitidee.

6. Die Genese einer Terrorwaffe 129
Einstein schließt sich einer politischen Vereinigung an, die auf einen Verständigungsfrieden hinarbeitet. Unterdessen bereitet Fritz Haber, in dessen Institut er ein Arbeitszimmer hat und dessen Sohn er Nachhilfeunterricht gibt, den ersten großen Chemiewaffeneinsatz an der Westfront vor. Der Giftgasangriff in Ypern endet in einer menschlichen und familiären Tragödie.

Teil III: Das Gravitationsfeld 163

7. Wettlauf zur Weltformel   165
Unter dem Einfluss der Gravitation vergeht Zeit langsamer, läuft Licht auf krummen Wegen. Einstein hat Jahre gebraucht, um eine Theorie der Schwere zu formulieren. Im Herbst 1915 stößt er auf grundlegende Fehler in seiner Arbeit. Doch dann geht alles ganz schnell: ein Wettlauf zwischen ihm und dem Mathematiker David Hilbert um den Abschluss eines Jahrhundertwerks.

8. Beben der Raumzeit   203
Unmittelbar nach Vollendung der allgemeinen Relativitätstheorie sagt Einstein die Existenz von Gravitationswellen voraus, nach denen Forscher noch hundert Jahre später suchen werden. Sein Renommee wächst, pazifistische Organisationen werden verboten, der Krieg wird total.

9. Einsteins Universum   231
Der Physiker entwirft das Bild eines in sich geschlossenen Weltalls auf der goldenen Mitte zwischen Expansion und Kollaps. Während er das kosmische Gleichgewicht mathematisch austariert, steigt auf dem militärischen Fluggelände in Berlin-Johannisthal eine Maschine Marke Einstein mit »Katzenbuckel-Flügeln« in die Luft. Die harmlose Erfindung eines Pazifisten?

10. »9. XI. – fiel aus wegen Revolution« –
Einstein, der Aktivist   245
Als der Große Krieg im November 1918 endet und in Berlin die Republik ausgerufen wird, schlägt die Stunde des überzeugten Demokraten. In den Revolutionstagen steht Einstein als politischer Redner auf dem Podium, sein Name wird aber auch von dem Industriellen Walther Rathenau und anderen für Parteiaufrufe missbraucht.

Inhalt

Nachwort   275

Dank   281

Anmerkungen   282

Literatur   297

Bildnachweise   306

Personenregister   307

Teil I: Das Vorfeld

*»Auf dem Vorfeld herrscht der leichte Ton,
die Nebenfiguren sind die Helden.«[8]*

(Peter Sloterdijk)

1. Von Zürich nach Berlin?

An dem Tag, als der Schweizer Oskar Bider in einem wackeligen Einsitzer zum Flug über das gesamte Alpenmassiv abhebt, nimmt sein Landsmann Albert Einstein ein verlockendes Angebot an: von Zürich nach Berlin an die Preußische Akademie der Wissenschaften zu wechseln.

Über die Alpen

Nun also über die Alpen. Der Plan des Schweizer Aviatikers hat Schlagzeilen gemacht. Als Oskar Bider am Sonntag, dem 13. Juli 1913, in einen hölzernen Flugapparat steigt, um von Bern aus das gesamte Alpenmassiv zu überqueren und bis nach Mailand zu fliegen, umringen etwa fünfzig Schaulustige den Einsitzer. Sie sind früh aufgestanden, um den für 4 Uhr angekündigten Start mitzuerleben.

Nach einer sternenklaren Nacht liegt feiner Nebel über den Bergen. Ob die Alpenwand den jungen Mann mit dem weißen Sweater und der Sportjoppe hinüberlassen wird? Wird sich Bider mit seinem Monoplan so weit hochschrauben können, bis das Jungfraujoch unter ihm verschwindet?

Vielen Umstehenden ist es ein Rätsel, wie ihn die wackelige Flugmaschine über das 3500 Meter hohe Joch hinwegtragen soll. Heißluftballons erheben sich mühelos in die Lüfte, neuerdings auch die Konstruktionen des Grafen Zeppelin, der die Schweiz 1908 von oben grüßte. Sein majestätisches Luftschiff war mit Wasserstoff gefüllt und daher leichter als Luft. Dagegen vertraut Bider auf ein Fluggerät, das sichtlich schwerer ist als

Das Vorfeld

Luft. Dennoch soll die von einem Motor angetriebene Propellermaschine so viel Fahrt aufnehmen, dass die an den Flügeln vorbeiströmende Luft irgendwie den nötigen Auftrieb erzeugt, was selbst zeitgenössischen Physikern rätselhaft bleibt.

Der Motorflug hat sich rasant entwickelt. Nicht einmal zehn Jahre sind vergangen, seit zwei Fahrradfabrikanten in den USA mit einem motorisierten Doppeldecker die ersten Luftsprünge machten. Orville Wright blieb damals ganze zwölf Sekunden in der Luft, sein Bruder Wilbur knapp eine Minute. Als der Franzose Louis Blériot dann den Ärmelkanal überquerte und fliegend über das offene Meer hinweg von Calais nach Dover gelangte, war die Luftfahrt plötzlich in aller Munde. Noch im selben Jahr strömten Hunderttausende zu den Flugwettbewerben im französischen Reims, in Berlin oder zur Internationalen Luftschifffahrt-Ausstellung in Frankfurt, wo man die Brüder Wright, Blériot und andere Flugpioniere wie Artisten feierte.[9]

»Über Meerengen und weite Ebenen wegzufliegen, ist heute keine ungewöhnliche Sache mehr«, stellt ein Berner Reporter nun, im Sommer 1913, heraus und verweist auf den jüngsten Europaflug des Franzosen Marcel Brindejonc:[10] von Paris nach Warschau in nur einem Tag, dann weiter bis Sankt Petersburg und über Stockholm und Kopenhagen wieder zurück nach Paris. Eine Strecke von insgesamt 4860 Kilometern.[11] Dieser Flug habe gezeigt, »dass der Luftraum über dem ebenen Land dem tüchtigen Aeroplan keine Hindernisse bietet«.[12]

Anders im Hochgebirge. »Noch vor zwei Jahren, als ein schweizerischer Aviatiker von Berlin nach Bern fliegen wollte, war allgemein die Frage: Wird er über den Hauenstein hinwegkommen?« Und am Hauenstein habe jener schöne Flug ein rasches Ende gefunden.[13] Was aber ist der Hauenstein verglichen mit dem Jungfraujoch, das sich vor Biders Flugapparat auftürmt!

Bider hat in diesen Tagen immer wieder an den Peruaner Jorge Chávez denken müssen, der vor ihm versucht hatte, die Walliser Alpen am Simplonpass zu überfliegen, und kurz vor dem Ziel abgestürzt war. Selbst der Konstrukteur des Eindeckers hat ihm von dem Flug abgeraten. Sein

70-PS-Motor reiche für eine Alpenüberquerung nicht aus. Wegen der dünnen Luft am Jungfraujoch werde er die erforderliche Flughöhe nicht halten können.

Bei Biders erstem Anflug auf die Alpen knapp zwei Wochen zuvor trug ihn seine »Blériot XI.« zwar mehrfach nahe ans Joch heran, jedoch nicht hoch genug. Nach dreistündigem Flug sah sich der enttäuschte Pilot zur Rückkehr nach Bern gezwungen. »Ich zog das Höhenruder – aber vergebens!«[14]

Dennoch will er nicht auf einen stärkeren Motor warten. Stattdessen hat er das Gewicht seiner Maschine vor dem neuerlichen Flugversuch noch einmal reduziert, seinen Sitz durch einen leichteren ersetzt und weniger Benzin getankt. Sein Plan sei nun, in Domodossola eine Zwischenlandung vorzunehmen, hat er einem Freund in Mailand geschrieben. »In diesem Fall brauche ich weniger Benzin und Oel und kann den Apparat um vierzig Kilo erleichtern.«[15]

Nun stülpt er einen Lederhelm über seine Mütze, setzt die Schutzbrille auf und zieht den Schal übers Kinn, um den eisigen Temperaturen zu trotzen, die ihn dort oben erwarten. Die Wetteraussichten sind gut. Ein Mechaniker zieht noch einmal sämtliche Schrauben an, dann rollen unter Motorengedröhn zwei Fahrradreifen und ein kleineres Heckrad über die Wiese. Sie tragen einen Eschenrumpf mit einem aufgesetzten hölzernen Tragflächengerüst, das auf dem Berner Beundenfeld klappernd Fahrt aufnimmt. Um 4 Uhr und 7 Minuten erhebt sich die Maschine vom Applaus des Publikums begleitet in die Lüfte. Mit gerecktem Hals sieht alles zu ihm hinauf, wie er in seinem Aeroplan steigt und steigt.

»Was geschieht denn?«, fragte der noch unbekannte Schriftsteller Franz Kafka, als er zum ersten Mal den Franzosen Louis Blériot in einem Flugapparat über sich kreisen sah. »Hier oben ist zwanzig Meter über der Erde ein Mensch in einem Holzgestell verfangen und wehrt sich gegen eine freiwillig übernommene unsichtbare Gefahr. Wir aber stehn unten ganz zurückgedrängt und wesenlos und sehen diesem Menschen zu.«[16]

Viele Piloten wehren sich erfolglos. Zwischen 1908 und 1913 haben allein in Deutschland mehr als 400 Aviatiker für den kurzen Höhenrausch

Das Vorfeld

mit dem Leben bezahlt. Etwa doppelt so viele Flugapparate sind zerstört worden.[17] Sitzt jetzt mit dem Schweizer Oskar Bider, der tags zuvor seinen 22. Geburtstag feierte, der nächste Todeskandidat in einer fliegenden Kiste?

Während das Publikum nach dem gelungenen Start aufatmet, fliegt Bider in seinem Aeroplan auf die Berge zu, die vor ihm größer und größer werden. Sofort erklimmen einige Schaulustige eine Anhöhe, um noch möglichst lange zu verfolgen, wie der über ihnen kreisende Eindecker nach und nach an Höhe gewinnt. Noch etwa eine Stunde lang hören sie das leise Surren seines Motors. Dann entschwindet er ihren Ohren.

Zurück in der Stadt, trifft bald die erste Meldung von der Station Eigergletscher ein: Bider hat seine Maschine um 6 Uhr 7 übers Jungfraujoch gesteuert und die große Alpenmauer bezwungen. Beim anschließenden Flug längs des großen Aletschgletschers habe man das Flugzeug noch eine knappe halbe Stunde lang im Auge behalten können. Aus dem vernebelten Domodossola schließlich die Nachricht von seiner kurzen Zwischenlandung und dem Weiterflug nach Mailand.

»Wir jubeln und sind ernst zugleich«, kommentiert die Presse die Tollkühnheit des Piloten. »Nur 50 bis 100 Meter über dem Joch! Wie nötig war die Gewichtserleichterung! In 50 Metern, wenn da ein Lokalwind ... aber doch hinüber!« Biders Alpenüberquerung werde als eine der bedeutendsten Taten in die Geschichte des menschlichen Fluges eingehen. Jetzt wisse man, dass auch die höchsten Gebirge nicht unüberfliegbar seien.[18]

Endlich nur noch forschen

An diesem 13. Juli 1913 steht am Bahnhof in Zürich ein Mann in Sonntagskleidung: mittelgroß, breitschultrig und mit schwarzem Schnurrbart. Sein Blick gleitet über die Passanten hinweg, bis er endlich die beiden Männer sieht, auf deren Rückkehr er gewartet hat. Es schmeichelt dem 34-jährigen, dass die beiden Wissenschaftler eigens aus Berlin angereist sind, um ihm ein Stellenangebot zu unterbreiten. Tags zuvor hatte er sie vertröstet, da er noch einmal prüfen wollte, wohin sich seine innere Kompassnadel drehen würde.

Bei den Besuchern handelt es sich um Walther Nernst und Max Planck. Letzterem fühlt er sich als theoretischer Physiker besonders verbunden. Planck vertiefte sich zeitweilig derart in die Relativitätstheorie, dass seine sonstigen Studien völlig in den Hintergrund traten. Als einer der Ersten erkannte er ihre fundamentale Bedeutung, trug selbst dazu bei, die Gesetze der Mechanik entsprechend umzuformulieren, betreute Doktorarbeiten zum Problem der einsteinschen Relativität und warb bei führenden Fachkollegen um ihre Anerkennung. Ihm ist es auch zu verdanken, dass Einstein in diesem Jahr bereits zum dritten Mal für den Nobelpreis vorgeschlagen wurde.

Allein aus Dankbarkeit seinem Förderer gegenüber konnte Einstein die Berliner Offerte jedoch nicht annehmen. Deshalb hatte er am Vortag um 24 Stunden Bedenkzeit gebeten und dem passionierten Bergwanderer und seinem Begleiter Walther Nernst, die zusammen mit ihren Ehefrauen nach Zürich gekommen waren, vorgeschlagen, die Zeit für einen Ausflug ins Gebirge zu nutzen.

Nun zückt er ein weißes Tuch und winkt seinen neuen Kollegen damit zu. Mit diesem verabredeten Zeichen nimmt Einstein das Angebot an. Er hat sich für Berlin entschieden. Trotz seines Misstrauens gegenüber dem preußisch-militärischen Obrigkeitsstaat will er die Schweiz verlassen, um Mitglied der Preußischen Akademie der Wissenschaften zu werden.

Planck und Nernst fällt ein Stein vom Herzen. Sie haben Einsteins Berufung in den zurückliegenden Monaten minutiös vorbereitet. Als geschickter Wissenschaftsorganisator auf internationalem Parkett hatte Nernst dabei die heikle Aufgabe übernommen, den finanziellen und institutionellen Rahmen abzustecken. Einstein soll nicht nur Akademiemitglied und Professor an der Universität werden, sondern eine leitende Stelle an einem noch zu gründenden Kaiser-Wilhelm-Institut für Physik bekommen.

Der 49-jährige Chemiker Nernst, berühmt geworden durch seine Forschungen in der Wärmelehre und als Erfinder der »Nernstlampen«, ließ seine guten Kontakte zur Industrie spielen. In einem vertraulichen

Das Vorfeld

Schreiben sagte ihm der Bankier und Großindustrielle Leopold Koppel schließlich zu, für die Dauer von zwölf Jahren die Hälfte zu Einsteins Salär von 12 000 Mark beizusteuern, »um dem Berufenen ein hinreichendes Gesamtgehalt anbieten zu können«.[19] Das ist selbst für einen Wissenschaftler seines Formats beachtlich und lässt Einstein manch unerfreulichen Disput vergessen, den er in Brüssel und Berlin mit dem »herrschsüchtigen und empfindlichen, aber nicht unehrlichen« Nernst gehabt hat. Der erste Eindruck, den der gewiefte Kaufmann, famose Techniker und leidenschaftliche Verfechter der Quantentheorie auf ihn machte, war nicht gerade günstig gewesen. In einiger Distanz lebend könne man sich jedoch durchaus mit ihm vertragen.[20] Bald wird er freundlicher vom »kleinen, dicken Nernst« sprechen, einem gemütlichen Menschen, der für jede Gelegenheit ein passendes Bonmot parat hat.[21]

Während hinter den Brillengläsern des Chemikers erwartungsfreudige Augen funkeln, ist Planck reserviert. Der 55-jährige Physiker, schlank und groß gewachsen, stammt aus einer wilhelminischen Beamtenfamilie. Nur im Kreis der Familie und engsten Freunde taut er gelegentlich auf, etwa bei den Hauskonzerten in seiner Villa im Grunewald, bei denen er selbst am Klavier sitzt. In Gegenwart des ehrwürdigen Theoretikers legt selbst Einstein wert auf korrekte Kleidung und einen ernsten Gesprächston.[22]

Vor einem Monat trat Planck als Sekretär vor die versammelten Akademiemitglieder, um sich für Einsteins Wahl »in das vornehmste wissenschaftliche Institut des Staates« starkzumachen.[23] In seinen Augen übertrifft Einsteins neuer Zeitbegriff »an Kühnheit wohl alles, was bisher in der spekulativen Naturforschung, ja in der philosophischen Erkenntnistheorie geleistet wurde«.[24] Dem ganzen System der Physik werde durch seine Theorie ein neues einheitliches Gepräge gegeben.[25]

Planck schätzt Einstein nicht nur als Relativitätstheoretiker. Er sei überdies der Erste gewesen, der die Bedeutung der Quantenhypothese für die Energie der Atom- und Molekularbewegungen nachgewiesen habe. Auch in der Behandlung und Vertiefung der klassischen Theorie könne Einstein als Meister gelten.[26]

Einstein sieht es nicht gerne, dass man in Berlin einen Hans Dampf in

Von Zürich nach Berlin?

allen Gassen aus ihm macht. Gegenwärtig hat er nämlich nur ein Ziel im Blick: die bisherige Relativitätstheorie zu verallgemeinern, um auch die Schwerkraft in sein Gedankengebäude einzuschließen. Dabei bewegt er sich auf schwankendem Grund. Vor allem die mathematische Ausgestaltung des neuen Theoriengebäudes ist äußerst anspruchsvoll. »Das eine ist sicher, dass ich mich im Leben noch nicht annähernd so geplagt habe, und dass ich große Hochachtung für die Mathematik eingeflößt bekommen habe, die ich bis jetzt in ihren subtileren Teilen in meiner Einfalt für puren Luxus ansah!«[27]

Doch ausgerechnet Planck verspricht sich nicht viel davon. Während ihrer Begegnung in Zürich erkundigt er sich zwar nach Einsteins Fortkommen, kann aber weder mit dessen Grundideen noch mit dem bisher erarbeiteten mathematischen Überbau viel anfangen, ganz zu schweigen davon, dass Einstein mit seiner allgemeinen Relativitätstheorie kaum noch an physikalisch überprüfbare Fragen anknüpft. Statt ihm Mut zu machen, versucht er sogar, ihn davon abzubringen. »Als alter Freund muss ich Ihnen davon abraten, weil Sie einerseits nicht durchkommen werden; und wenn Sie durchkommen, wird Ihnen niemand glauben.«[28]

Als sie sich in Zürich verabschieden, versichert ihm Planck dennoch, man werde seine Arbeit in Berlin auf großzügige Weise fördern. Dass Planck sein Versprechen umgehend einlöst und sich für eine Finanzierung einer Sonnenfinsternis-Expedition zur Bestätigung der Gravitationstheorie einsetzt, wird Einstein einigen Respekt abnötigen. Vorerst beklagt er sich bei Freunden darüber, wie passiv sich die physikalische Menschheit zu seiner Gravitationsarbeit verhalte. Kaum jemand sei den prinzipiellen Erwägungen zugänglich, auch Planck nicht, was er nicht zuletzt auf eine zu große Angepasstheit der deutschen Wissenschaftler zurückführt.[29]

Einstein teilt das Misstrauen vieler Schweizer Republikaner gegenüber den Deutschen. Seit er das Land seiner Vorfahren als Jugendlicher verließ, unter anderem um dem Militärdienst zu entgehen, ist seine innere Distanz zur Gesellschaft des Kaiserreichs noch größer geworden. Schon mit fünfzehn brach er aus der traditionellen Erziehungs-Maschine aus, als Zwang und Pflichtgefühl seine Neugier zu ersticken drohten. »Dies delikate

Das Vorfeld

Pflänzchen bedarf neben Anregung hauptsächlich der Freiheit.«[30] Ohne sie gehe die Wissbegier unweigerlich zugrunde.

Nachdem Einsteins Eltern im Herbst 1894 nach Italien gezogen waren, um dort mit einer neuen Firmengründung ihr Glück zu versuchen, stand ihr Sohn, den sie weiterhin in München auf dem Gymnasium wähnten, plötzlich in Mailand vor ihrer Tür. Er hatte sich ein ärztliches Attest besorgt sowie ein Empfehlungsschreiben eines Lehrers, um später an einer anderen Schule aufgenommen zu werden, und war getürmt. Sein verwegener Plan ging auf: Er konnte die Eltern davon überzeugen, dass er den erhofften Sprung nach Zürich ans Polytechnikum auch auf anderem Weg schaffen würde. Diese Freiheitserfahrung des jugendlichen Einstein sollte prägend für sein Leben werden.

Tatsächlich studierte er später in Zürich, wo sich seine Ablehnung vorgegebener Autoritäten noch verstärkte. Nachdem er genügend Geld gespart hatte, um Staatsbürger der liberalen Schweiz zu werden, heiratete er seine serbische Kommilitonin Mileva Maric und feierte als Patentamtsangestellter seinen wissenschaftlichen Durchbruch. Seither ist er viel durch Europa gereist und nach einem Auslandsjahr in Prag erst im Sommer 1912 wieder mit seiner Frau und den beiden Söhnen Hans Albert und Eduard in die Schweiz zurückgekehrt.

Für Mileva ist Zürich zur Heimat geworden. Sie fühlt sich wie eine Taube, die zu ihrem Schlag zurückgekommen ist. Umso unglücklicher ist sie über Alberts erneute Auslandspläne. Jetzt schon wieder fort? Nur um der Karriere willen? Als Professor an der ETH hat Albert doch einen gut dotierten Posten! In Zürich genießt er alle erdenklichen Freiheiten – jedenfalls viel mehr als damals in Bern, wo ihn das Patentamt mit einem Achtstundendienst in den Fängen hielt. Warum hat er das Berliner Angebot nicht einfach ausgeschlagen?

Da in Zürich kaum jemand Anteil an seinen wechselnden Theorieentwürfen nimmt, hofft Einstein wohl insgeheim darauf, in Berlin auf Forscher zu treffen, die ihn bei seinen gedanklichen Ausflügen in höhere Dimensionen begleiten werden. Der Berliner Wissenschaftsbetrieb zieht viele talentierte Leute an. Die Metropole ist ein Mekka der Forschung und mit der Gründung mehrerer Kaiser-Wilhelm-Institute auf dem besten Weg, ihre führende Rolle in den Wissenschaften weiter auszubauen. Nicht zuletzt von einer Zusammenarbeit mit den Astronomen verspricht sich Einstein Rückendeckung für seine Gravitationstheorie.

Außerdem möchte er alle leidigen Verpflichtungen loswerden, die ein Lehrauftrag und andere Ämter mit sich bringen. Dass er in den zurückliegenden Jahren mehrfach die Stelle wechselte, lag nicht zuletzt am Bürokratismus. »Die Tintenscheisserei im Amte ist endlos – alles, wie es scheint, um dem Tross von Schreibern in den Staatskanzleien einen Schein von Daseinsberechtigung zu geben«, klagte er in Prag.[31] Im Grunde könne er gänzlich auf ein Institut verzichten. Ein Theoretiker müsse dieses im Kopf tragen. Zum Forschen benötige er höchstens ein paar Bücher.[32]

Sosehr ihm am Austausch mit angehenden Wissenschaftlern gelegen ist – Vorlesungen sind ihm lästig. Seine Studenten dagegen schätzen die auffallend unkonventionelle Art ihres Professors durchaus. »Als er in seiner etwas abgetragenen Kleidung mit den zu kurzen Hosen und der eisernen Uhrkette das Katheder betrat, waren wir eher skeptisch«, erinnerte sich Hans Tanner, einer seiner Züricher Studenten. Statt mit einem ausgearbeiteten Vortrag zu erscheinen, hat Einstein selten mehr als einen Zettel von der Größe einer Visitenkarte dabei. Seine Rede entwirft er oft ad hoc anhand von zwei oder drei Stichwörtern, was er selbst als »Akt auf dem Trapez« empfindet.[33] »Aber schon nach den ersten Sätzen hatte er sich durch die ungewohnte Art, in der er die Vorlesung hielt, unsere spröden Herzen erobert.«[34] Im Anschluss an die wöchentlichen Kolloquien lädt Einstein die jungen Leute gelegentlich sogar ein, mit ihm ins Café »Terrasse« zu kommen, um dort über aktuelle Forschungsfragen zu diskutieren.

Die Berliner Gesandtschaft kennt seine Nöte. Einstein sei so sehr in seine Forschungen versunken, dass er in Zürich »gerne auf das große Kolleg verzichten würde, das er pflichtgemäß liest«. Die deutschen Forscher sichern ihm zu, seinen wissenschaftlichen Studien in Berlin ohne jeglichen Lehrauftrag nachgehen zu können.[35] Er werde eine hauptamtliche Stelle an der Akademie bekommen, die einzige derart privilegierte Stelle, die die Akademie in ihrer Physikalisch-Mathematischen Klasse zu vergeben hat.

Eine Anstellung auf Lebenszeit. Als Universitätsprofessor werde er zwar das Recht, nicht aber die Pflicht haben, Vorlesungen zu halten. Ein unwiderstehliches Angebot.[36]

Berlin ist auch Elsa

Einstein reagiert überschwänglich. »Es ist eine kolossale Ehre, die mir da zuteil wird«, schreibt er seiner Cousine Elsa Löwenthal, nachdem er mit Planck und Nernst handelseinig geworden ist. Schon im nächsten Frühjahr werde er für immer nach Berlin kommen. »Ich freue mich schon sehr auf die schönen Zeiten, die wir zusammen verbringen werden!«[37]

Fünf Tage später bekommt Elsa einen weiteren Brief: Der regelmäßige Verkehr mit ihr werde ihm das Schönste sein, was ihn in Berlin erwarte.[38]

Weitere fünf Tage danach – inzwischen hat er auch Post von ihr erhalten – das nächste Schreiben: Er kann sein Glück immer noch nicht fassen, endlich mit ihr zusammenzukommen. »Und eine der Hauptsachen, die ich will, das ist, Dich oft zu sehen, mit Dir herumzulaufen und mit Dir zu plaudern.«[39]

Drei schwärmerische Briefe an seine Cousine binnen zwei Wochen legen ein beredtes Zeugnis ab, dass er nicht allein der Wissenschaft wegen nach Deutschland gehen will. Gut ein Jahr zuvor war er Elsa in Berlin wiederbegegnet, nachdem sie sich viele Jahre nicht gesehen hatten. Sie kannten sich seit Kindheitstagen, als sie gemeinsam im heimischen Elternhaus miteinander gespielt hatten. Inzwischen war sie Mitte dreißig, geschieden und Mutter zweier Töchter.

Einstein, in dessen Ehe es längst kriselte, gewann sie in den wenigen Tagen, die sie in Berlin zusammen verbrachten, so lieb, »dass ich Dirs kaum sagen kann«.[40] Wenn er an ihre gemeinsame Tour an den Wannsee zurückdachte, war er selig. Jammerschade, dass sie nicht in derselben Stadt wohnten! Die Aussicht, nach Berlin berufen zu werden, stufte er damals als recht gering ein. In Erinnerungen schwelgend, schrieb er Elsa eine Zeitlang liebevolle Briefe, ehe er sich ins Unvermeidliche ergab: das von ihm so empfundene Joch seiner bestehenden Ehe.

Einige Monate nach seinem Abschiedsbrief flammte die Korrespondenz erneut auf, was auf Elsas Initiative zurückging. Nachdem sie ihm zum Geburtstag gratuliert und ihn um ein Foto gebeten hatte, lud Einstein sie sofort ein, ihn in Zürich zu besuchen. Er würde viel darum geben, einige Tage mit ihr verbringen zu können – ohne Mileva, sein »Kreuz«. Besser noch, er würde selbst nach Berlin kommen, um sie wiederzusehen.[41]

Mit ihrem Stellenangebot sind Planck und Nernst mitten in sein neuerliches Werben um Elsa hineingeplatzt. Mit einem Mal fließen zwei große Leidenschaften zu einem verheißungsvollen Lebensentwurf zusammen. Seine Korrespondenz ist frei von jenen Bedenken, derentwegen er sich damals von ihr abgewandt hatte. In seinem Abschiedsbrief hatte er Elsa zutiefst bekümmert erklärt, »dass es uns beiden und andern nicht zum Guten gereicht, wenn wir uns enger aneinander anschließen«.[42] Nun will er seinem Herzen folgen. Seiner Frau Mileva bleibt keine andere Wahl, als erneut die Koffer zu packen und nach Berlin mitzukommen.

Wie unbeirrbar er seinen Weg geht, zeigt auch seine Haltung den künftigen Kollegen gegenüber. Von seinem Ziel, die Relativitätstheorie zu erweitern, können ihn weder Plancks gut gemeinte Ratschläge abbringen noch die Erwartungen, die die Preußische Akademie an seine Mitgliedschaft knüpft. Nichts erschüttert seinen Glauben daran, mit seinen bisherigen physikalischen Überlegungen und seinem mathematischen Entwurf auf dem richtigen Weg zu sein.

In Deutschland erhofft man sich von ihm Impulse für eine neue Theorie der Materie an der Schnittstelle zwischen Physik und Chemie:[43] Wie sieht das Innenleben der Atome aus? Wie lässt es sich mathematisch beschreiben? Einstein ist zwar nicht taub gegen die Fragen, die an ihn herangetragen werden, aber für ihn ist Berlin ein Sehnsuchtsort, an dem er dem Strom der eigenen Gedanken folgen möchte. Er gehe in die deutsche Hauptstadt »als Akademie-Mensch ohne irgendeine Verpflichtung, quasi als lebendige Mumie«, schreibt er einem Kollegen, wenige Tage, nachdem Planck und Nernst abgereist sind. »Ich freue mich sehr auf diesen schwierigen Beruf.«[44]

Seine Leidenschaft und Zuversicht bestimmen auch den Ton jenes Briefes an die Preußische Akademie der Wissenschaften, mit dem er die Stelle in Berlin schließlich offiziell annimmt: »Wenn ich daran denke, dass mir jeder Arbeitstag die Schwäche meines Denkens dartut, kann ich die hohe mir zugedachte Auszeichnung nur mit einer gewissen Bangigkeit hinnehmen. Es hat mich aber der Gedanke zur Annahme der Wahl ermutigt, dass von einem Menschen nichts anderes erwartet werden kann, als dass er seine ganze Kraft einer guten Sache widmet; und dazu fühle ich mich wirklich befähigt.«[45]

2. Forscherpaare

Zusammen mit der Nobelpreisträgerin Marie Curie bricht Einstein zu einer Bergtour auf. Mit von der Partie, doch stets in seinem Schatten, seine Frau Mileva, die ebenfalls Physik studiert und von einer gemeinsamen Wissenschaftlerkarriere geträumt hat. Mileva stammt aus einer serbischen Familie. Als die Wanderung ausklingt, geht auf dem Balkan ein grausamer Krieg zu Ende.

Freie Bahn für Frauen

1913 kreuzen sich die Wege von Mileva Einstein und Marie Curie. Sie lernen sich im Frühjahr kennen, als Mileva ihren Mann zu einer Vortragsreise nach Paris begleitet, in die Stadt des Eiffelturms, der Libertins und jener Frauen, die ihre Röcke abgelegt haben und in neumodischen Hosen ausgehen, auch wenn sie kein Fahrrad mitführen. Dass Madame Curie die Gäste aus der Schweiz während ihres touristischen Programms begleitet, erhöht den Reiz der französischen Metropole noch.

Nach einer wunderbaren Fülle von Eindrücken fahren Mileva und Albert Einstein nach Zürich zurück, schreiben der Nobelpreisträgerin einen warmen Dankesbrief und laden sie zu einer gemeinsamen Wanderung in der östlichen Schweiz ein. So reist Marie Curie Anfang August mit ihren beiden Töchtern, neun und fünfzehn Jahre alt, und mit einer Gouvernante nach Graubünden. Dort begegnet sie Mileva noch einmal, der Frau ihres hochgeschätzten Physikerkollegen, die sich, wie sie, in jungen

Das Vorfeld

Jahren vorgenommen hatte, ein selbstbestimmtes Leben zu führen und eine naturwissenschaftliche Laufbahn einzuschlagen.

Beide haben einschlägige Erfahrungen mit der akademischen Männerwelt gemacht. In ihren Jugendjahren war es Frauen in Serbien und Polen, in Österreich-Ungarn oder im Deutschen Reich kaum möglich, eine Universität zu besuchen. Abgesehen von Ausnahmeregelungen für einzelne Studentinnen blieben die Behörden stur. Frauenvereine und internationale Frauenverbände kämpften für Reformen der Bildungssysteme, für den Zugang zu allen Berufen und das Frauenwahlrecht und verschafften sich mit öffentlichen Vortragsveranstaltungen und Petitionen Gehör. Aber nur hier und da erhielten sie Unterstützung von prominenter Seite. So fragte sich der deutsche Schriftsteller und Bühnenautor Ludwig Fulda, »wie überhaupt noch ein moderner Mensch, der diesen Namen verdiene, die Berechtigung und Befähigung der Frau zum akademischen Studium bestreiten« könne. Seine Forderung: »Freie Bahn für alle!«[46]

Abb. 1: Berlin 1916. »Freie Bahn« für Studentinnenverbindungen.

Damit stand Fulda in einer Umfrage unter deutschen Gelehrten aus dem Jahr 1897 mit dem Titel »Die akademische Frau« ziemlich alleine da. Nur wenige Universitätsprofessoren sprachen sich für eine behutsame Öffnung der Hochschulen aus oder, lieber jedoch, für die Einrichtung von reinen Frauenuniversitäten. Zu groß waren die Widerstände innerhalb der Institutionen. Max Planck zum Beispiel, der fünfzehn Jahre später mit der Physikerin Lise Meitner selbst eine Frau zur Universitätsassistentin ernennen sollte, war 1897 noch der Ansicht, die Natur selbst habe der Frau ihren Beruf als Mutter und Hausfrau vorgeschrieben. »Amazonen sind auch auf geistigem Gebiet naturwidrig.«[47]

Maria Sklodowska, in Warschau geboren, sollte noch vor Planck den Physik-Nobelpreis erhalten. Die Tochter eines Lehrerehepaars absolvierte das Gymnasium mit Auszeichnung. Danach schloss sie mit ihrer älteren Schwester einen außergewöhnlichen Pakt: Um dieser zunächst ein Medizinstudium in Frankreich zu ermöglichen, wollte Maria Sklodowska als Gouvernante arbeiten. In wechselnden Anstellungen als Erzieherin hielt sie sechs Jahre lang durch, ehe sie ihrer Schwester im Herbst 1891 nach Paris folgte. Sie quartierte sich bei ihr ein, immatrikulierte sich unter dem französischen Namen »Marie« an der Sorbonne und widmete sich, nun ihrerseits von der Schwester unterstützt, dem Physikstudium, das sie allen Sprachproblemen zum Trotz als Jahrgangsbeste abschloss. Nach dem Examen heiratete sie den Physiker Pierre Curie, der beharrlich um sie geworben hatte.

Zur selben Zeit brachen Frauen in ganz Europa mit ähnlichen Lebensentwürfen zu neuen Ufern auf. Ein Studium im Ausland war für viele von ihnen die einzige Möglichkeit, eine höhere Ausbildung zu erhalten, auch für Mileva Maric, die in der Vojvodina aufgewachsen war, einer Grenzregion im südlichen Ungarn, die sie selbst ihr »Räuberländchen« nannte. Milevas Mutter entstammte einer montenegrinischen Familie, ihr Vater, ein Serbe, hatte als Verwaltungsbeamter die deutsche Sprache erlernt. Sie selbst wurde zweisprachig erzogen, besuchte eine serbische Mädchenschule, erhielt dann jedoch eine Sondererlaubnis, auf ein Jungengymnasium zu wechseln. Schließlich verließ sie ihre Heimat in Richtung Zürich, wo sie sich 1896 im Alter von 20 Jahren als einzige Frau in der Abteilung VI a des Polytechnikums zum Mathematik- und Physikstudium einschrieb – in jener Sektion, in der auch Albert Einstein studierte.

Das Vorfeld

Mileva und Albert

Mileva war eine stille, ernsthafte Studentin, klein, schlank und mit dunklem Teint, die infolge einer Hüftluxation leicht hinkte, was sie aber nicht von Spaziergängen am Zürichsee und von Ausflügen ins Gebirge abhielt. Wenn sie zusammen mit ihrer besten Freundin Helene Kaufler, die in derselben Pension wohnte, an freien Nachmittagen musizierte, gesellte sich Albert gerne zu ihnen. Er spielte Violine, Mileva die »Tamburitza«, ein der Mandoline ähnliches Instrument, Helene Klavier.[48]

Nach zwei, drei Jahren langsamer Annäherung wurden er und Mileva ein Paar. Albert schrieb glühende Liebesbriefe an sein »Lüderchen« und »Frätzchen«, sein »Alles«: »Ohne Dich fehlt mirs an Selbstgefühl, Arbeitslust, Lebensfreude – kurz ohne Dich ist mein Leben kein Leben.«[49] Ohne die Physik allerdings auch nicht, sodass er im selben Atemzug von der kinetischen Gas-Theorie schwärmen konnte. Seine »süße Kloane« und »geliebte Hex« teilte seine Begeisterung für die Forschung.

Den Eltern gab der heißblütige Student schon bald zu verstehen, dass er seine »Zigeunerin« heiraten wolle. Pauline Einstein, von der er nicht nur die widerspenstige Haarpracht geerbt hatte, sondern auch seine spöttische Art, war von Beginn an gegen die Verbindung mit einer Akademikerin, noch dazu mit einer Frau, die dreieinhalb Jahre älter war als er. »Du vermöbelst Dir Deine Zukunft und versperrst Dir Deinen Lebensweg«, schimpfte die Mutter. »Sie ist ein Buch wie Du«, wetterte sie, noch bevor sie Mileva überhaupt kennengelernt hatte. »Du solltest aber eine Frau haben.«[50]

Auch sein Vater betrachtete die Frau als Luxus des Mannes, den sich dieser erst gönnen könne, wenn er ein solides Einkommen habe. Albert war eine solche Auffassung über das Verhältnis von Mann und Frau zuwider. Vielmehr schwebte ihm vor, seine berufliche Zukunft gemeinsam mit Mileva zu gestalten. Er war glücklich, in ihr eine ebenbürtige und selbstständige Partnerin gefunden zu haben, konfrontierte sie allerdings geradeheraus mit der feindseligen Haltung seiner »Alten«, um ihr dann ebenso detailliert zu schildern, wie energisch er seine Liebe zu ihr im eigenen Elternhaus verteidigte.

Seine Willensstärke und seine grenzenlose Zuversicht imponierten ihr, vermutlich beneidete sie ihn um seine Selbstsicherheit. Beide schrieben eine Diplomarbeit über die Wärmeleitung von Stoffen. Kurz darauf bestand Albert seine Diplomprüfung als schlechtester von vier männlichen Kandidaten. Mileva hingegen, die schon die Zwischenprüfung hatte nachholen müssen, fiel durch. Wie viele in diesem Studiengang scheiterte sie an der Mathematik.

Da er selbst einmal die Schule geschmissen hatte, beunruhigte Albert der Rückschlag nicht sonderlich. Er hatte wenig Zweifel daran, dass sie die Wiederholungsprüfung bestehen würde. »Wie stolz werd ich sein, wenn ich gar vielleicht ein kleines Doktorlin zum Schatz hab & selbst noch ein ganz gewöhnlicher Mensch bin!« Lustig würden sie drauflosarbeiten und Geld haben wie Mist.[51]

Die Realität sah anders aus. Nach der bestandenen Abschlussprüfung stellte seine Verwandtschaft jegliche finanzielle Unterstützung für ihn ein. Und sosehr er sich von da an um eine Stelle bemühte und die akademische Welt von der Nordsee bis an die Südspitze Italiens mit Bewerbungsschreiben bedrängte – mit seinem mittelmäßigen Abschluss fand der später heiß umworbene Physiker nirgends eine Assistentenstelle.

Im Sommer 1901 fiel Mileva ein zweites Mal durch die Prüfung, zu einem Zeitpunkt, da sie bereits wusste, dass sie ein uneheliches Kind erwartete. Selbst in der Schweiz galt dies für Frauen als Schande. Inzwischen verdingte sich Einstein als Lehrer in wechselnden Positionen, verschlang eifrig Fachzeitschriften, verfasste seinen ersten wissenschaftlichen Aufsatz und mischte sich keck in aktuelle Debatten ein. Nur eine Familie konnte der Forscher in spe nicht ernähren.

Vermutlich um kein öffentliches Aufsehen zu erregen und ihrer beider Zukunftspläne nicht zu gefährden, zog sich Mileva zu ihrer Familie zurück. Dort brachte sie ein Mädchen zur Welt, das der Vater des Kindes aus völlig unerklärlichen Gründen nie zu sehen bekam. Weder zur Geburt reiste Albert in die Vojvodina noch in den Monaten danach. Schließlich verschwand das »Lieserl« auf mysteriöse Weise völlig aus ihrem Leben. Trotz intensiver Nachforschungen muss offen bleiben, ob das Mädchen in

Das Vorfeld

die Hände von Verwandten gelegt oder zur Adoption freigegeben wurde oder ob es vielleicht in früher Kindheit starb. Was auch immer sich damals ereignete, es legte sich wie ein Schatten über Milevas weiteres Leben. Die Begeisterung für die Wissenschaft und die Heiterkeit der Zürcher Studentenjahre kehrten trotz ihrer baldigen Hochzeit und der Geburt zweier Söhne nie wieder in ihr Leben zurück.[52]

Marie und Pierre

Ganz anders verliefen die beiden Schwangerschaften von Marie Curie. Während sie auf die Geburt ihrer Töchter wartete, durchlebte sie äußerst kreative Schaffensphasen. Ihre Doppelrolle als Wissenschaftlerin und Mutter erfüllte sie gleichermaßen. Einstein bescheinigte ihr nach ihrer ersten Begegnung eine »sprühende Intelligenz« und beschrieb sie als »ehrliche Person, der ihre Pflichten und Lasten fast über den Kopf wachsen«.[53]

Der größte Lohn für ihre unermüdlichen Laborstudien war die Verleihung des Physik-Nobelpreises im Jahr 1903. Als erste Frau erhielt sie eine derartige Auszeichnung zusammen mit ihrem Mann Pierre für die Erforschung der natürlichen Radioaktivität. Keiner von beiden hatte zu diesem Zeitpunkt einen universitären Lehrstuhl inne. Den richtete die Sorbonne bald darauf für Pierre Curie ein, Marie wurde seine Laborleiterin. Im Alter von 37 Jahren erhielt sie für ihre wissenschaftliche Arbeit zum ersten Mal ein festes Gehalt.[54]

Als 1911 der Nobelpreis für Chemie folgte, war Pierre Curie bereits tot. Fünf Jahre zuvor war er als Fußgänger im Pariser Straßenverkehr unter die Räder eines Fuhrwerks gekommen. Marie Curie, auf sich allein gestellt, hatte nun erst recht gegen gesellschaftliche Widerstände anzukämpfen. Unter anderem verweigerte man ihr die Aufnahme in die Akademie der Wissenschaften. Mochte sie auch Frankreichs berühmteste Forscherin sein, ihre Bewerbung schlug in der Pariser Szene »wie eine Bombe« ein.[55] Es hagelte Einwände, nicht nur weil sie eine Frau und Polin war, sondern auch weil sie angeblich jüdische Wurzeln hatte. Mehr noch: Diese Frau, die ihre Vorlesungen am liebsten in einem schlichten schwarzen Kleid hielt, hatte fünf Jahre nach dem Tod ihres Mannes eine Liebesaffäre mit einem verheirateten Forscher und Vater von vier Kindern, mit dem auch Einstein persönlich gut bekannten Physiker Paul Langevin.

Die französische Presse machte eine Skandalgeschichte daraus. Die öffentliche Häme traf den untreuen Gatten genauso wie die »Radiumcirce«, die ihn verführt hatte. Sogar die »New York Times« druckte die Liebesbriefe ab, die Marie und Paul miteinander gewechselt hatten und die dessen Ehefrau einem Journalisten zugespielt hatte, den der bloßgestellte Gatte schließlich zum Duell herausforderte. Es verlief unblutig, sollte aber nicht das einzige Pistolengefecht im Rahmen dieser »Liaison dangereuse« bleiben.

Kaum hatte das Nobelpreiskomitee in Stockholm davon erfahren, gab man Marie Curie zu erkennen, dass sie den Chemie-Nobelpreis für die Entdeckung der Elemente Radium und Polonium wohl nicht bekommen hätte, wenn die Geschichte vorher bekannt gewesen wäre, und legte ihr nahe, den Preis nicht anzunehmen und nicht zur Verleihung nach Schweden zu reisen, was Marie Curie allerdings ablehnte. In Begleitung ihrer ältesten Tochter Irène fuhr sie nach Stockholm, wo sie couragiert auftrat.

Auf ihre Rückkehr folgten eine Nierenerkrankung, die möglicherweise auf die hohe Strahlenbelastung während ihrer Forschung zurückzuführen war, und ein psychischer Zusammenbruch mit Krankenhausaufenthalten. Sie kehrte Paris und dem öffentlichen Leben den Rücken. Vor allem der intensiven Pflege durch eine Krankenschwester und Frauenrechtlerin in Großbritannien, wo Suffragetten inzwischen einen regelrechten Bürgerkrieg um das Stimmrecht für Frauen entfacht hatten, war es zu verdanken, dass sich Marie Curie im Laufe des Frühjahrs 1913 so weit erholt hatte, dass sie wieder an eine Wanderung im Gebirge denken konnte.[56]

Mileva und Albert Einstein hatten die in Fachkreisen heiß diskutierte Affäre von Anfang an mitverfolgt. Für die gemeinsame Wanderung haben sie eine Route ausgewählt, die selbst für ihren »Eisbär«, den neunjährigen Sohn Hans Albert, und für die gleichaltrige Eve, Marie Curies jüngste Tochter, zu meistern ist. Sie führt durch ein hoch gelegenes Bergtal, wo der

Das Vorfeld

Inn durch wilde Schluchten und enge Felswände rauscht, vorbei an malerischen Seen und schroffen Gipfeln über den Malojapass hinunter in Richtung Comer See. »Eine der schönsten, die man machen kann«, schwärmt der Physiker.[57]

Mileva hat einzigartige Erinnerungen an diese Gegend. Als 25-jährige Studentin war sie erstmals nach Como gereist, wo Albert mit offenen Armen auf sie wartete. Von Como aus fuhren sie mit dem Schiff bis nach Colico, spazierten durch blühende Gärten und gerieten dann von einem Tag auf den anderen vom herrlichen Frühling in den tiefsten Schnee, der bis zu sechs Meter hoch lag. In einem schmalen Schlitten, gerade breit genug für zwei Verliebte, fuhren sie hinauf zum Splügenpass, hüllten sich ein in Decken und Schals und fuhren eng umschlungen durch die Kälte. Der Kutscher sprach sie mit »Signora« an. Nach vier Stunden Fahrt setzten sie ihre Tour schließlich zu Fuß durch die weiße Landschaft fort. Sie war so glücklich, dass sie die Anstrengung der Schneewanderung kaum merkte.

Wehmütig denkt sie an jene Reise zurück, eine der wenigen Phasen ihres Lebens, in der sie ihren Liebsten ganz für sich hatte. Seither ist ihr Albert von Jahr zu Jahr fremder geworden. Anders als bei dem Forscherpaar Curie beschränkte sich ihre kreative Zusammenarbeit auf die Zeit des Studiums und klang nach der ersten Schwangerschaft ab. Eine Gemeinschaft zweiter Ordnung, »die auf geteilten logischen Erlebnissen und auf der Eidgenossenschaft der Wahrheitssuche beruht«,[58] hat es seither nicht mehr zwischen ihnen gegeben – zur beiderseitigen Enttäuschung.

Albert habe für sie nicht mehr viel Zeit, schrieb Mileva ihrer Freundin Helene nach sechs Jahren Ehe. Da war ihr Mann gerade Professor an der Universität Zürich geworden. »Was kann man machen, der eine bekommt die Perlen, der andere die Schachtel ... Ich bin sehr hungrig nach Liebe und würde vor Freude, ein Ja zu hören, so außer mir sein, dass ich fast glaube, die böse Wissenschaft ist schuld.«[59]

Was sie einst miteinander verband, trennt sie inzwischen voneinander. Albert arbeite unentwegt und lebe nur noch für seine Wissenschaft, hat Helene zuletzt zu hören bekommen. Wenn er über drängende physikalische Probleme spricht, versteht Mileva ihn nicht mehr. Die mathematischen Zeichen in seinen Notizheften kann sie längst nicht mehr deuten. Sie weiß nicht, was in ihm geschieht.

Helene Savic kann sich im Herbst 1913 bei einem Treffen in Wien, wo Albert Einstein zu einer Versammlung der Gesellschaft Deutscher Naturforscher und Ärzte eingeladen ist, selbst ein Bild davon machen, wie groß die Distanz zwischen den Eheleuten bereits ist. Während der Tagung hält man mehrfach sie und nicht Mileva für seine Gattin. Denn Mileva geht nicht mehr neben ihrem Mann, sondern hinter ihm her.[60]

Er vermeidet es inzwischen, alleine mit der Frau zu sein, die er einst so liebte, wie er keine andere mehr in seinem Leben lieben sollte. Nachts teilt er kein gemeinsames Schlafzimmer mehr mit ihr, morgens bleibt er lange im Bett, spielt gelegentlich mit den Kindern und musiziert in seiner Freizeit mit anderen. Nur in dieser Form halte er das »Zusammenleben« noch aus, schreibt er nach Berlin, wo die neue heimliche Freundin auf ihn wartet. Mileva habe sich in eine freud- und humorlose Kreatur verwandelt, die selbst nichts vom Leben habe und anderer Leute Lebensfreude durch ihre bloße Anwesenheit untergrabe.[61]

Gespräche über Gravitation

Zwar brechen sie im August 1913 zusammen nach Graubünden auf, aber es ist bezeichnend, dass Mileva nicht einmal in den Erinnerungen von Eve Curie an die gemeinsame Bergtour im Engadin vorkommt. Wieder einmal verschwindet sie hinter ihrem Mann, der unentwegt von seiner Wissenschaft redet. Obschon erhalten gebliebene Urlaubspostkarten verraten, dass Mileva mit von der Partie ist, zählt Eve neben ihrer Mutter, ihrer Schwester und einer Gouvernante nur Albert Einstein und dessen ältesten Sohn Hans Albert auf. Womöglich kann Mileva nur phasenweise an der Wanderung teilnehmen, weil sie sich um den erst dreijährigen Eduard kümmert, der oft krank ist. Marie Curie hat selbstverständlich immer ein Kindermädchen dabei, das sich ihrer Töchter annimmt.

In den zurückliegenden Monaten hat Madame Curie die Frauenrechtsbewegung in Großbritannien kennengelernt. Auch darüber hätte Mileva wohl gerne Näheres erfahren. Doch ihr Mann führt das Wort, mit Akzent und häufig auf der Suche nach passenden Worten. »Wenn nur mein Schnabel besser französisch gewetzt wäre.«[62]

Auf ihn macht die gerade erst wieder genesene Hochschulprofessorin einen verbitterten Eindruck. Anders als früher, als er ihre Leidenschaftlichkeit hervorhob, nennt er Madame Curie in einem Brief an seine Cousine Elsa eine »Häringsseele«. Ihr einziger Gefühlsausdruck sei das Schimpfen über jene Dinge, die sie nicht mag. »Und eine Tochter hat sie, die ist noch ärger – wie ein Grenadier.« Auch sie sei sehr begabt, eine Einschätzung, mit der er völlig richtig liegt.[63] Irène Curie wird später einmal das Laboratorium ihrer Mutter übernehmen und für die Entdeckung der künstlichen Radioaktivität ebenfalls den Chemie-Nobelpreis erhalten. Als fünfzehnjähriger Teenager mit grünen Augen und kurz geschorenem Haar bleibt sie Einstein und anderen Fremden gegenüber auf Distanz.[64]

Ihre jüngere Schwester Eve ist zugänglicher. Wie aus ihrer Biografie über ihre Mutter hervorgeht, genießt sie die Gebirgswanderung durch Lärchenwälder, enge Schluchten am reißenden Wasser entlang und dann wieder durch Täler über saftige Wiesen mit Blick auf die Alpengipfel. Ihre Mutter und Albert Einstein sind währenddessen ganz in Fachgespräche verstrickt.

»Die jungen Leute, für die diese Reise eine große Unterhaltung ist, gehen voraus«, erzählt Eve Curie. Manchmal fangen sie wie im Flug ein paar Sätze auf, die ihnen absonderlich vorkommen, so etwa, als der schnauzbärtige Professor zu Marie Curie sagt: »Sie begreifen, dass ich genau wissen muss, was den Insassen eines Aufzugs geschieht, der ins Leere fällt!« Angesichts solch rührender Besorgnis sei die junge Generation in Lachen ausgebrochen. »Wie sollte sie ahnen, dass der angenommene Sturz im Aufzug Hauptprobleme der Relativitätstheorie aufwirft.«[65]

Ein Aufzug, der ins Leere fällt – Einstein liebt solche Gedankenexperimente und überrascht seine Mitwelt in unmöglichen Situationen damit. In seiner Gesellschaft gerate man urplötzlich in »Wanderungs-Abenteuer«

hinein, bemerkt einer seiner späteren Wegbegleiter. »Schroffe Abgründe tun sich auf, und an halsgefährlichen Hängen muss man dahin. Aber dann gerade öffnen sich überraschende Ausblicke.«[66]

Aufzüge sind in dieser Epoche beliebte Bühnen für physikalische Gedankenspiele. Angeregt durch die Fertigstellung des 324 Meter hohen Eiffelturms in Paris, schlug der russische Raketenpionier Konstantin Ziolkowski im Jahr 1895 vor, ein noch sehr viel höheres Gebäude zu errichten: einen Turm, der bis ins All reicht. Mithilfe eines Aufzugs, eines Weltraumlifts, wäre es dann möglich, Lasten in eine Erdumlaufbahn zu bringen – ohne jedwede Raketentechnik.

Einstein hat ein anderes Modell vor Augen: einen fensterlosen Kasten im Weltraum, der von der Außenwelt völlig abgeschottet ist und in dem Wissenschaftler experimentieren. Können die Insassen auf irgendeine Weise feststellen, ob sich der Kasten im Schwerefeld eines Himmelskörpers wie der Erde befindet? Man würde denken: Ja! Sie brauchen doch nur irgendetwas fallen zu lassen, ihren Schlüsselbund zum Beispiel, und zu prüfen, ob er nach unten fällt. Aber so einfach ist die Sache nicht.

In Berlin wird Einstein wenige Jahre später in der Haberlandstraße 5 eine typisch großbürgerliche Wohnung mit Portier und eisernem Fahrstuhl beziehen, der ihn hinauf in den vierten Stock hievt. Stellen wir uns einmal vor, der Wissenschaftler möchte seiner Cousine Elsa, die weder Physik noch etwas Vergleichbares studiert hat, sein Gedankenexperiment näher bringen. Dazu bringt er aus dem Physikalischen Institut eine Spezialwaage mit, die auf kleinste Änderungen des Gewichts sofort reagiert. Gemeinsam steigen sie in den Aufzug, wo Einstein die Waage abstellt und Elsa auffordert, sich darauf zu stellen: 60 Kilogramm.

Dann drückt er auf die Vier, und der Aufzug wird kurzzeitig nach oben beschleunigt, ehe er mit konstantem Tempo weiterfährt. In dieser kurzen Beschleunigungsphase spürt Elsa, dass die Waage etwas stärker gegen ihre Füße drückt. Und tatsächlich zeigt Alberts Spezialwaage nun nicht mehr 60 Kilogramm an, sondern 66.

Albert hat seinen Spaß an dem kleinen Experiment. Als sie im vierten Stockwerk angekommen sind, drückt er sofort wieder auf E wie Erdgeschoss. Nun wird der Aufzug kurzzeitig nach unten beschleunigt. Elsa fühlt sich leichter, und als sie auf die Waage schaut, zeigt diese kurzfristig nur noch 54 Kilogramm an. So einfach kann Abnehmen sein!

Unten angekommen, drückt Albert wieder auf die Vier. Während der Fahrt nach oben holt er eine Metallsäge aus seiner Tasche. »Jetzt durchtrenne ich das Aufzugsseil!« Beim anschließenden freien Fall im Schacht werde die Waage gar kein Gewicht mehr anzeigen, Elsa also kein Schwerefeld mehr spüren. »Wenn ich dann die Metallsäge fallen lasse, fällt sie uns nicht auf die Füße, sie schwebt.« Elsa ist sofort bereit, ihm all dies zu glauben, wenn er mit seiner Androhung nur nicht ernst macht.

Der Einfall, dass eine Person, die sich im freien Fall befindet, ihr eigenes Gewicht nicht spürt, kam dem Physiker bereits im Patentamt in Bern. Heute ist uns diese Situation aus Fernsehaufnahmen von Astronauten vertraut, die sich frei schwebend in einer Raumstation bewegen. Bei Einstein hinterließ die Vorstellung einen tiefen Eindruck. Später wird er vom »glücklichsten Gedanken« seines Lebens sprechen.

Die Bewohner einer Raumstation haben den Eindruck, als existierte das Schwerefeld der Erde gar nicht, als befände sich ihr Labor fernab von allen Himmelskörpern im Weltraum. Wäre die Raumstation ein schwarzer Kasten ohne Fenster, würde sich dieses Gefühl noch verstärken. Denn die Astronauten spüren weder ihr eigenes Gewicht noch das ihrer Teller und Tassen. Drehen sie ihre Becher um, läuft kein Kaffee heraus. Alles schwebt.

Tatsächlich aber befindet sich ihre Raumstation auf einer Umlaufbahn um die Erde. Sie bewegt sich ständig im freien Fall nach unten – wie ein abstürzender Aufzug. Nur weil sie zugleich eine so hohe Horizontalgeschwindigkeit hat und sich der runde Erdball immer wieder unter ihr wegkrümmt, erreicht die Raumstation den Erdboden nie. Statt irgendwann aufzuschlagen und zu zerschellen, kreist sie unentwegt um den Globus.

Zu Beginn des 20. Jahrhunderts sind das allenfalls Zukunftsphantasien. Aber im Gespräch mit der Nobelpreisträgerin Marie Curie baut Einstein die Geschichte mit dem Aufzug und der Schwerelosigkeit aus – vermutlich in ähnlicher Weise wie im Monat darauf bei der Naturforscherversammlung in Wien:

»Zwei Physiker, A und B, erwachen aus narkotischem Schlafe und bemerken, dass sie sich in einem schwarzen Kasten mit undurchsichtigen Wänden befinden, versehen mit all ihren Apparaten. Sie haben keine Kenntnis davon, wo der Kasten angeordnet ist beziehungsweise ob und wie er sich bewegt.« Sie stellen aber fest, dass sich alle Körper, die sie loslassen, mit ein und derselben Beschleunigung in eine bestimmte Richtung bewegen, zum Beispiel nach unten fallen. Was können sie daraus schließen?

Physiker A schließt daraus, dass der Kasten ruhig auf einem Himmelskörper liegt. Die Richtung, in die die losgelassenen Körper fallen, ist dann die Richtung des Schwerefelds dieses Himmelskörpers. Physiker B ist anderer Meinung. Ein Himmelskörper braucht seiner Ansicht nach nicht in der Nähe zu sein. Stattdessen vertritt er den Standpunkt, dass eine äußere Kraft an dem Kasten angreift und diesen mit gleichmäßiger Beschleunigung nach oben bewegt. »Gibt es für die beiden Physiker ein Kriterium, nach dem sie unterscheiden könnten, wer recht hat?«, fragt Einstein weiter. »Wir kennen kein solches Kriterium.«[67]

Während der Wanderung erläutert er Marie Curie, welche Experimente dafür sprechen, dass beide Auffassungen gleichwertig sind, und warum der scheinbar einfache Gedankengang der Physik neue Perspektiven eröffnet. Ob er die zweifache Nobelpreisträgerin im Vorfeld der Gebirgsreise vor seinem eigenen Redestrom gewarnt hat, der selbst im Französischen nicht abreißt?

Der lebenslange Autodidakt braucht Zuhörer wie sie, um seine Ideen entfalten zu können. Mileva hat diese Rolle in jungen Jahren ausgefüllt, nun sucht er die Gesellschaft anderer, erläutert Madame Curie seine Entwürfe für eine allgemeine Relativitätstheorie und ordnet seine Gedanken neu. Zwischendurch schreiben sie gemeinsam eine Postkarte an Paul Langevin. Und noch ehe die Wanderung am 10. August in Como ausklingt, hat er seinen Vortrag für die anstehende Naturforscherversammlung in Wien gründlich durchdacht. Ihn jedenfalls haben die gemeinsamen Tage in den Bergen sehr erquickt.

Das Vorfeld

Ein bisschen Frieden

Als sich König Carol von Rumänien an diesem 10. August 1913 beim Galadiner von seinem Platz erhebt, um die historische Bedeutung des Tages in einer Ansprache zu würdigen, hängt die Weltöffentlichkeit mit ihren Telegraphen, Telefonen und Typewritern an seinen Lippen. Der Monarch möchte einen Schlussstrich unter ein schreckliches Kapitel ziehen, über das allein die Londoner »Times« mehr als 150 Leitartikel gedruckt hat.[68] Endlich ist der grausame Krieg beendet, die Neuverteilung des Balkans besiegelt.

An der gedeckten Tafel in seinem Palais in Bukarest sitzen neben ihm und der rumänischen Königin die Ministerpräsidenten von Griechenland, Serbien und Montenegro sowie der Abgesandte Bulgariens. Voller Stolz auf den gerade von ihnen unterzeichneten Vertrag blickt Carol in die Runde. Er betrachtet das Abkommen als persönliches Verdienst seiner geschickten Diplomatie. Seine Worte werden am nächsten Tag in den Zeitungen zu lesen sein:

»Mit lebhafter Freude sehe ich um mich die Herren Delegierten der Balkanstaaten versammelt, die soeben den Frieden in der Hauptstadt Rumäniens abgeschlossen und unterzeichnet haben.« Überall in Europa sei dieser Frieden heiß ersehnt worden. Er, Carol, hege große Hoffnung, dass nun eine neue Ära des gegenseitigen Vertrauens und der Wohlfahrt für die Balkanhalbinsel begonnen habe. »Ich halte fest an der Überzeugung, dass der geschlossene Friede dauerhaft sein wird.«[69]

Von London über Paris bis nach Berlin begrüßt man den Friedensvertrag. Selbst der deutsche Kaiser steht zu der Beschlussfassung, obschon sein einziger verlässlicher Bündnispartner, die Habsburgermonarchie, mit den vereinbarten Grenzziehungen nicht einverstanden ist. Gemäß dem Vertragswerk hat sich die Fläche des serbischen Königreichs gegenüber 1912 nahezu verdoppelt. Die Machthaber in Österreich-Ungarn beunruhigt der aggressive serbische Nationalismus, der ausgreift auf die 1908 von den Habsburgern annektierten Provinzen Bosnien und Herzegowina sowie auf die Vojvodina im südlichen Ungarn. Schlimmer noch: Er wird von russischer Seite unterstützt. In Wien fühlt man sich von Serbien und Russland in die Zange genommen.

Einst gehörten die Balkanländer zu einem riesigen Osmanischen Reich, das sich 1683 bis nach Wien auszudehnen drohte. Dieses Vielvölkerreich brach nach und nach auseinander. Es zerfiel von den Rändern her und büßte sowohl in Nordafrika als auch in Südosteuropa eine Provinz nach der anderen ein. Griechenland und Serbien spalteten sich ab, später Montenegro, Rumänien und Bulgarien.

Im Jahr 1912 hatte sich den jungen Nationalstaaten eine historisch einmalige Gelegenheit geboten, die Türken ganz von der Balkanhalbinsel zu vertreiben. Auslöser dafür war ein unvermittelter Angriff Italiens auf die letzten Besitzungen des Osmanischen Reichs in Nordafrika. Der italienisch-türkische Krieg um das spätere Libyen war der erste Krieg, bei dem Flugzeuge und Zeppeline zum Einsatz kamen: zur Aufklärung, um feindliche Stellungen gezielt unter Beschuss zu nehmen, aber auch um Bomben aus der Luft abzuwerfen.

Der modernen italienischen Luftwaffe, den Kriegsschiffen und U-Booten, großkalibrigen Geschützen und Schnellfeuerwaffen hatten die Osmanen wenig entgegenzusetzen. Futuristen um Filippo Tommaso Marinetti besangen die Schönheit der neuen Waffen, ihre Geschwindigkeit und Zerstörungskraft.[70] Plötzlich begann die Herrschaft des Halbmondes auch auf dem europäischen Festland zu wanken, wo die militärischen Niederlagen in Libyen eine Kaskade von Raubzügen in Gang setzten. »Erst nach Italiens Überfall fühlten sich die Balkanstaaten stark genug, zu den Waffen zu greifen«, resümiert der Historiker Christopher Clark.[71]

Aber konnten ein paar kleine Monarchien das übermächtige Osmanische Reich in Gefahr bringen? Die europäische Presse, überrascht von den Angriffen der »Hammeldiebe«, staunte sowohl über das Zustandekommen des Bündnisses der bis dahin zerstrittenen Balkanstaaten als auch über ihren raschen militärischen Erfolg. Mit einem Gewaltstreich wurde die türkische Armee in die Flucht geschlagen und von da an immer weiter an den Bosporus zurückgedrängt.

Mit dem Kriegsverlauf änderte sich der Ton der Kommentatoren. Mileva

Einstein berichtete ihrer Freundin Helene Savic über die neue Balkaneuphorie in der europäischen Presse. Einige Zeitungen bezeichneten den vereinten Kampf der Serben, Bulgaren und Griechen nun als einen »echten Volkskrieg«, einen Krieg der »nationalen Pflicht und Ehre«. Ihr Kampf werde getragen von einem unbegrenzten Glauben an ihre Befreiungsmission.[72] Auch Kaiser Wilhelm II. sprach von einem »berechtigten Siegeslauf« der Balkanstaaten. Nun, endlich, werde der Islam wieder aus Europa zurückgedrängt. Und diese welthistorische Entwicklung wolle er in keiner Weise aufhalten.[73]

Die Haltung des deutschen Kaisers führte zu erheblichen Missstimmungen zwischen Berlin und Wien. Kaiser Franz Joseph I. und sein militärischer Führungsstab waren beängstigt darüber, wie schnell und wie drastisch sich die politische Geografie auf der Balkanhalbinsel verändert hatte. Serbien wollte sein Königreich inzwischen sogar noch weiter ausdehnen, bis zur Adria. In Wien bestand man auf der Unabhängigkeit eines albanischen Staates und forderte das Nachbarland auf, seine Truppen umgehend aus den besetzten albanischen Gebieten abzuziehen.

Wie aufgeheizt die Atmosphäre war, konnten Mileva und Albert Einstein Tag für Tag in den Zeitungen lesen. Einiges deutete darauf hin, dass ein Krieg zwischen Österreich-Ungarn und Serbien unmittelbar bevorstand. »Wenn nur die Österreicher sich ruhig verhalten«, schrieb Albert Einstein im Dezember 1912 an Helene Savic, die er vor wenigen Jahren zusammen mit Mileva in Belgrad besucht hatte und die er nun als »serbische Heldin« titulierte. Für Serbien wäre ein Konflikt mit Österreich arg, selbst im Falle eines Sieges. »Ich glaube aber, dass das Säbelgerassel wenig Bedeutung hat.«[74]

Tatsächlich blieb der Einmarsch österreichischer Truppen aus, obschon sich die Krise weiter zuspitzte. Mangelnde Unterstützung von deutscher Seite hielt das Habsburgerreich von einem Angriff ab. Zusammen mit England versuchte das Deutsche Reich, den Konflikt einzudämmen. Die beiden Großmächte rangen so lange mit den Balkanstaaten um eine Lösung der Albanienfrage, bis im Mai 1913 in London ein Friedensvertrag unterzeichnet werden konnte, der den ersten Balkankrieg offiziell beendete.

Kaum waren die Delegierten aus London abgereist, brach Bulgarien einen neuen Krieg vom Zaun. Das Land war als großer Sieger aus dem ersten Balkankrieg hervorgegangen, mit den Landgewinnen aber nicht zufrieden. Bulgarische griffen griechische und serbische Truppen an und sahen sich plötzlich von allen Seiten von Feinden umringt. Die zuvor Verbündeten kämpften nun gegeneinander, um die Beute neu unter sich aufzuteilen. Diesem zweiten Balkankrieg fielen allein in Bulgarien fast 100 000 Soldaten zum Opfer.[75]

Schreckensnachrichten füllten nun die Zeitungen. Obschon im Frühling und Sommer 1913 nur noch spärliche Informationen aus den Kriegsgebieten nach außen drangen, berichteten fast alle europäischen Blätter von grausamen Ausschreitungen. Der »Daily Telegraph« bezeichnete den Balkan in den ersten Julitagen 1913 als »europäischen Schlachthof«. Zur selben Zeit sprach die »Vossische Zeitung« von einem »Ausrottungskrieg«, die »Neue Zeit« von einem Vernichtungskrieg, der »alle Exzesse der Kriege der letzten fünf Jahre erblassen« lasse.[76] Während die Presse den Menschen das Grauen des Balkankrieges in aller Deutlichkeit vor Augen führte, erweckte sie zugleich den Eindruck, dass ein solches Gemetzel im zivilisierten Mitteleuropa unvorstellbar wäre.

Schließlich streckt Bulgarien die Waffen.

Der Vertrag von Bukarest beendet den bis dahin »schrecklichsten Krieg der Moderne«, so das Urteil der amerikanischen Carnegie-Stiftung, die noch im selben Sommer Experten auf die Balkanhalbinsel entsendet, um den Verlauf der Kämpfe zu untersuchen.[77] Was sich auf dem Balkan in den zurückliegenden Monaten abgespielt hatte, ließ sich mit Worten nicht beschreiben. Dem Abschlussbericht zufolge waren alle Kriegsparteien an fürchterlichen Massakern beteiligt. Bei »ethnischen Säuberungen« wurden Zivilisten gezielt getötet und ganze Ortschaften der Erdboden gleichgemacht.

Während Ströme von Flüchtlingen durch die Lande ziehen, lässt sich König Carol von Rumänien am 10. August 1913 in einem Triumphzug durch die geschmückten Straßen von Bukarest von der Menge feiern. Der Monarch sieht sich als Gewinner des Krieges. Beim abendlichen Fest-

Das Vorfeld

bankett beschwört er eine neue »Ära des gegenseitigen Vertrauens« herauf.[78]

Der Balkan aber bleibt ein Brandherd. Schon als Mileva und Albert Einstein im September 1913 für eine Woche zu den Schwiegereltern in die Vojvodina fahren, wo der serbische Großvater dafür sorgt, dass seine Enkel in einer griechisch-orthodoxen Kirche getauft werden, ist das Säbelgerassel aus Wien erneut zu hören. Da die Unabhängigkeit Albaniens wieder einmal auf dem Spiel steht, setzt Österreich-Ungarn dem serbischen Nachbarn schließlich ein Ultimatum: Am 17. Oktober 1913 wird Belgrad aufgefordert, die umstrittenen albanischen Gebiete innerhalb der nächsten acht Tage endgültig zu verlassen. Sollte Serbien seine Truppen nicht abziehen, werde man zu »geeigneten Mitteln« greifen, um die Forderung durchzusetzen.

Diesmal verfehlt die Drohung ihre Wirkung nicht. Da die serbischen Ansprüche gegen den soeben geschlossenen Friedensvertrag von Bukarest verstoßen, kann Serbien kaum auf eine Unterstützung von russischer Seite bauen und lenkt ein. In Wien wird das Ultimatum als außenpolitischer Erfolg gefeiert. Dort setzt sich die Überzeugung durch, »dass Serbien letztlich nur die Sprache der Gewalt verstehe«.[79]

3. Metropolis

Einstein sieht seiner »Verberlinerung« nun zunehmend mit Unbehagen entgegen. Die deutsche Reichshauptstadt, in der seine Geliebte Elsa Löwenthal auf ihn wartet, überrascht den bis dahin nur in Fachkreisen bekannten Physiker mit Willkommensgeschenken und medialer Aufmerksamkeit.

»Autos schossen aus schmalen, tiefen Straßen in die Seichtigkeit heller Plätze. Fußgängerdunkelheit bildete wolkige Schnüre. Wo kräftigere Striche der Geschwindigkeit quer durch ihre lockere Eile fuhren, verdickten sie sich, rieselten nachher rascher und hatten nach wenigen Schwingungen wieder ihren gleichmäßigen Puls. Hunderte Töne waren zu einem drahtigen Geräusch ineinander verwunden, aus dem einzelne Spitzen vorstanden, längs dessen schneidige Kanten liefen und sich wieder einebneten, von dem klare Töne absplitterten und verflogen. An diesem Geräusch, ohne dass sich seine Besonderheit beschreiben ließe, würde ein Mensch nach jahrelanger Abwesenheit mit geschlossenen Augen erkannt haben, dass er sich in der Reichshauptstadt ... befinde. Städte lassen sich an ihrem Gang erkennen wie Menschen.«[80]

(Robert Musil)

Das Vorfeld

Hauptstadt der Technik

Berlin im Frühjahr 1914. Viadukte und Brückenpfeiler aus Eisen säumen die Hauptverkehrsadern der Stadt, Arbeiterkolonnen treiben Tunnel unter Straßen und Plätzen hindurch in die Erde. Von Haltestelle zu Haltestelle geht der Ausbau der Hoch- und Untergrundbahn voran. Fünfzig Bahnhöfe sind seit der Jahrhundertwende an das ober- und unterirdische Netz angeschlossen worden, das der Hauptstadt ein völlig neues Gepräge gibt. Auf ihrer Stammstrecke, wo Warenhäuser wie das KaDeWe eröffnet haben, fährt die Hoch- und Untergrundbahn zu Spitzenzeiten alle zweieinhalb Minuten.

Mit dem Zuzug von Menschen hält die Verkehrsplanung jedoch kaum Schritt. Berlin ist mit mehr als dreieinhalb Millionen Einwohnern etwa auf die Größe von Paris angewachsen. Doch während in der französischen Metropole der letzte Pferdeomnibus bereits von den Boulevards verschwunden ist, werden in der deutschen Reichshauptstadt immer noch mehr Menschen mit Pferdebussen befördert als mit Autobussen, die »mit Rücksicht auf die Abnutzung des Pneumatics an erstklassig gepflasterte Straßen« gebunden sind.[81] Im Stadtkern, wo über zwei Millionen Einwohner auf engstem Raum zusammenleben, schieben sich Automobile zwischen Droschken und Fuhrwerke.

Neu Hinzugezogene beschreiben Berlin als eine Stadt der knallenden Peitschen und lautstark gestikulierenden Kutscher, der tief tönenden Gummiball-, krächzenden Klaxonhupen und gellenden Straßenbahnen. Unerträglich sei das Gedröhne der elektrischen Straßenbahn, deren Räder im Schienenkanal in die Kurve gezwungen werden, entrüsten sich Leserbriefschreiber im »Berliner Tageblatt«. In München würden die Nerven der Anwohner und Fahrgäste nicht derart gemartert. Dort gebe es Schalldämpfungsvorrichtungen für die Schienenfahrzeuge.[82] Als der Antilärmverein schärfere gesetzliche Vorschriften fordert, heißt es bei der Physikalisch-Technischen Reichsanstalt, dass »einwandfreie Methoden zur Messung von Geräuschen« nicht existierten.[83]

An ausgewählten Plätzen beobachtet ein Berliner Arzt die Nervosität der

Hauptstädter und fängt sie in Miniaturen ein: Auf der Terrasse vor dem Künstlercafé Josty am Potsdamer Platz dreht ein Mann eine Zigarette nach der anderen und wirft sie dann zerknüllt weg, ohne je eine rauchbare zustande zu bringen. Eine elegant gekleidete Dame vor dem Café Piccadilly murmelt unablässig Zahlen vor sich hin: »Und 7 sind 28 und 15 sind 43.« Sie addiert die Nummern der einlaufenden Straßenbahnen. Die Summe geht rasch in die Hunderte, denn 1914 verkehren allein zwischen Potsdamer Platz und Lützowstraße 33 unterschiedliche Linien.[84]

Abb. 2: Alte und neue Mobilität auf dem Alexanderplatz 1913.

Der Apotheker Maximilian Negwer hat ein Beruhigungsmittel für die gereizten Hauptstädter ersonnen: ein mit Vaseline und Baumwolle gestrecktes Wachs, das sie sich in Form kleiner Kugeln ins Ohr stecken können. Seit 1907 stellt Negwer die Ohropax-Geräuschschützer in seiner »Fabrik pharmazeutischer und kosmetischer Spezialitäten« in Schöneberg her und versorgt damit seine Künstlerfreunde rund um den Potsdamer Platz, einem der beliebtesten Szenetreffpunkte in der City.

Mit der Linie 88 kommt der Maler Ernst Ludwig Kirchner hierher und bringt das Getriebensein der Menschen, ihre Anonymität und die Vielfalt ihrer Lebenswelten auf die Leinwand. In der Straßenszene »Potsdamer Platz«, die Kirchner im Jahr 1914 malt, präsentieren sich zwei Kokotten in Schwarz und Preußischblau auf einer Verkehrsinsel, im Hintergrund der Potsdamer Bahnhof sowie das Café Piccadilly, das 2500 Gästen Platz bietet. Mit ihren extravaganten Hüten ziehen die Frauen die Blicke der Freier auf sich, die hier nachts vorbeiziehen. Umrahmt werden die beiden Gestalten vom grellen Widerschein der Straße, deren gleißendes Grün mit dem Lärm des Ortes korrespondiert. Farb- und Tonwerte entsprechen einander.

Hochbetrieb herrscht nicht nur am Potsdamer Platz, dem »verkehrsreichsten Platz Europas«,[85] sondern auch in den Industrierevieren im Norden und Nordwesten Berlins. Durch das Tor der AEG in der Brunnenstraße betritt man eine ganze Fabrikstadt aus Verwaltungsgebäuden, Montagehallen und Maschinenparks. »Die Mauern dieser Stadt der Elektrizität umschließen eine Bevölkerung von mehr als 14 000 Köpfen an Beamten und Arbeitern«, so der zeitgenössische Schriftsteller Arthur Fürst. »In diesen Fabriken wird im Durchschnitt alle zwei Minuten eine Maschine in ununterbrochenem Tag- und Nachtbetrieb fertiggestellt.«[86] Industrielle Massenware »made in Germany«, darunter elektrische Haartrockner, für die die AEG den Begriff »Fön« hat schützen lassen, oder elektrische Wasserkessel, die der Designer und Architekt Peter Behrens entwirft.

Elektro- und Maschinenbauunternehmen wie die AEG, Siemens & Halske oder Borsig produzieren in Berlin Glühlampen und Beleuchtungsanlagen, Dynamos und Transformatoren, Kleinmotoren und Turbinen, Automobile, Lokomotiven und Flugzeuge. Die Firmen haben maßgeblichen Anteil an der Umgestaltung und Elektrifizierung der Großstadt sowie am wirtschaftlichen Aufschwung des Deutschen Reichs, das nach dem britischen Empire zur zweitgrößten Handelsmacht weltweit aufgestiegen ist. »Wenn Paris der Brennpunkt der Kunst ist, so ist Deutschland die große Produktionsstätte«, stellt der schweizerisch-französische Architekt Le Corbusier fest.[87] Allein die Zahl der AEG-Mitarbeiter hat sich binnen fünf Jahren verdoppelt: von 33 000 auf nunmehr 66 000.[88]

Die deutsche Wirtschaftskraft beängstigt viele europäische Nachbarn. Wilhelm II. tut einiges dafür, diese Ängste zu schüren. Auch zwei Jahre nach dem Untergang der »Titanic« sind dem Kaiser die größten Passagier- und Schlachtschiffe nicht groß genug. Mit eigenen Skizzen für Kreuzer und Torpedoboote hält er das Reichsmarineamt auf Trab.[89] Seine Technikbegeisterung paart sich mit kolonial- und machtpolitischen Ambitionen, die ein militärisches Bündnis ehemals verfeindeter Großmächte wie Großbritannien, Frankreich und Russland provoziert haben. Das Deutsche Reich sieht sich eingekreist und reagiert darauf zunehmend nervös.

Seit 25 Jahren ist Wilhelm II. an der Macht, umschwirrt vom Adel und von hochrangigen Offizieren. Mit seinem Anspruch auf Gottesgnadentum steht er an der Spitze des preußischen Klassen- und Obrigkeitsstaats und berät sich in Krisensituationen zuerst mit dem Generalstab. Einen Vorrang der Politik vor dem Militär sieht die Reichsverfassung nicht vor.

Die rasante wirtschaftliche Entwicklung kann nicht über die rückschrittliche Gesellschaftsordnung und Verfassung des Reichs hinwegtäuschen. »Schwatzbude« und »Reichsaffenhaus« schimpft Wilhelm II. den Reichstag, wo Abgeordnete über den Militäretat, ein allgemeines Wahlrecht oder die Gleichstellung der Frau debattieren. Der Kuppelbau am Rande des Tiergartens ist ihm viel zu imposant für die »Lumpenkerle«, die darin residieren, womit insbesondere die Abgeordneten der SPD gemeint sind, jener 1890 noch verbotenen Partei, die bei den Reichstagswahlen 1912 mit 34,8 Prozent der Stimmen stärkste Fraktion geworden ist. In der Reichshauptstadt haben die Sozialdemokraten sogar drei Viertel aller Wählerstimmen errungen. Bei der Berliner Arbeiterschaft, die für eine Verbesserung ihrer teils miserablen Wohnverhältnisse und Lebensbedingungen kämpft, kommen die Selbstherrlichkeit des Monarchen, der höfische Prunk und die starke Militärpräsenz in der Hauptstadt nicht gut an.

Im preußischen Zentrum des Reichs rund um das Berliner Stadtschloss hat der Kaiser, der am liebsten alles zur Chefsache machen würde, auch in punkto Verkehrsplanung das letzte Wort. Auf seinem Reitweg, dem geschäftigen Boulevard Unter den Linden, möchte er keinen Verkehrsmitteln begegnen, die seine Pferde scheu machen könnten. Der Boulevard soll seinen eigenen Gang behalten und darf allenfalls untertunnelt werden.

Hoch zu Ross mit Pickelhelm, glänzenden Reitstiefeln und in wechseln-

Das Vorfeld

den Uniformen macht Wilhelm II. Unter den Linden gerne vor dem soeben errichteten »Mercedes-Palast« halt. In dem neoklassizistischen Gebäude stellt die »Daimler-Motoren-Gesellschaft« ihre neuesten Automobile aus. Die meisten Luxusfahrzeuge sehen wie pferdelose Kutschen aus. Daneben bietet der exklusive Auto-Salon mittlerweile auch geschlossene Wagen an, startklar mit allem Drumherum, während man beim Händler nur den nackten Rahmen mit Rädern und Lenkung, Motor und Getriebe kaufen kann und sich die Karosserie aus Holz und Blech anschließend von einem Karosseriebauer eigens anfertigen lassen muss.

Zum kaiserlichen Fuhrpark gehören etliche Automobile, darunter Elektromobile mit Bleibatterie, die als besonders fortschrittlich gelten. Die jungen Adligen träumten heutzutage Tag und Nacht von der Technik »wie frühere Generationen von der Jagd, den Pferden und Hunden«, trägt die Baronin von Spitzemberg in ihr Tagebuch ein.[90] Wie sich die Prinzen hinter dem Steuer austoben, wird allerdings vielfach als Bedrohung der öffentlichen Ordnung empfunden und regelmäßig von aufgebrachten Bürgern kommentiert: »Man muss ernstlich fragen, ob mit dem fürstlichen Automobilismus der mittelalterliche Geist wieder lebendig geworden ist, der es gestattete, bei allerhöchsten Parforcejagden den Bauer und Bürgersmann unter die Hufe der Rosse zu stampfen.«[91]

Flugbegeisterung ohne Grenzen

Die politisch Verantwortlichen sind froh, dass es der Kaiser nie lange in Berlin aushält. Je öfter er auf Reisen geht, umso seltener funkt er ihnen dazwischen. Zu Beginn der Osterferien ist es mal wieder so weit: Am 29. März 1914 läuft die Yacht Wilhelms II. bei herrlichem Sonnenschein in Korfu ein.

In Berlin ist an diesem Sonntag das Wetter das bestimmende Thema, schließlich möchte der Großstädter den freien Tag nicht zu Hause verbringen. »Mir ist immer von neuem aufgefallen, wie verschieden der Berliner in der Woche von dem am Sonntag ist, besonders an einem schönen Sonntag«, so der Schriftsteller Henry F. Urban. »Wenn er da mit Frau und Kind in den ›Jrunewald‹ pilgert, um den ›Jrunewald‹ mit Stullenpapier, Wurschtpellen und Eierschalen zu schmücken, hat er etwas überaus Gemütliches, Lebensfrohes und Sonniges, das so gar nicht zu seiner Säuerlichkeit in der Woche stimmt.«[92]

Allerdings ist an diesem Wochenende unvermittelt der Winter ausgebrochen. Der Pelz regiere wieder, notiert ein Journalist, der sich trotz nasskalter Witterung auf den Weg in den Grunewald gemacht hat, wo die Pferderennsaison mit einem Hindernisrennen eröffnet wird. Pferdekenner und Premierentiger lassen sich dieses Ereignis nicht entgehen.[93]

Die traditionelle Rennveranstaltung zieht allerdings bei weitem nicht so viel Publikum an wie der Auftritt eines Piloten am anderen Ende der Stadt. Etliche Tausend Menschen nehmen die Straßenbahn und fahren zum Flugplatz Johannisthal im Südosten Berlins, um den französischen Artisten Adolphe Pégoud zu sehen, der bei seinem letzten Besuch vor einem halben Jahr mit spektakulären Kunstflügen für Furore sorgte. Damals, im Oktober 1913, verursachten die Besucherströme ein Verkehrschaos ohnegleichen. Zur Premiere brachen etwa eine halbe Million Menschen nach Johannisthal auf, wo sie so viel Müll hinterließen, dass die Flugplatzgesellschaft dazu verdonnert wurde, eine Geldstrafe an den Gemeinderat zu zahlen.

Abb. 3: Die kaiserliche Tribüne am Flugfeld Johannisthal.

Das Vorfeld

In Johannisthal haben sich Flugzeughersteller, Fluggesellschaften und Fliegerschulen angesiedelt. Sie alle profitieren von der allgemeinen Flugbegeisterung. Angesichts der französischen Vorreiterrolle in der zivilen und militärischen Luftfahrt rief Prinz Heinrich von Preußen die Deutschen im April 1912 dazu auf, einen Beitrag zum Bau von Flugzeugen und zur Ausbildung der Piloten zu leisten. Menschen aus allen Bevölkerungsschichten beteiligten sich an der »Nationalen Flugspende«, sodass binnen sechs Monaten 7 647 950 Mark und 48 Pfennige zusammenkamen.[94]

Melli Beese, die in Johannisthal als erste deutsche Pilotin von sich reden macht, ging damals mit einer Sammelbüchse für die Luftfahrt auf die Straße. Die junge Frau hat in der Männerdomäne einen schweren Stand. Zuerst wollte keine Fliegerschule eine Frau aufnehmen, da man das weibliche Geschlecht fürs Fliegen für genauso ungeeignet hielt wie fürs Militär. Sie konnte allenfalls darauf hoffen, gegen eine entsprechende Bezahlung bei dem einen oder anderen Passagierflug mitgenommen zu werden.

Als sie endlich mit ihrer Flugausbildung beginnen durfte, wurde sie auf jede erdenkliche Weise schikaniert. Noch bei ihrer Prüfung flog Beese mit fast leerem Benzintank los, weil jemand den Treibstoff bis auf einen kleinen Rest abgelassen hatte. »Mitten in der ersten Flugkurve blieb plötzlich der Motor stehen, und sie musste den Flug unverzüglich abbrechen.«[95] Inzwischen unterhält sie selbst eine Fliegerschule und kann es sich hoch anrechnen, dass es bei ihr noch keinen einzigen Unfall gegeben hat.

Seit der »Nationalen Flugspende« ist der Flugplatz zunehmend unter Einfluss des Militärs geraten. Alle Regierungen gäben große Summen für die Höhenbewaffnung aus und appellierten dabei an die Opferwilligkeit der Bevölkerung, beklagt die Friedensnobelpreisträgerin Bertha von Suttner. »Der Nachbar hat ein Luftschiff, ergo muss ich auch eins bauen, der andere Nachbar hat zwei Aeroplane bestellt, also muss ich auch zwei oder womöglich drei haben.«[96] Die Eroberung der Luft, eine der ruhmvollsten unter den mechanischen Errungenschaften des Menschen, werde stumpfsinnig zu Zwecken der Vernichtung verwendet.

Viele Firmen und Fliegerschulen in Johannisthal leben inzwischen von Militäraufträgen. Wie riskant gerade die Militärfliegerei ist, wird beim

»Prinz-Heinrich-Flug« 1914 deutlich, einem Wettbewerb, der Piloten an einem Tag Flugstrecken von fast 1000 Kilometern abverlangt. Vier Offiziere kommen bei Abstürzen ums Leben, mehrere Flieger erleiden schwere Verletzungen.[97]

Adolphe Pégoud hat sich akribisch auf seine Flugschau vorbereitet. Vor knapp einem Jahr sprang der Franzose als erster Pilot mit dem Fallschirm aus einem Flugzeug. Wenig später nahm er den Looping in sein Programm auf. Um sich auf das Überkopffliegen einzustellen, hatte er seinen Eindecker verkehrtherum in einem Hangar aufbocken und sich darin mit dem Kopf nach unten festschnallen lassen.

Abb. 4: Looping the loop: die Attraktion bei Pégouds Flugschau.

In Johannisthal greift Pégoud bei frischem Wind wieder einmal tief in die Trickkiste, zeigt Rollen, Törns und Rückenflüge, steigt bis zu etwa 300 Metern empor, stellt seinen Motor ab und geht in den Sturzflug über, um die Maschine in 50 Metern Höhe wieder in die horizontale Lage zu bringen und zu landen. Beim nächsten Start mit einer etwas größeren Maschine nimmt er zur Belustigung des Publikums eine junge Dame mit, die auf dem Rücksitz angeschnallt wird. »Nach kurzem Anlauf hob sich das Flugzeug in die Lüfte, und nach einigen einleitenden Kurvenflügen ging Pégoud bald zum Looping the loop über«, berichtet das »Berliner Tageblatt«. Der jungen Dame, die auch in Kopflage des Apparats weiter dem Publikum zuwinkte, seien weder Furcht noch Schwindel anzumerken gewesen.[98]

Weitaus kritischer kommentiert die »Preußische Zeitung« den »Pégoudrummel«. Der Franzose spiele »stets mit dem Leben, und das, wer möchte es in Abrede stellen, um klingenden Gewinn«. Seine fliegerischen Tollkühnheiten hätten in einer Fliegerausbildung nichts verloren.[99] Der konservativen Zeitung schmeckt es nicht, dass ein Franzose von deutschen Militärfliegern und Offizieren bejubelt und als Lehrmeister um Rat angegangen wird, selbst wenn diese nicht in Uniform nach Johannisthal gekommen sind, sondern in Zivil.

Diesem militärischen Denken in Bündnisblöcken stehen zahllose internationale Verbindungen zwischen Piloten, Technikern, aber auch Wissenschaftlern, Künstlern und Journalisten gegenüber, die das Leben in der Reichshauptstadt prägen. Melli Beese zum Beispiel ist mit einem französischen Piloten verheiratet. Und selbstverständlich erscheinen in Berlin nicht nur deutsche, sondern auch französische und andere fremdsprachige Zeitungen. Quer zu allen politischen Allianzen wählt der Verein der ausländischen Presse in seiner Generalversammlung in Berlin am 29. März 1914 Reporter von der »Freien Presse« in Wien, von der französischen Presseagentur »Agence Havas« und vom »Daily Telegraph« aus London in seinen Vorstand.[100]

Familienzusammenführung

Von Journalisten völlig unbehelligt trifft an diesem Sonntag Albert Einstein mit dem Zug in Berlin ein. Anders als in späteren Jahren lauern ihm am Bahnhof weder in- noch ausländische Pressevertreter auf, die sich stattdessen am Flugplatz Johannisthal die Hälse verrenken, im Grunewald Jagd auf Prominente machen oder über den australischen Flötenvogel berichten, einen entfernten Verwandten der Krähe, der soeben ins Vogelhaus des Zoologischen Gartens eingezogen ist. Der Physiker ist mit einem Geigenkoffer und einer unfertigen, für die meisten Zeitgenossen unbegreiflichen Theorie der Gravitation hierher gekommen. Ihre Vollendung und experimentelle Bestätigung werden ihn in wenigen Jahren in der ganzen Welt berühmt machen. Erst in Berlin wird Einstein zum Medienstar und zur Ikone der Wissenschaft.

Der 35-Jährige ist alleine mit der Bahn angereist. Seine Frau Mileva und die Kinder werden erst in drei Wochen nachkommen. Ihr Abschied von Zürich verzögert sich, weil Eduard, der Jüngste, Keuchhusten und eine Mittelohrentzündung bekommen hat und auf Empfehlung der Ärzte noch einige Zeit in einem Sanatorium im Tessin verbringen soll.

Wenngleich sich Einstein sofort nach der Ankunft nach dem »Ohreliweh« des kleinen »Tete« erkundigt, ist ihm dieser Aufschub gerade recht. Solange sich Mileva in der Schweiz um die Kinder kümmert, kann er seine Tage ungestört mit seiner Geliebten verbringen. Ein halbes Jahr haben er und Elsa sich nicht mehr gesehen und die lange Wartezeit mit Briefen überbrückt. Schreibend hat er um seine Cousine geworben, die ihn in schwäbischer Mundart »Albertle« nennt, wenn auch nicht mit knisternden Liebesbriefen, wie Mileva sie vor fünfzehn Jahren von ihm erhalten hatte.

Elsa habe auch »nichts von der Zerbrechlichkeit und Exotik ihrer Vorgängerin«, streicht der Einstein-Biograf Jürgen Neffe heraus. Sie ist bodenständig und willensstark, offen und gesellig und umgibt sich gerne mit Menschen, die sie bekochen kann.[101] Einstein träumt sich in ein behagliches Zusammenleben mit ihr hinein, in eine Verschmelzung von häuslicher Gemütlichkeit, lauschigem Naturerleben und wissenschaftlichem Schaffen. »Das Schönste sollen unsere Spaziergänge im Grunewald sein und bei schlechtem Wetter unsere Zusammenkünfte auf Deinem Zimmerchen.«[102]

Am Tag seiner Ankunft empfängt ihn Elsa bei schlechtem Wetter. Die Verwandtschaft weiß bereits von ihrem Verhältnis. Elsa hat auch schon den ersten Krach mit Tante Pauline hinter sich, doch die Wogen haben sich geglättet. Seine Mutter sei zwar gutmütig, aber als Schwiegermutter ein wahrer Teufel, musste Albert seiner Cousine gegenüber eingestehen.

Mileva kann ein Lied davon singen. Sie hat jeglichen Kontakt zu Pauline Einstein abgebrochen. Zuletzt hatte sie sich an Weihnachten so über die Taktlosigkeit ihrer Schwiegermutter aufgeregt, dass sie die Pakete, die den

Das Vorfeld

Enkelkindern zugedacht waren, zusammen mit einem »Berserkerbrief« an sie zurückschickte. Das Zerwürfnis kreidet Albert allerdings nicht seiner Mutter, sondern vor allem Mileva an. Sie sei der sauerste Sauertopf, den es je gegeben habe, teilt er Elsa mit. »Es graut mir davor, sie und Dich zusammen zu sehen. Wie wird sie sich wie ein Wurm krümmen, wenn sie Dich nur von ferne sieht!«[103]

Harte Worte von einem Mann, der auf eine neue Partnerin zugeht. Wie Elsa wohl auf solche Zeilen reagiert? Muss ihr seine Gefühlskälte nicht Furcht einjagen?

Wir wissen es nicht, denn lediglich seine Briefe an Elsa sind erhalten geblieben. Darin schildert er, wie sehr Mileva die Nähe der schwäbischen Verwandtschaft fürchtet. Während er heiter in den Kreis der Familie zurückkehrt, fühlt sich Mileva an ihrem künftigen Wohnort von Alberts Sippe regelrecht umzingelt. Ausgerechnet jetzt ist ihre »teuflische« Schwiegermutter nach Berlin gezogen, weil Alberts Onkel Jakob, ihr Bruder, im Februar seine Frau verloren hat. Bis auf weiteres wird Pauline Einstein seinen Haushalt in Charlottenburg führen.

Seit dem Tod ihres Mannes ist Pauline Einstein auf Unterstützung von Seiten der Familie angewiesen. Eine Zeitlang lebte sie bei ihrer Schwester Fanny und ihrem Schwager Rudolf in Hechingen, zog dann mit ihnen nach Berlin um, ging aber nach kurzer Zeit zurück nach Württemberg. Im Alter von 56 Jahren ist sie nun erneut in der Hauptstadt, um ihrem Bruder zur Hand zu gehen und im Kreis ihrer nächsten Angehörigen zu sein.

Fanny und Rudolf, der als Textilfabrikant zu Wohlstand gekommen ist, haben eine große Wohnung in Berlin-Schöneberg gemietet, im selben Haus, nur eine Etage darüber, lebt Elsa mit ihren Töchtern Ilse und Margot, die Albert bereits als »Stiefkinderchen« hat grüßen lassen. Von der Affäre mit seiner Cousine hat Mileva inzwischen Wind bekommen. Ein Unwetter braut sich über Berlin zusammen. Mileva sieht es heraufziehen, möchte jedoch keinen Bruch mit Albert riskieren und folgt ihm an die Spree.

Sie war schon im Januar in Berlin gewesen, denn Albert hatte es ihr überlassen, eine für die Familie passende Wohnung zu suchen, und zwar möglichst nahe an seinem künftigen Arbeitsplatz in Dahlem. Dort, im

Südwesten Berlins, sind seit der Jahrhundertwende Ackerflächen in Bauland umgewandelt worden, Villen und Landhäuser für reiche Leute entstanden, ähnlich wie im Grunewald, wo Max Planck, der Schriftsteller Gerhart Hauptmann oder der Großindustrielle Walther Rathenau residieren, nur ein wenig bescheidener. Denn Dahlem soll nicht bloß Vorstadt im Grünen sein, sondern zu einem »deutschen Oxford« ausgebaut werden, einem Campus mit Reichsforschungsanstalten und Fachbehörden, mit Instituten der Universität und der Kaiser-Wilhelm-Gesellschaft zur Förderung der Wissenschaften, deren Nachfolgeorganisation die heutige Max-Planck-Gesellschaft ist.

Wissenschaft im Wilhelminismus

Die Naturwissenschaften genießen in der Reichshauptstadt beträchtliches Ansehen. So lockt etwa die Urania mit ihrem »Wissenschaftlichen Theater«, Dia- und Film-Vorträgen jährlich rund 200 000 Zuschauer an. Das zumeist bürgerliche Publikum begibt sich auf eine mit aufwendiger Bühnentechnik inszenierte Reise »Von der Erde zum Mond«, verfolgt staunend, wie 100 Glühbirnen drahtlos mit Strom versorgt werden oder wie eine große Teslaspule mehrere Meter lange elektrische Entladungen wie Blitze durch den Experimentiersaal schickt. Hier wird auch Einstein seine neue Physik vorstellen.

Im abgelegenen Dahlem geht es ruhiger zu. Dort hat Wilhelm II. vor zwei Jahren die ersten beiden Kaiser-Wilhelm-Institute feierlich eingeweiht, darunter das von Fritz Haber geleitete Institut für physikalische Chemie und Elektrochemie, in dem der Direktor ein Arbeitszimmer für den Neu-Berliner Einstein reserviert hat. Haber ist beeindruckt von der Klarheit und Tiefe der einsteinschen Gedanken. Schon des Öfteren hat er den fachlichen Rat des zehn Jahre jüngeren Physikers eingeholt, sich für dessen Berufung eingesetzt und ihm einen Arbeitsplatz in seinem Institut angeboten, was beide zwar nur als Interimslösung betrachten, aber den Beginn einer engen Beziehung zwischen den beiden Forschern und ihren Familien markiert.

Das Vorfeld

Abb. 5: Einsteins erste Arbeitsstätte: Habers Institut in Dahlem.

Haber wohnt in Dahlem zusammen mit seiner Frau Clara und dem elfjährigen Sohn Hermann in einer prächtigen Direktorenvilla mit großem Garten, »in welcher es oben eine ganze Fremdenwohnung gibt«.[104] Mileva war froh über diese Anlaufstelle. Während sie eine Wohnung in Berlin suchte, schlug sie ihr Quartier bei Habers auf und fand mit ihrer Unterstützung ein Appartement in einem dreistöckigen Haus Ecke Ehrenbergstraße/Rudeloffweg.[105] Die großzügige Neubauwohnung, nur etwa zehn Minuten Fußweg von Alberts künftigem Arbeitsplatz entfernt, ist elektrifiziert und verfügt über einen Telefonanschluss. Das Gymnasium, wo ihr ältester Sohn Hans Albert nach den Osterferien die Sexta besuchen soll, ist ebenfalls bequem zu Fuß zu erreichen.

Als Einstein in Berlin ankommt, sind die Malerarbeiten noch im Gang. Bis die Renovierung abgeschlossen ist und der Spediteur Hausrat und Möbel von Zürich nach Berlin geschickt hat, nistet er sich bei Onkel Jakob in Charlottenburg ein und lässt sich von seiner Mutter mitversorgen. Nach wenigen Tagen schreibt er nach Holland, er habe in Berlin außer Haber noch keinen Physiker gesehen. Wirkliche Freude aber habe er an seinen hiesigen Verwandten, besonders an seiner gleichaltrigen Cousine. »Hauptsächlich deshalb verschmerze ich die mir sonst odiose Großstadt sehr gut.«[106]

Das Tempo und die Größe der Metropole sind ihm fremd. Unbehagen bereiten ihm überdies der obrigkeitsstaatliche Geist und Standesdünkel mancher Hauptstädter, wie er sie auch bei seinem vorerst engsten Kollegen Fritz Haber feststellt. Haber, ein preußischer Patriot mit dem typischen Schmiss im Gesicht, den er sich als Student in Heidelberg bei einem Duell einfing, trägt seit der Übernahme des Kaiser-Wilhelm-Instituts stolz den Titel »Geheimrat«.

»Der deutsche ›Herr Geheimrat‹ war damals ein kleiner Gott«, erzählt der Chemiker Otto Hahn rückblickend. »Man musste ihn sehr vorsichtig behandeln und sich Kritik von ihm gefallen lassen, ohne dass man ihm widersprechen durfte.« Im Vergleich zu England sei auch der Abstand zwischen einem Professor und seinen wissenschaftlichen Mitarbeitern in Deutschland sehr groß gewesen.[107]

Einstein missfällt Habers Geltungsdrang. Leider müsse er sich damit abfinden, dass dieser sonst so prächtige Mensch der Eitelkeit verfallen sei. Dieser Mangel an persönlicher Gediegenheit sei überhaupt Berliner Art. »Wenn diese Leute mit Franzosen und Engländern zusammen sind, welcher Unterschied!« Roh und primitiv seien die Berliner. »Eitelkeit ohne echtes Selbstgefühl. Civilisation (Schön geputzte Zähne, elegante Krawatte, geschniegelter Schnauz, tadelloser Anzug), aber keine persönliche Kultur (Rohheit in Rede, Bewegungen, Stimme, Empfindung).«[108]

Der Forscher mit den sanften Augen hat eine scharfe Zunge. Auch wenn es um Kollegen wie Haber geht, nimmt er kein Blatt vor den Mund. Bei aller Dankbarkeit für dessen Hilfsbereitschaft – Habers Machtambitionen, gepaart mit seinem perfekt gestylten Äußeren, schrecken ihn ab.

Am stärksten verabscheut er das Militärische, das ihm in Berlin vorexerziert wird. In der Garnisonsstadt sind Militärparaden an der Tagesordnung, Marschkapellen und Militärlieder singende Kinder omnipräsent. Gerade das Bürgertum strebt nach einem Aufstieg in militärische Ränge, obschon der Standesdünkel der preußischen Offizierskaste zivilen Wertvorstellungen zuwiderläuft. »Der Dienst als preußischer Reserveoffizier – um

Das Vorfeld

1914 gab es rund 120 000 von ihnen – war in der bürgerlichen Gesellschaft ein begehrtes Statussymbol.«[109]

Corpsstudenten treten besonders forsch und schneidig auf. Ihre selbst auferlegten Verhaltensnormen, Ehrenkodices und Hierarchien orientieren sich am militärischen Vorbild. Studentenverbindungen verherrlichen die kriegerischen Taten im deutsch-französischen Krieg von 1870/71 in ähnlicher Weise wie die mächtigen Kriegerverbände mit ihren an die drei Millionen Mitgliedern im Deutschen Reich.

Für den preußischen Uniformfetischismus findet Einstein deutliche Worte: Wenn jemand Freude daran habe, bei Musik in Reih' und Glied zu marschieren, dann verachte er ihn schon. So jemand habe sein großes Gehirn nur irrtümlich bekommen, für ihn genüge das Rückenmark völlig.[110]

In Berlin kann er den Paradeuniformen nicht aus dem Weg gehen. In großer Zahl begegnet er ihnen vor den Toren der Akademie, die Unter den Linden in der neuen Königlichen Bibliothek untergebracht ist. Der 170 Meter lange und mehr als 100 Meter breite Gebäudekomplex, die seinerzeit größte Bibliothek der Welt, ist nach zehnjähriger Bauzeit genau eine Woche vor Einsteins Ankunft eröffnet worden.

Die deutsche Reichshauptstadt, ein Parvenu unter den europäischen Metropolen, trumpft auch in der Forschung auf. Am Aufbau der Kaiser-Wilhelm-Gesellschaft zur Förderung der Wissenschaften beteiligen sich zahlreiche Großindustrielle, darunter der »Baumwollkönig« James Simon, der auch die letzten Grabungen 1914 in Amarna in Ägypten finanziert hat und dem Berlin unter anderem die Büsten der Nofretete und des Echnaton verdankt, der Steinkohleunternehmer Eduard Arnhold, der dem preußischen Staat gerade erst die Villa Massimo in Rom als Kulturinstitut geschenkt hat, oder der Bankier Leopold Koppel, der den deutsch-amerikanischen Professorenaustausch und Einsteins Stelle an der Akademie finanziert. Alle drei sind jüdischer Herkunft. »Sonderbar, die Juden bei uns thun die deutsche Kulturarbeit, und die Deutschen leisten als Gegengabe den Antisemitismus«, stellte schon der Dichter Theodor Fontane fest.[111]

Dem 59-jährigen Koppel liegt die Forschungsförderung besonders am Herzen. Er ist Gründer einer Privatbank mit Sitz am Pariser Platz und

Hauptaktionär der für ihre »Osram«-Lampen bekannten Deutschen Gasglühlicht AG, auf deren Fabrikgelände an der Spree Berlins erstes Hochhaus mit elf Geschossen in den Himmel ragt. Mit einer Spende von einer Million Mark hat Koppel das Kaiser-Wilhelm-Institut für physikalische Chemie und Elektrochemie quasi alleine finanziert und dem Chemiker Haber, den er zuvor als Mitarbeiter für die Gasglühlicht AG hatte gewinnen wollen, zum Direktorenposten verholfen. Nun stellt Koppel in Aussicht, auch für den Bau eines Kaiser-Wilhelm-Instituts für Physik aufzukommen. Den designierten Leiter, Albert Einstein, überrascht der Bankier mit einer »wundervollen Standuhr« als Willkommensgeschenk und lädt ihn gleich für die erste Aprilwoche zu sich ein. Im Gespräch mit ihm und Haber kann sich Einstein ein Bild von den Verflechtungen von Kapital und Wissenschaft in der Reichshauptstadt machen.

Einen Willkommensgruß hat auch der Chemiker Walther Nernst für Einstein hinterlassen. Nernst bereitet gerade eine längere Reise nach Südamerika vor, wo er im Mai Vorlesungen an verschiedenen Universitäten halten wird. Die Osterferien verbringt er auf seinem Landgut in Rietz, seinem »Chateau«, gut 60 Kilometer außerhalb von Berlin. Dort lernt er mit seiner Frau eifrig Spanisch und teilt Einstein mit, er werde am 15. April wieder in der Stadt sein.[112]

Nernst, stolzer Besitzer eines Automobils, pflegt wie Haber gute Kontakte zur Wirtschaft. Schon vor etlichen Jahren verkaufte er das Patent für seine »Nernstlampe« an die AEG, die ihren rapiden Aufstieg der Glühbirnentechnik verdankt. Später wird Nernst an Telefunken herantreten, um das erste elektromechanische Klavier, das in Serie hergestellt wird, den »Neo-Bechstein«, zu vermarkten. Dabei geht es ihm nicht nur um persönlichen Gewinn. Nernst möchte die Forschung dadurch stärken, dass er seinen Studenten aussichtsreiche Arbeitsplätze in der Industrie verschafft. Im Fachbereich Chemie arbeiten Wissenschaft und Wirtschaft schon derart eng und systematisch zusammen, dass etwa 90 Prozent der promovierten Chemiker im Deutschen Reich in die Industrie wechseln. Vergleichbares streben Nernst und Haber nun auch für die physikalische Chemie an.

Das Vorfeld

Parallel dazu setzt sich Nernst für die Grundlagenforschung ein. Gemeinsam mit dem Großindustriellen Ernest Solvay hat er ein internationales Gipfeltreffen der Wissenschaft ins Leben gerufen, das bisher zwei Mal in Brüssel stattgefunden hat und vornehmlich dazu dient, die Quantenphysik aus ihrem Schattendasein hervorzuholen. Haber, ein Konkurrent von Nernst, kein so theoretischer Kopf wie dieser und gerade in der Quantentheorie nicht up to date, ist nicht in diesen elitären Zirkel aufgenommen worden, Einstein schon. Gleich bei der ersten Solvay-Konferenz 1911 stellten führende Forscher fest: Einstein ist eine Klasse für sich.

Abb. 6: Die Teilnehmer der ersten Solvay-Konferenz 1911. Stehend: Max Planck (2. v. li.), Albert Einstein (2. v. re.). Sitzend: Walther Nernst (1. v. li.), Hendrik Antoon Lorentz (4. v. li.), Marie Curie (2. v. re.).

Das empfinden allen voran Planck, Nernst und auch Haber so. »Die Herren Berliner spekulieren mit mir wie mit einem prämierten Leghuhn«, flüsterte Einstein einem Kollegen nach einem Abschiedsessen in Zürich zu. »Aber ich weiß nicht, ob ich noch Eier legen kann.«[113]

Gedankenexperimente zu Ruhe und Bewegung

Fürs Erste genügt es den »Herren Berlinern«, jene Eier zu bestaunen, die er bereits gelegt hat. Nachdem, wie anzunehmen ist, ein Mitglied der Akademie die lokale Presse von Einsteins Ankunft und von seinen bisherigen bahnbrechenden Arbeiten unterrichtet hat, tritt die »Vossische Zeitung« noch im April 1914 an ihn heran. Die Redaktion bittet ihn darum, in wenigen Zeilen die Relativitätstheorie zu erläutern, eine Bitte, der Einstein gerne nachkommt. »Denn wenn auch ein tieferer Einblick in die Relativitätstheorie ohne Aufwendung erheblicher Mühe nicht zu erzielen ist, mag es doch auch für den Fernerstehenden reizvoll sein, einiges über Methode und Ergebnisse dieses neuen Zweiges theoretischer Forschung zu erfahren.«[114] So lernt das Berliner Zeitungspublikum den Physiker wenige Wochen nach seiner Ankunft als gewandten Interpreten seiner eigenen Theorie kennen.

In seinem Beitrag stellt er die Relativitätstheorie als Ergebnis eines historischen Prozesses dar, den er anhand alltäglicher Erfahrungen verständlich machen möchte: Angenommen, wir sitzen in einem Eisenbahnabteil und ein Zug auf dem benachbarten Gleis bewegt sich an uns vorbei. Fahren wir? Oder stehen wir still, während der andere Wagen vorrollt? »Sehen wir vom Rütteln des Wagens ab, so haben wir zunächst keine Mittel, um zu entscheiden, ob beide Wagen ›in Wirklichkeit‹ bewegt sind.«[115]

Einstein lässt nun einen Physiker in den Zug steigen, der mit allen erdenklichen Messinstrumenten ausgestattet ist. Diesmal seien die Fenster des Eisenbahnwagens »luft- und lichtdicht verschlossen; Schienen und Räder seien absolut glatt«. Solange der Zug auf gerader Strecke mit gleich bleibender Geschwindigkeit dahinfährt, ist es dem Wissenschaftler unmöglich festzustellen, in welcher Richtung und mit welcher Geschwindigkeit der Zug fährt. Er kann nicht einmal beurteilen, ob er sich überhaupt fortbewegt. Keines der Experimente, die er im geschlossenen Abteil anstellen kann, gibt ihm Anhaltspunkte dafür.

Das Relativitätsprinzip besagt, dass sich zwei identische, abgeschlossene Systeme hinsichtlich der darin messbaren Phänomene in keiner Weise un-

Das Vorfeld

terscheiden, solange sie sich relativ zueinander geradlinig und mit gleichbleibendem Tempo bewegen. In der Physik heißen solche Systeme »Inertialsysteme«. Ein Zug, der plötzlich bremst, beschleunigt oder in eine Kurve einbiegt, stellt kein Inertialsystem dar. Denn unter solchen Bedingungen nehmen wir Veränderungen wahr, zum Beispiel Kräfte, die uns in den Sitz drücken; oder ein Bleistift, der vor uns auf dem Tisch liegt, gerät ins Rollen.

Wissenschaftler hatten kaum Zweifel an der generellen Gültigkeit des Relativitätsprinzips, solange sie alle Naturerscheinungen letztlich durch die Gesetze der Mechanik beschreiben konnten. Aber kann man es auch auf nichtmechanische Phänomene anwenden? Etwa auf die Elektrodynamik?

Einsteins Kindheit und Jugend fielen in die Zeit des Aufschwungs der elektrotechnischen Industrie, der Beleuchtung der Städte und der Elektrifizierung des Verkehrswesens. Das Brummen von Transformatoren war ihm von klein auf vertraut, denn sein Vater Hermann und sein Onkel Jakob betrieben in München die »Elektrotechnische Fabrik Jakob Einstein und Cie«, die mit der Produktion von Dynamos, Kleinmotoren und der Installation einer städtischen Beleuchtungsanlage in Schwabing einen vielversprechenden Weg einschlug. Als Sohn sollte Einstein später einmal in das Elektro-Unternehmen einsteigen.

Technische Instrumente faszinierten ihn allerdings nicht so sehr wie die Physik der elektrischen Ströme und Magnetfelder. Vor allem begeisterte er sich für jene Theorie des Elektromagnetismus, die der Brite James Clerk Maxwell aufgestellt hatte. Maxwells Gleichungen machten deutlich, wie sich elektrische und magnetische Felder wechselseitig bedingen, zum Beispiel bei einem Fahrraddynamo: Das Antriebsrädchen eines solchen Dynamos ist mit einem kleinen Magneten verbunden. Beim Fahrradfahren wird dieser Magnet in eine rasche Drehung versetzt. Auf das rotierende, sich ändernde Magnetfeld reagieren elektrisch geladene Partikel in einem Draht. Die Ladungsträger bewegen sich in eine bestimmte Richtung, ein elektrischer Strom fließt.

Maxwells Theorie war von außergewöhnlicher Schönheit, hatte aber in

Einsteins Augen einen Makel: Sie behandelte den Fall, dass sich das Magnetfeld bewegt und der elektrische Leiter ruht, anders als den umgekehrten Fall, in dem das Magnetfeld ruht, während sich der elektrische Leiter bewegt. Das irritierte ihn, wusste er doch, dass der erzeugte Strom immer nur von der Relativbewegung abhängt. Warum sollte es dann zwei verschiedene Erklärungen für die Entstehung eines elektrischen Stroms geben, wenn ein Magnet und eine Spule sich einander nähern? Einstein hielt es für erstrebenswert, das Relativitätsprinzip auch auf die Elektrodynamik auszudehnen.

Mit seiner Elektrodynamik hatte Maxwell ein Fenster zu bis dahin unbekannten Naturerscheinungen geöffnet. So hatte er anhand seiner Gleichungen die Existenz elektromagnetischer Wellen vorhergesagt, deren experimenteller Nachweis dem Physiker Heinrich Hertz schließlich gelang. Hertz entdeckte Radiowellen und fand heraus, dass diese sich in gleicher Weise und genauso schnell ausbreiten wie Licht. Bei näherer Betrachtung entpuppten sich Radiowellen und Licht als zwei verschiedene Spielarten elektromagnetischer Wellen. Als 1901 erstmals mithilfe von Radiowellen der Morsecode für den Buchstaben »S« über den Atlantik geschickt wurde und eine Funkverbindung zustande kam, erlebte auch Einstein den Beginn einer neuen, drahtlosen Informationsübermittlung.

Über die Ausbreitung solcher elektromagnetischen Wellen gingen die Ansichten auseinander. Können sie sich ohne Trägermedium fortpflanzen? An der Schwelle zum 20. Jahrhundert glaubten viele Physiker an die Existenz eines unsichtbaren Äthers, an eine geheimnisvolle Substanz, die das gesamte Weltall erfüllt. Darin sollte sich Licht ähnlich fortpflanzen wie Schallwellen in der Luft. Oder besteht Licht letztlich aus Teilchen, die den »leeren« Weltraum durchqueren?

Im Dickicht offener Fragen tastete sich Einstein langsam vor zu eigenen Ideen. Schon im Alter von 16 Jahren war er auf eine folgenschwere Frage gestoßen: Was würde geschehen, wenn man einem Lichtstrahl mit nahezu Lichtgeschwindigkeit nacheilen und 300 000 Kilometer pro Sekunde zurücklegen würde? Würde sich Licht aus dieser Warte immer noch mit derselben Geschwindigkeit fortpflanzen?

Nach klassischem Verständnis sollte es langsamer sein. Würden wir einen Lichtstrahl verfolgen wie ein Polizeiauto einen Verkehrssünder, müsste die Lichtwelle schließlich zur Ruhe kommen. Polizisten nehmen den Fahrer eines von ihnen eingeholten Fahrzeugs ja auch als ruhend wahr und können ihm dann mit der Kelle zu erkennen geben, dass er an den Rand fahren soll.

Aber würde ein lichtschneller Beobachter tatsächlich etwas wie eine ruhende Lichtwelle wahrnehmen? Das ließen Maxwells Gleichungen nicht zu. Einstein war schon als Jugendlicher überzeugt davon, dass ein bewegter Beobachter Licht genauso wahrnehmen müsste wie jedermann. Die Naturgesetze sollten vom Bewegungszustand des Beobachters unabhängig sein. Jahrelang suchte er nach einem Weg, das Relativitätsprinzip auf Erscheinungen wie Licht auszudehnen und die aus Elektrodynamik und Mechanik gewonnenen Einsichten in einer Theorie zusammenzuführen.

Die Relativität der Gleichzeitigkeit

»Hier setzt nun die Relativitätstheorie ein«, schreibt Einstein in der »Vossischen Zeitung«.[116] Mit ihr löste er die scheinbar widersprüchliche Situation auf, als er noch technischer Experte III. Klasse am Patentamt in Bern war. Als Außenseiter in wissenschaftlichen Kreisen publizierte er im Jahr 1905 eine revolutionäre Arbeit mit dem unscheinbaren Titel »Zur Elektrodynamik bewegter Körper«, die wir heute als spezielle Relativitätstheorie bezeichnen.[117]

In der Einleitung wies Einstein zunächst auf die schon erwähnte »unerträgliche« Asymmetrie in den maxwellschen Gleichungen hin. Seiner Überzeugung nach waren Ruhe und Bewegung lediglich relative Begriffe. Alle Naturgesetze – nicht nur die der Mechanik, sondern auch die der Elektrodynamik – sollten daher in jedem Inertialsystem dieselbe Form haben. Der zweite Grundpfeiler seiner speziellen Relativitätstheorie: Licht pflanzt sich im leeren Raum stets mit derselben Geschwindigkeit fort, und zwar unabhängig davon, ob der Lichtstrahl von einem ruhenden oder bewegten Körper emittiert wird.

Metropolis

Diese beiden Grundannahmen scheinen, wie oben erörtert, unvereinbar. Nach intensivem Grübeln hatte der Patentamtsangestellte aber herausgefunden, dass sämtliche Unstimmigkeiten verschwinden, sobald man sich darüber klar wird, was Begriffe wie Raum und Zeit in einer physikalischen Theorie bedeuten, die nicht nur mechanische, sondern auch optische und elektrische Erscheinungen umfasst. Im Zentrum seiner Relativitätsphysik steht eine tiefgründige Analyse des Zeitbegriffs.

Was ist das, was wir Zeit nennen? Was bedeutet es insbesondere, wenn wir sagen, dass zwei Ereignisse zur gleichen Zeit stattgefunden haben?

»Bis zur Aufstellung der Relativitätstheorie glaubte man, dass der Aussage, es seien zwei an verschiedenen Orten stattfindende Ereignisse gleichzeitig, ein bestimmter Sinn zukäme, ohne dass man den Begriff der Gleichzeitigkeit besonders zu definieren brauche«, erläutert er den Lesern der »Vossischen Zeitung«. »Eine genauere Untersuchung, welche auf eine Definition der Gleichzeitigkeit nicht verzichtet, zeigte aber, dass die Gleichzeitigkeit zweier Ereignisse nicht absolut, sondern nur in Bezug auf einen Beobachter von gegebenem Bewegungszustande definiert werden kann.«[118] Anders gesagt: Die Gleichzeitigkeit liegt im Auge des Betrachters.

Dass die Aussage »am gleichen Ort« vom Blickwinkel des Beobachters abhängt, ist leicht einzusehen. Wenn ich im Zug sitze, einen Schluck aus meinem Kaffeebecher nehme und den Becher anschließend wieder auf dem Tisch abstelle, befindet er sich für mich wieder am gleichen Ort. Für einen Betrachter am Bahnsteig, der mich im Zug vorbeifahren sieht, hat sich der Kaffeebecher dagegen ziemlich weit vom Ursprungsort entfernt. Immer dann, wenn sich Beobachter gegeneinander bewegen, ist »Gleichortigkeit« etwas Relatives.[119]

Einstein denkt in konkreten Bildern. In seinen Ausführungen tauchen immer wieder fahrende Züge auf, die sich in physikalische Labors verwandeln. Um die Relativität der Gleichzeitigkeit zu veranschaulichen, nimmt er einmal mehr die Perspektive eines Beobachters am Bahndamm ein, an dem ein Zug vorbeifährt. Diesmal passiert allerdings etwas Außergewöhnliches: In Einsteins Gedankenexperiment schlägt ein Blitz am vorderen und hinteren Ende des Zuges ein, und zwar genau in dem Moment, in dem der Beobachter von beiden Enden des Zuges gleich weit entfernt ist. Da das Licht von beiden Enden aus eine gleich lange Zeitspanne benötigt, um zu ihm zu gelangen, sieht er die Blitze zur selben Zeit einschlagen.

Anders stellt sich die Situation aus der Sicht eines Schaffners dar, der sich genau in der Mitte des Zugs aufhält. Der Zug fährt. Folglich bewegt sich der Schaffner dem vorderen Lichtblitz entgegen, während er sich von dem hinteren Lichtstrahl entfernt. Da die Geschwindigkeit beider Lichtstrahlen gleich groß ist, sieht der Schaffner den vorderen Lichtblitz also etwas früher als den hinteren. Aus seiner Perspektive sind die Blitze nacheinander niedergegangen. »Es ergibt sich, dass zwei Ereignisse, welche in bezug auf einen Beobachter gleichzeitig sind, in bezug auf einen relativ zu diesem bewegten zweiten Beobachter im allgemeinen nicht gleichzeitig sind«, folgert Einstein. »Das bedeutet eine fundamentale Änderung unserer Auffassung von Zeit.«[120]

In seiner berühmten Arbeit von 1905 hob Einstein die Bedeutung der Gleichzeitigkeit von Ereignissen für unser Zeitverständnis hervor. »Wir haben zu berücksichtigen, dass alle unsre Urteile, in welchen die Zeit eine Rolle spielt, immer Urteile über gleichzeitige Ereignisse sind.«[121] Denn wenn wir ein Geschehen zeitlich einordnen möchten, müssen wir auf ein anderes Ereignis verweisen, das uns als Referenz dient.

Lassen wir Einsteins Physik für einen Moment beiseite. Auch in unserer Alltagssprache wimmelt es von Beispielen für dieses zeitliche In-Beziehung-Setzen: »Ich rufe dich, wenn das Essen fertig ist.« Hier wird der Zeitpunkt der nächsten Kontaktaufnahme an ein anderes Ereignis geknüpft: Es soll dann gerufen werden, wenn das Essen fertig ist.

Ein anderes Beispiel: »Wir treffen uns heute Mittag.« Das Ereignis unseres Zusammentreffens soll zusammenfallen mit einem anderen Ereignis, dem Mittag. Und wann ist Mittag? Mittag könnte zum Beispiel sein, wenn wir wieder Hungergefühle haben. Mittag könnte sein, wenn die Sonne ihren Höchststand erreicht. In unserer westlichen Kultur aber, die Zeitzonen und präzise Zeitmesser zur Definition von Zeitstandards benutzt, sind synchronisierte Uhren zu der für alle verbindlichen Referenz geworden. »Wir treffen uns heute Mittag« bedeutet daher mit Einsteins Worten schlicht: Unser Zusammentreffen und das Zeigen des kleinen und großen Zeigers der Uhr auf zwölf sind gleichzeitige Ereignisse.

Generell können wir Zeit als eine Beziehung zwischen verschiedenen Ereignissen begreifen, bei der wir ein Ereignis oder eine ganze Geschehensabfolge als Standard benutzen.[122] Wo wir uns nicht nach der Uhr richten möchten, verwenden wir Standards wie »wenn das Essen fertig ist«. Wollen wir dagegen einen Zug erreichen, müssen wir den gesetzlichen Zeitstandard und den Unterschied zwischen 12 Uhr und 12 Uhr 01 ernst nehmen. Physiker wie Einstein betrachten Zeit von vornherein als Messgröße, mit der sie den Verlauf von Prozessen möglichst präzise berechnen möchten. Daher Einsteins Kurzfassung: Zeit ist das, was man an der Uhr abliest.

»Es könnte scheinen, dass alle die Definition der ›Zeit‹ betreffenden Schwierigkeiten dadurch überwunden werden könnten, dass ich an Stelle der ›Zeit‹ die Stellung des kleinen Zeigers an meiner Uhr setze.« Eine solche Definition genügt Einstein zufolge aber nur, wenn es darum geht, »eine Zeit zu definieren ausschließlich für den Ort, an welchem sich die Uhr eben befindet; die Definition genügt aber nicht mehr, sobald es sich darum handelt, an verschiedenen Orten stattfindende Ereignisreihen miteinander zeitlich zu verknüpfen«.[123]

Möchten wir wissen, ob ein Ereignis auf der Erde und eines auf dem Mond gleichzeitig stattgefunden haben, dann können wir ein Zeitsignal von hüben nach drüben schicken. Kein Signal breitet sich schneller aus als mit Lichtgeschwindigkeit. Als Grenzgeschwindigkeit kommt ihr in Einsteins Physik eine besondere Bedeutung zu. Bei einem Abstand zwischen Erde und Mond von fast 400 000 Kilometern trifft ein Lichtsignal erst nach etwas mehr als einer Sekunde auf dem anderen Himmelskörper ein. Bis zur Sonne sind es schon acht Minuten. Diese Laufzeit muss also bei der Synchronisation meiner Erduhr, der Monduhr oder einer in Sonnennähe befindlichen Uhr berücksichtigt werden.

Noch komplizierter wird es, wenn verschiedene Beobachter Ereignisse von Bezugssystemen aus betrachten, die sich mit sehr hoher Geschwindigkeit gegeneinander bewegen. Wie wir gesehen haben, ist das, was für einen

Das Vorfeld

Beobachter gleichzeitig stattfindet, aus der Sicht eines zu ihm bewegten Gegenübers ungleichzeitig. Sie registrieren auch eine unterschiedliche zeitliche Dauer von Prozessen. Ihre Uhren ticken unterschiedlich schnell.

Nehmen wir an, wir befinden uns an der Spitze einer Flotte von Raumschiffen. Unsere Borduhren sind miteinander synchronisiert. Um Punkt 13 Uhr fliegen wir mit 87 Prozent der Lichtgeschwindigkeit an einer interplanetaren Haltestelle vorbei, wo sich der diensthabende Astronaut gerade auf ein Fahrrad-Ergometer setzt, um sich fit zu halten. Auch er hat eine baugleiche Uhr, die gut sichtbar direkt über dem Standfahrrad angebracht ist, und stellt sie im Moment unseres Vorbeiflugs auf 13 Uhr. Wie viel Zeit ist vergangen, wenn der Astronaut nach dem Workout wieder vom Rad absteigt?

Für eine Messung dieser Zeitdauer müssen die Uhren noch einmal abgelesen werden. Da sie sich aber gegeneinander bewegen, kann der zweite Uhrenvergleich nicht am selben Ort erfolgen wie der erste. In der Zwischenzeit haben sich die Uhren voneinander entfernt. Um den Gang einer Uhr zu beurteilen, die sich relativ zu uns bewegt, ist daher stets ein Satz von mindestens zwei miteinander synchronisierten Uhren vonnöten.[124]

Gesetzt den Fall, just in dem Moment, in dem der Astronaut sein Trainingsprogramm beendet und die Uhr über seinem Fahrrad 13 Uhr 05 anzeigt, kommt das letzte Raumschiff unserer Flotte an Ort und Stelle vorbei. Die Crew schaut nun auf ihre Borduhr, die mit unserer Uhr an der Spitze der Flotte synchronisiert ist, und stellt fest, dass die Zeiger bereits auf 13 Uhr 10 vorgerückt sind, sprich: Bei dieser hohen Relativgeschwindigkeit tickt die Uhr des Astronauten aus unserer Sicht halb so schnell wie unsere. Und nicht nur seine Uhr läuft von unserem Bezugssystem aus betrachtet langsamer. Auch die Beinbewegungen auf dem Rad und der Herzschlag des Astronauten erscheinen verzögert. Selbst die Zigarette, die er nach dem Training raucht, brennt nur mit halbem Tempo ab.

Der Clou: Aus seinem Blickwinkel ist es genau umgekehrt. Für ihn tickt seine eigene Uhr völlig normal, während die Uhren der Raumflotte nur halb so schnell gehen. Die unterschiedlichen Perspektiven sind völlig gleichberechtigt. Entscheidend ist die Relativgeschwindigkeit zwischen den beiden Inertialsystemen, die in unserem Beispiel 260 000 Kilometer pro Sekunde beträgt.

Dass aus der Sicht zueinander bewegter Beobachter jeweils die Uhr des anderen langsamer tickt, klingt widersprüchlich. Der radelnde Astronaut greift jedoch auf ein anderes Bezugssystem und damit auf einen anderen Zeitstandard zurück. Zu Beginn des Trainingsprogramms schaut er auf seine Uhr und, durch das Bordfenster, auf die Uhr in unserem vorüberziehenden Raumfahrzeug. Während er radelt, bewegt sich unsere Uhr von ihm weg. Für einen zweiten Uhrenvergleich muss er sich daher auf eine Uhr auf der interplanetaren Haltestelle verlassen, die mit seiner Uhr im Gleichtakt läuft. Er benutzt ein anderes zeitliches Referenzsystem.

Laut Einstein ist eine Zeitangabe nur dann sinnvoll, wenn das Bezugssystem angegeben ist, auf das sich diese Zeitangabe bezieht. Er bezeichnet die neue Zeitauffassung in seinem Zeitungsbeitrag als wichtigsten und umstrittensten Teil seiner Theorie. Sie liegt außerhalb jeder Erfahrung, die wir im Alltag machen, denn bei den für uns üblichen Geschwindigkeiten ist die Zeitdehnung unmessbar klein. Nur bei Prozessen, die beinahe mit Lichtgeschwindigkeit vonstattengehen, ist der relativistische Effekt unmittelbar einsehbar.

Stellen Sie sich dazu einen Lichtstrahl vor, der zwischen zwei Spiegeln hin und her geworfen wird. Die beiden Spiegel seien einen Meter voneinander entfernt, ihre Flächen zueinander vollkommen parallel. Die Zeit, die das Licht für ein Hin und Her benötigt, bleibt immer gleich. Zwar ist die Spanne winzig klein. Da sich ein Lichtstrahl mit etwa 300 000 Kilometern pro Sekunde fortpflanzt, vergeht zwischen zwei Reflexionen nur eine Dreihundertmillionstelsekunde. In Einsteins Gedankenwelt jedoch ist eine solche Anordnung ein ausgezeichnetes Zeitmessinstrument. Als Lichtuhr illustriert sie in einfacher Weise, warum sich Zeit in bewegten Systemen dehnt.

Lichtuhr

Angenommen, Einstein hat seine Lichtuhr so aufgestellt, dass die Spiegelflächen parallel zum Fußboden liegen, der Lichtstrahl also auf und ab

Das Vorfeld

läuft. Nun düst ein zweiter Beobachter mit nahezu Lichtgeschwindigkeit an ihm vorbei. Aus Einsteins Sicht bewegt er sich also senkrecht zur Laufrichtung des Lichts.

Anders aus Sicht des zweiten Betrachters: Da er sich während der Dreihundertmillionstelsekunde, die der Lichtstrahl benötigt, um den gegenüberliegenden Spiegel zu erreichen, selbst um fast einen Meter weiterbewegt, läuft der Lichtstrahl aus seiner Perspektive schräg zu den beiden Spiegelflächen. Für ihn ist der Laufweg des Lichts eine Zickzacklinie. Der Weg ist also länger, und damit auch die Zeit, die zwischen zwei Reflexionen verstreicht. Denn die Lichtgeschwindigkeit bleibt laut Relativitätstheorie konstant. Umgekehrt sieht auch Einstein eine baugleiche Lichtuhr seines vorbeiziehenden Gegenübers in gleichem Maß langsamer ticken.

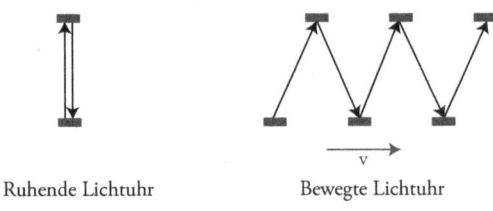

Ruhende Lichtuhr   Bewegte Lichtuhr

Abb. 7: Die Lichtuhr aus Sicht des ruhenden (links) und bewegten Beobachters (rechts).

In seinem Zeitungsbeitrag kann Einstein nicht näher darauf eingehen, wie sehr die Zeitdehnung unser gewohntes Zeitverständnis herausfordert. Stattdessen nimmt er die Gelegenheit wahr, einen Ausblick auf eine Verallgemeinerung der Relativität zu werfen. Wie bereits erläutert, baut die spezielle Relativitätstheorie darauf auf, dass Ruhe und gleichförmige Bewegung physikalisch gleichwertig sind. In Inertialsystemen haben die Naturgesetze für alle Beobachter dieselbe Form. »Da drängt sich die Frage auf, ob dies Prinzip der Relativität auf die gleichförmige Bewegung beschränkt ist. Sind nicht vielleicht die Naturgesetze so beschaffen, dass sie für zwei Beobachter auch dann übereinstimmen, wenn diese relativ zueinander in ungleichförmiger Bewegung sind?«[125]

Einsteins physikalischer Instinkt sagt ihm, dass beschleunigten Bewegungen keine Sonderrolle zukommt. Sein erstes Gedankenexperiment hierzu, das den Keim einer umfassenden Gravitationstheorie in sich birgt, haben wir bereits kennengelernt: ein Aufzug, der ins Leere stürzt. Offen bleibt einstweilen die Frage, welcher Zusammenhang zwischen Raum, Zeit und Schwerkraft besteht. Doch der passionierte Grübler ist zuversichtlich, dass es ihm bald glücken wird, eine solche Naturgesetzlichkeit herauszupräparieren.

Um sich ganz auf diese Arbeit konzentrieren zu können, hat er sich eine scheinbar geschützte Zone ausgeguckt. In Berlin kann er sich nach Belieben in Habers Institut zurückziehen, seine Gedanken bei Spaziergängen im Grunewald und Segeltörns auf dem Wannsee wälzen. Es steht ihm offen, die Ruhe des neuen Bibliothekgebäudes Unter den Linden aufzusuchen, mit Akademiemitgliedern zu diskutieren oder Forscher der Physikalischen Gesellschaft zu Rate zu ziehen.

Allein, die ersehnte Ruhe stellt sich nicht ein. Berlin ist nicht die »Insel der Seligen«, von der einst Aristoteles sprach, wo nur das Denken und die Betrachtung bleiben. Im Gegenteil. Kaum in Deutschland angekommen, fegt ein Sturm durch Einsteins Leben, zwei zeitgleiche Katastrophen, von denen die private absehbar war, während die öffentliche unfassbar bleiben wird.

Teil II: Das Schlachtfeld

*»Wir fressen einander nicht,
wir schlachten uns bloß.«*[126]

(Georg Christoph Lichtenberg)

4. Ultimatum

Um seine Frau Mileva zur Scheidung zu bewegen, knüpft Einstein unmögliche Bedingungen an ein weiteres Zusammenleben. Sie verlässt Berlin zusammen mit den Kindern am Abend des 29. Juli 1914 in einem der letzten Züge nach Zürich, bevor der Erste Weltkrieg nach Ablauf des österreichischen Ultimatums an Serbien entbrennt.

Nachtzug nach Zürich

Mittwoch, der 29. Juli 1914, 21 Uhr. Ein Abend der Rückkehrer. Menschen mit Taschen und Koffern, die ihren Urlaub überstürzt abgebrochen haben, fluten die Gehsteige des Anhalter Bahnhofs. Sie sind, dem Beispiel des Kaisers folgend, vorzeitig nach Berlin zurückgekehrt. Aus scheinbar winzigen Zügen treten sie hinaus in eine 34 Meter hohe und 170 Meter lange Bahnhofshalle, einen Palast aus Eisen und Glas, der zu Beginn des Wilhelminischen Zeitalters entstanden ist. Während sie zu den Ausgängen am Kopf des Gebäudes strömen, verhallt das Echo ihrer Stimmen unter dem riesigen Gewölbe.

Auf der anderen Seite der Halle, da wo die Züge abfahren, steht Albert Einstein am Gleis und schaut dem Fernzug hinterher, der Berlin gerade in Richtung Zürich verlässt, an seiner Seite Fritz Haber, der noch den ganzen Abend über bei ihm bleiben wird. Als die letzten Waggons den langen Bahnsteig hinter sich lassen, bricht Einstein in Tränen aus, heult »wie ein kleiner Junge«.[127] Er weint um seine beiden Söhne, Hans Albert

Das Schlachtfeld

und Eduard, die zusammen mit ihrer Mutter in die Schweiz zurückkehren.

Es ist eine der bittersten Stunden seines Lebens. Fürchterlich hart sei der Abschied von den Buben für ihn. Er wäre auch ein Unmensch, wenn er anders empfände. »Ich habe diese Kinder unzählige Male Tag und Nacht herumgetragen, im Kinderwagen herumgefahren, habe mit ihnen gespielt, geturnt, gescherzt.«[128]

Abb. 8: Mileva Einstein mit den beiden Söhnen Eduard (links) und Hans Albert (rechts) im Jahr 1914.

Noch kurz vor dem Abschied juchzte und jubelte der kleine »Tete« beim Anblick seines Vaters. Gerade erst vier Jahre alt geworden, begriff er die Situation nicht. Nun sitzt er neben seinem sechs Jahre älteren Bruder in dem davonfahrenden Zug, der eine Dampfwolke hinter sich lässt. Einstein fühlt sich schuldig. »So eine Sache hat eine kleine Ähnlichkeit mit einem Mord!«[129]

Mileva ist im Groll von ihm gegangen. Bis zuletzt hatte sie alles darangesetzt, die Trennung noch einmal abzuwenden. Warum hatte er sie bloß mit nach Berlin genommen? Sie zuerst entwurzelt, um ihr dann den Laufpass zu geben? Clara Haber und ihr Mann, bei denen sie untergekommen war, hatten ebenfalls versucht, zwischen den Eheleuten zu vermitteln. Allein für Albert gab es kein Zurück mehr. Mit unnachgiebiger Härte drängte er sie zur Scheidung. An seinem Egoismus und seiner Gefühlskälte erstickte schließlich auch ihr letztes Fünkchen Hoffnung.

Mit dem Umzug nach Berlin war Milevas Lage trostlos geworden. Die zurückliegenden Wochen lasten wie ein Albtraum auf ihr. Statt sich gemeinsam in der neuen Umgebung einzuleben, bekam sie ihren Mann kaum noch zu Gesicht. Albert verschwand manchmal tagelang, ohne irgendeine Nachricht zu hinterlassen. Sie fühlte sich einsam, abgewiesen, betrogen. Unter anderen Umständen hätte sie vielleicht schon früher die Koffer gepackt, sich in den nächsten Zug gesetzt und zusammen mit den Kindern Zuflucht bei ihrer serbischen Familie gesucht. Doch an eine Reise in die Vojvodina war im Sommer 1914 nicht zu denken.

Seit serbische Attentäter am 28. Juni in Sarajewo tödliche Schüsse auf den österreichischen Thronfolger Franz Ferdinand und seine Frau Sophie abgefeuert hatten, rechnete man in ganz Europa mit einem Militärschlag der Donaumonarchie gegen Serbien. Die österreichischen Machthaber gingen fest davon aus, dass die Hintermänner der Gräueltat in Belgrad zu finden waren. Mutmaßlich gehörten die Attentäter einem terroristischen Netzwerk an, der »Schwarzen Hand«, die darauf hinarbeitete, alle von Serben bewohnten Regionen, darunter die Vojvodina und andere südliche Gebiete der habsburgischen Vielvölkerstaats, in ein großserbisches Reich zu integrieren.

Im 19. Jahrhundert war die bosnische Hauptstadt Sarajewo noch Teil des Osmanischen Reichs gewesen. Erst 1908, im Vorfeld der beiden Balkankriege, hatte Österreich-Ungarn die Provinz Bosnien und Herzegowina annektiert, in der Serben fast die Hälfte der Bevölkerung stellten. Seither hatte Franz Ferdinand mit dem Gedanken gespielt, die Doppelmonarchie in einen dreigeteilten Staat Österreich-Ungarn-Südslawien umzuwandeln, im Süden also ein Königreich unter serbischer Führung als Teil des Habsburgerreiches zu schaffen. Dieser Plan aber war mit dem Traum von einem großserbischen Nationalstaat unvereinbar.

Demgemäß sprach die Presse nach dem Attentat auf den Thronfolger

Das Schlachtfeld

und seine Gemahlin von einem »großserbischen Fürstenmord«. Umgehend kündigte die Regierung in Wien Maßnahmen »zur Eindämmung der großserbischen Agitation im Süden der Monarchie« an.[130] Das Habsburgerreich rüstete sich für einen Krieg gegen das Nachbarland, der Milevas engste familiäre Bande kappen würde.

Seit dem Weggang aus Zürich war sie ganz auf sich allein gestellt. Ihr Mann genoss die Nähe seiner Geliebten, die schwäbische Küche seiner Mutter und das Ambiente der Wissenschaftsstadt. Dagegen spielte sich ihr eigenes Leben auf einer immer kleineren Bühne ab. Andere besetzten nun den Platz an Alberts Seite. Sein Bekanntenkreis erweiterte sich von Tag zu Tag.

Das Einleben in Berlin gelinge ihm wider Erwarten gut, ließ er Freunde und Kollegen in der Schweiz wissen. Nur den Drill in Bezug auf Kleider etc., dem er sich auf Befehl einiger Onkels unterziehen müsse, »um nicht dem Auswurf der hiesigen Menschheit zugezählt zu werden«, störe etwas seine Gemütsruhe.[131]

Einstein hatte seine Karriere in einigem Abstand zum akademischen Forschungsbetrieb begonnen, aber in regem Austausch mit seiner Frau Mileva und den Mitgliedern seiner privaten Akademie »Olympia«. Diese Clique war meist in der Wohnung ihres Präsidenten »Albert Ritter von Steißbein« (Einstein höchstselbst) zusammengekommen, wo man im kleinen Kreis umhüllt von Tabakrauch philosophische Werke von Baruch de Spinoza oder David Hume las und methodische Fragen der zeitgenössischen Forschung erörterte. Nun war er Mitglied der altehrwürdigen Preußischen Akademie der Wissenschaften, in der er sich als Mittdreißiger reichlich deplatziert fühlte. Die betagten Herrschaften um ihn herum, die sich gegenseitig mit »Exzellenz« anredeten, fielen während der Akademiesitzungen regelmäßig in würdevollen Schlaf.

Lebendiger gestalteten sich die Universitätskolloquien im großen Hörsaal des Physikalischen Instituts am Reichstagsufer, einer Enklave des Denkens, in der die Teilnehmer weniger durch ihre »pfauenhafte Grandezza« als durch ihre wissenschaftliche Neugier auffielen. Eine solche Zusammenballung von ausgezeichneten Physikern wie hier könne man wohl nirgends sonst auf der Welt finden, so Einstein später.[132] Der hochkarätige Diskussionszirkel bot ihm Gelegenheit, sich in vergleichsweise ungezwungener Atmosphäre mit erfahrenen Forschern und Nachwuchstalenten auszutauschen. »Hier ist es ungeheuer anregend«, schrieb er an seinen Freund Paul Ehrenfest.[133]

Schon wenige Wochen nach seiner Ankunft ließ er sich in den Vorstand der Deutschen Physikalischen Gesellschaft wählen. Auch hier lagen im Frühjahr 1914 alle Blicke auf dem Neuankömmling. Einstein war, mit den Worten des zeitgenössischen Dichters Robert Musil, wild darauf aus, das Vorhandensein von Raum und Zeit zu leugnen. »Aber nicht so träumelig von weitem, wie das die Philosophen zuweilen auch tun – was jedermann dann sofort mit ihrem Beruf entschuldigt –, sondern mit Gründen, die ganz plötzlich mit der Präsenz eines Automobils vor einem auftauchten und schrecklich glaubwürdig waren.« Mit Vertrauen und Zuversicht in die »verteufelte Gefährlichkeit seines Verstandes«.[134]

Max Planck begrüßte die spezielle Relativitätstheorie, weil sie eine gemeinsame begriffliche Basis für Naturerscheinungen der Mechanik, Optik und Elektrodynamik bildete. Sie kam seinem Ideal einer Vereinheitlichung der Physik bereits sehr nahe. Doch längst nicht alle Gelehrten teilten seine Einschätzung, mit Einstein einen neuen »Kopernikus« in ihren Reihen zu haben. Selbst für gestandene Physiker war es nicht leicht, in einer Großstadt, in der genormte Uhren immerzu im Gleichtakt tickten, gedanklich in seine neue Zeittheorie und in eine Welt einzutauchen, in der sich Körper fast mit Lichtgeschwindigkeit aufeinander zu und voneinander weg bewegen. Die Deutsche Physikalische Gesellschaft druckte 1914 eine ganze Serie kritischer Artikel zur Relativitätstheorie.[135]

Relativität auf dem Prüfstand

Einstein hatte den Gedanken einer universellen, kosmischen Zeit bereits im Jahr 1905 verworfen. Am Beispiel von zwei im Zug einschlagenden Blitzen hatte er deutlich gemacht, warum die Vorstellung einer absoluten Gleichzeitigkeit in die Irre führt, sobald man sich Geschwindigkeiten nähert, die der des Lichts vergleichbar sind. Die beiden Blitzeinschläge am vorderen und hinteren Ende eines Zuges, welche in Bezug auf einen Beobachter am Bahnsteig gleichzeitig stattfinden, sind aus Sicht eines relativ zu diesem sehr schnell bewegten Passagiers im Zug nicht gleichzeitig.

Diese Relativierung der Gleichzeitigkeit hat zur Folge, dass gegeneinander bewegte Beobachter Zeitintervalle unterschiedlich wahrnehmen. Der Gang ihrer »Uhren« weicht umso mehr voneinander ab, je rascher sie sich relativ zueinander bewegen. Zeit verrinnt für sie nicht gleich schnell. Gemäß der speziellen Relativitätstheorie verstreicht sie in bewegten Systemen langsamer als in ruhenden.

Den Durchbruch zu einem neuen Raum- und Zeitbegriff hatte Einstein damals noch zusammen mit Mileva gefeiert, was durch eine Postkarte an ein Mitglied der Akademie »Olympia« verbürgt ist: »Total besoffen leider beide unterm Tisch. Ihr armer Steißbein & Frau.«[136] Das lag neun Jahre zurück. Inzwischen war Mileva längst nicht mehr an wissenschaftlichen Diskussionen beteiligt. In Berlin sah sie nur in fremde Gesichter.

Ihr Mann empfand sie als misstrauisch und abweisend anderen Menschen gegenüber. Für ihn selbst ließ sich alles gut an. Seine ersten Vorträge in der Hauptstadt zogen zwar einige griesgrämige Kritiker an, aber er hatte ein dickes Fell und freute sich über die Aufmerksamkeit, die man seiner Theorie schenkte. Relativistische Effekte wie die Dehnung der Zeit waren so spektakulär, dass das Physikalische Institut der Diskussion über die Relativitätstheorie im Frühjahr 1914 gleich mehrere Sitzungen widmete.[137]

Die schärfsten Einwände erhob Ernst Gehrke von der Physikalisch-Technischen Reichsanstalt, der Einsteins Beitrag in der »Vossischen Zeitung« gelesen hatte und in Zukunft sämtliche Zeitungsartikel über Einsteins Physik sammeln und kommentieren würde. Aus Sicht des Experimentalphysikers gedieh Wissenschaft »auf dem Gebiet des exakten Versuchs und dessen logischer Deutung«. Die bewährte Forschung baute auf experimentellen Methoden und den klaren Begriffen der klassischen Physik auf. Dieses Fundament wollte Gehrke nicht aufgeben. Schon gar nicht zu Gunsten einer unanschaulichen Theorie, deren in mathematische Gewänder gekleidete Ergebnisse die Wirklichkeit auf den Kopf stellten.[138]

Seit 1911 übte Gehrke innerhalb der Deutschen Physikalischen Gesellschaft sowie in Fachzeitschriften Kritik an Einsteins Zeittheorie. An der absoluten Gleichzeitigkeit zweier Ereignisse gab es für ihn nichts zu rütteln. Vielmehr entsprach es der allgemeinen Erfahrung, dass sich der Strom der Zeit weder anhalten noch zurückdrehen lässt, sondern, wie Isaac Newton geschrieben hatte, »gleichförmig und ohne Beziehung auf irgendeinen äußeren Gegenstand« fließt.

Seiner Ansicht nach hatte Einstein die absolute Gleichzeitigkeit vorschnell preisgegeben. Und zwar deshalb, weil er glaubte, dass die Geschwindigkeit des Lichts im Vakuum unter allen Umständen konstant bleibt. Doch warum sollte ausgerechnet die Lichtgeschwindigkeit unabhängig vom Bewegungszustand des Beobachters und von der Bewegung der Lichtquelle sein? Was, wenn sie sich eines Tages als variabel erweisen würde?

Obschon Experimente einstweilen keine Anhaltspunkte für eine veränderliche Lichtgeschwindigkeit lieferten, war dies durchaus möglich. Gehrke und seine Briefpartner staunten über Einsteins »Naivität« in diesem Punkt. Seiner Argumentation könne man doch lediglich entnehmen, »dass Lichtstrahlen gänzlich ungeeignet sind, um die Synchronie von Uhren festzustellen«.[139]

Einstein vertraute seiner Intuition. Die These von der Unveränderlichkeit der Lichtgeschwindigkeit fügte sich bestens in Maxwells Theorie der Elektrodynamik. Sie fußte zwar nur auf wenigen, aus seiner Sicht jedoch aussagekräftigen experimentellen Befunden. Der Experimentator Gehrke hielt diese Tests in Anbetracht der weitreichenden Konsequenzen, die Einstein aus der vermeintlichen Konstanz der Lichtgeschwindigkeit zog, für unzureichend. Für ihn hing die ganze Relativitätstheorie an einem seidenen Faden.

Während er seine Kritik vorbrachte, warteten Astronomen mit neuen Messergebnissen auf. Im Juni 1914 war der in Holland lehrende Paul Ehrenfest für eine Woche bei Einstein zu Gast. Von kleinen Stadtrundgängen abgesehen, nutzten die beiden Wissenschaftler jede Minute, um über Quanten- und Relativitätsphysik zu plaudern. Die Frage, ob die Lichtgeschwindigkeit unveränderlich ist oder nicht, ließ auch Ehrenfest keine

Ruhe mehr, denn Einstein räumte unumwunden ein: »Wenn die Lichtgeschwindigkeit auch nur im Geringsten von der Geschwindigkeit der Lichtquelle abhängt, dann ist meine ganze Relativitätstheorie inklusive Gravitationstheorie falsch.«[140]

Schon bei seiner Antrittsvorlesung im holländischen Leiden im Jahr 1912 hatte Ehrenfest seine Fachkollegen dazu aufgefordert, Einsteins These zu prüfen. Schließlich war der Leidener Astronom Willem de Sitter darauf gekommen, wie ein solcher Test aussehen könnte: De Sitter beobachtete Sterne, die sich umeinander drehen. Solche Doppelsterne lassen sich zwar nicht mit bloßem Auge ausmachen, sie sind aber in unserer Milchstraße sehr zahlreich und mit dem Teleskop leicht auffindbar. Wenn einer der beiden Sterne deutlich schwerer ist als sein Begleiter, kann man ihn als ruhendes Zentrum betrachten, um das der zweite Stern kreist. Auf diese Weise lassen sich eine ruhende und eine bewegte Lichtquelle voneinander unterscheiden.

Einige Doppelsternsysteme sind von der Erde aus so zu sehen, dass der leichtere Trabant während seiner Umdrehungen mal auf den astronomischen Beobachter zuläuft und sich dann wieder von ihm entfernt. Folglich müsste, wenn die Lichtgeschwindigkeit abhängig vom Bewegungszustand der Quelle wäre, der rotierende Stern aus astronomischer Sicht das eine Halbkreissegment langsamer durchlaufen als das andere. De Sitter konnte aber keinen solchen Effekt feststellen.

Zu Einsteins großer Begeisterung blieb die Geschwindigkeit des Lichts im Rahmen der astronomischen Messgenauigkeit konstant. Von 1914 an wies er immer wieder auf de Sitters Beobachtungen hin, um seinen Kritikern den Wind aus den Segeln zu nehmen. Gehrke blieb skeptisch. Er focht de Sitters Messergebnisse an. Erst in den 1970er-Jahren sollten diese Resultate eindrucksvoll bestätigt werden, und zwar bei der äußerst präzisen Vermessung von Doppelsternen, die Röntgenlicht aussenden.

Das »Zwillingsparadoxon«

Besonders heftige Diskussionen entbrannten um Einsteins neuen Zeitbegriff, konkret um die Frage, ob in bewegten Systemen alle Vorgänge langsamer ablaufen als in ruhenden – von Uhrenschwingungen über das Glimmen einer Zigarette bis hin zum Herzschlag eines Menschen. Für diesen Fall sah Gehrke die Wissenschaft im »Chaos« versinken. Er misstraute der Relativitätstheorie mit ihrem universalen Erklärungsanspruch, konnte sie aber nicht anhand konkreter Messungen widerlegen. So stützte auch er sich auf Gedankenexperimente. Um die ganze Widersprüchlichkeit der Theorie aufzudecken, betrachtete er den folgenden Fall, der auf das bis heute berühmte »Zwillingsparadoxon« hinausläuft:

Zwei Uhren stehen anfangs nebeneinander. »Darauf möge die eine von der anderen wegbewegt und dann wieder ebenso zurückbewegt werden, so dass schließlich beide Uhren relativ zueinander wieder ruhen.« Nun könne man einmal die Uhr A als ruhend und B als bewegt auffassen, ein andermal die Uhr B als ruhend und A als bewegt. »Diese beiden Vorgänge sind dann in relativer Hinsicht völlig gleich.« Wenn aber bewegte Uhren langsamer gehen, würde einmal die Uhr B hinter derjenigen von A zurückbleiben, im zweiten Fall aber die Uhr A hinter derjenigen von B. Zwei relativ zueinander identische Vorgänge führten also laut Einstein zu verschiedenen Endzuständen.[141]

Das klang bizarr. Und was, wenn anstelle der Uhr ein Zwilling auf Reisen geschickt und nach fast lichtschneller Fahrt zum Ausgangsort zurückkehren würde? Folgte man der Relativitätstheorie, wäre er bei der Rückkehr jünger als der daheim gebliebene Zwilling. Auf einmal waren Zeitreisen vorstellbar, geriet die Ordnung von Gestern und Heute durcheinander. Wollte sich Einstein tatsächlich zu der Behauptung versteigen, dass schnell bewegte Menschen langsamer altern als ruhende?

Dieses »Zwillingsparadoxon« war Insidern schon bekannt. Einstein selbst hatte 1911 bei einem Vortrag in Zürich zunächst Uhren, dann lebende Organismen gedanklich auf Reisen geschickt und wieder an den Ursprungsort zurückgeholt. »Für den bewegten Organismus war die lange

Zeit der Reise nur ein Augenblick, falls die Bewegung annähernd mit Lichtgeschwindigkeit erfolgte.« Während der Reise jedoch hätten »ganz entsprechend beschaffene Organismen, welche an den ursprünglichen Orten ruhend geblieben sind, längst neuen Generationen Platz gemacht«. Dies sei eine unabweisbare Konsequenz der speziellen Relativitätstheorie.[142]

Einstein bewies hier einmal mehr ein sicheres Gespür dafür, wie große Theorien infrage zu stellen waren. Zwar war er stets auf der Suche nach der Ordnung der Welt, aber in ihm schlummerte auch ein Provokateur, der nur darauf wartete, sich lustig zu machen. Unter den Physikern seiner Zeit zeichnete ihn vor allem aus, dass er auch Gegenpositionen zu seinen eigenen Theorien gelten ließ, mehr noch, dass er in einer Art innerem Diskurs gerade nach dem suchte, was sich möglicherweise nicht in das große Ganze fügte. Gehrkes Einwände schreckten ihn nicht, denn er hatte sie bereits vorweggenommen. So wie er später gegen die Quantentheorie sticheln sollte, wandte er sich ironisch gegen seine eigene Relativitätstheorie. Wer sie für gut befand, bitteschön, der kam am »Zwillingsparadoxon« nicht vorbei und musste diese Kröte schlucken.

Das »Zwillingsparadoxon« lädt Forscher und Laien zu Gedankenspielen ein: Nehmen wir einmal an, der 35-jährige Albert Einstein verliebt sich leidenschaftlich in Elsas älteste Tochter Ilse, die erst 17 Jahre alt ist – kein ganz abwegiger Gedanke, wie wir im letzten Kapitel dieses Buches noch sehen werden. Der große Altersunterschied könnte einer Liebesbeziehung hinderlich sein. Also verlässt der gewiefte Physiker die Erde in einem Raumschiff und düst mit 80-prozentiger Lichtgeschwindigkeit davon. Nachdem er drei Jahre unterwegs war, tritt er die Rückreise an und kehrt schließlich im Alter von 41 Jahren nach Berlin zurück.

Aus seiner Sicht ist er während der Reise auf ganz normale Weise um sechs Jahre gealtert. Nur auf der Erde ist laut Relativitätstheorie alles mit viel höherem Tempo vorangeschritten. Hier sind seit seinem Abflug bereits zehn Jahre verstrichen. Ilse ist mittlerweile eine Frau von 27, wenn Albert Glück hat, noch nicht verheiratet und vielleicht sogar erfreut über seinen extraterrestrischen Liebesbeweis.

Man kann sich ausmalen, wie Gehrke und andere Gelehrte die spezielle

Relativitätstheorie anhand solcher Beispiele lächerlich zu machen versuchten. Dann »müsste jeder Lokomotivführer eine viel längere Zeit leben als sein Kollege, der Postbote, der nur zu Fuß geht«, unkten sie. Wenn Einstein Recht hätte, würde vielleicht sogar Bismarck heute noch leben und das Vaterland vor dem Untergang bewahren.[143]

Das war natürlich Unsinn. Nur bei extrem hohen Relativgeschwindigkeiten, fernab der damaligen Alltagstechnik, unterscheidet sich Einsteins spezielle Relativitätstheorie signifikant von der klassischen Physik. Dennoch: Kann die Theorie schlüssig erklären, warum Albert in dem obigen Beispiel um sechs Jahre altert, Ilse dagegen um zehn?

Betrachten wir die Reise aus beiden Blickwinkeln. Nachdem sich Ilse und Albert getrennt haben, sieht jeder die Uhr des anderen gemäß der Relativitätstheorie um 60 Prozent langsamer gehen. Die Situation ist völlig symmetrisch. Wenn auf Alberts Borduhr eine Stunde vergangen ist, dann zeigt Ilses Uhr auf der Erde erst 36 Minuten an und umgekehrt. Sie haben schlicht unterschiedliche Zeitstandards. Warum wird diese Symmetrie gebrochen? Wie kann einer von ihnen schneller gealtert sein als der andere, falls sie später wieder zusammenkommen?

Dies lässt sich am besten nachvollziehen, wenn beide ihre Uhren unterwegs miteinander vergleichen. Dazu müssen sie Informationen austauschen:

Angenommen, Ilse und Albert schicken sich immer dann ein Zeitsignal zu, wenn aus ihrer jeweiligen Sicht ein Jahr verstrichen ist. Dann muss diese Zeitinformation – zum Beispiel ein Lichtsignal – die wachsende Entfernung zwischen Erde und Raumschiff zurücklegen. Die Laufzeit, die das Signal für diese Strecke braucht, wird daher nach Alberts Abflug länger und länger. Dieser »Dopplereffekt« verstärkt den Eindruck noch, dass die Uhr des jeweils anderen immer langsamer geht.

Eine kleine Rechnung zeigt, dass Ilse das erste Zeitsignal, das Albert ihr nach einem Jahr seiner Zeitrechnung zusendet, erst nach drei Erdenjahren erhält, das zweite nach sechs und das dritte nach neun Jahren. Umgekehrt erhält auch Albert das erste Signal von Ilse erst, wenn für ihn drei Jahre vergangen sind. Zu diesem Zeitpunkt befindet er sich allerdings schon am Wendepunkt seiner Reise.

Das Schlachtfeld

An dieser Stelle ändert sich die Situation grundlegend. Indem er seine Bewegungsrichtung umkehrt, wechselt Albert sein räumliches und zeitliches Bezugssystem. Damit ändert sich auch sein Urteil über gleichzeitige Ereignisse – mit entsprechenden Folgen, wie wir sogleich sehen werden.

Betrachten wir seine Rückreise wieder aus beiden Perspektiven. Während sich sein superschnelles Raumschiff auf die Erde zubewegt, wird die Laufzeit des Signals, das er und Ilse alljährlich austauschen, immer kürzer. Die alljährliche Botschaft kommt nun immer schneller beim jeweils anderen an. Dieser Effekt überdeckt während der gesamten Rückreise die relativistische Zeitdehnung. Da er zahlenmäßig größer ausfällt, sehen Albert und Ilse die Uhr des jeweils anderen nun nicht mehr langsamer ticken, sondern etwas schneller.

Bis zu Alberts Umkehrpunkt hat Ilse drei Zeitsignale von ihm empfangen, das letzte erst nach neun Erdenjahren. Anders beim Rückflug. Innerhalb eines Erdenjahres erhält sie drei weitere Jahresbotschaften – und schon ist Albert da! Bei seiner Ankunft sind insgesamt zehn Erdenjahre vergangen. Ilse weiß aber aufgrund ihres vorangegangenen Informationsaustauschs, dass für Albert sechs Jahre vergangen sein müssen, denn sie hat insgesamt sechs Zeitsignale von ihm empfangen.

Aus Alberts Sicht haben Hin- und Rückflug jeweils drei Jahre gedauert. Zwar traf auf seinem Hinflug nur eine einzige Nachricht von Ilse bei ihm ein. Während der dreijährigen Rückreise aber ist auch bei ihm alle vier Monate ein Zeitsignal an Bord seines Raumschiffs eingegangen. Aus den insgesamt zehn Botschaften schließt er, dass auf der Erde zehn Jahre verstrichen sein müssen.

Anders als Gehrke vermutete, ist die Relativitätstheorie an dieser Stelle nicht in sich widersprüchlich. Der Informationsaustausch zwischen Erde und Raumschiff wirft neues Licht auf die scheinbar paradoxe Situation. Die Summe der beiden Zeiten, die Albert auf seinem Hinflug (3 Jahre) und auf seinem Rückflug (3 Jahre) misst, ist kleiner als die Summe der beiden Zeiten, die Ilse registriert (9 Jahre und 1 Jahr). Die Asymmetrie kommt dadurch zustande, dass Albert gewendet hat, dass sein Raumschiff also beschleunigt wurde und er sein ursprüngliches Bezugssystem auf diese Weise verlassen hat.

Genau in diesem Sinn antwortete Albert Einstein im Physikalischen Kolloquium auf Gehrkes Einwände: »Die Uhr B, welche bewegt wurde, geht deshalb nach, weil sie im Gegensatz zu der Uhr A Beschleunigungen erlitten hat.« Die Beschleunigungsphasen selbst seien zwar für den Betrag der Zeitdifferenz beider Uhren belanglos. »Ihr Vorhandensein bedingt jedoch das Nachgehen gerade der Uhr B, und nicht der Uhr A.«[144]

Während er seine Theorie gegen alle Anfechtungen verteidigte, sah Einstein allerdings keine Möglichkeit, die prognostizierten Gangunterschiede tatsächlich mit Uhren zu messen. Denn bei den geringen Geschwindigkeiten, die Flugzeuge oder Züge zu seiner Zeit erreichen konnten, war die zu erwartende Dehnung der Zeit unmessbar klein. Und da das Tempo solcher Verkehrsmittel auch in Zukunft um Größenordnungen unterhalb der Lichtgeschwindigkeit liegen würde, bezweifelte Einstein, dass man die abenteuerliche Zeitverzögerung jemals würde feststellen können.

Dank der enormen Fortschritte in der Uhrentechnik sollte es Jahrzehnte später gelingen, beim Gang bewegter Uhren die von ihm vorhergesagten Abweichungen von den Resultaten der klassischen Physik zu messen: Im Oktober 1971 nehmen die amerikanischen Physiker Joseph C. Hafele und Robert E. Keating vier Cäsium-Atomuhren mit an Bord kommerzieller Linienmaschinen. Für die unhandlichen Apparate müssen sie im Flugzeug extra Tickets buchen, auf denen »Mr. Clock« eingetragen ist. Mit dieser Ausrüstung umrunden sie die Erde einmal ostwärts und in der Woche darauf in westlicher Richtung. Vor den Flügen haben sie die Zeitmessgeräte mit einer baugleichen Atomuhr im United States Naval Observatory in Washington DC synchronisiert, nach der Landung vergleichen sie die Uhren erneut. Die Messwerte unterscheiden sich zwar nur um Milliardstelsekunden voneinander, die Unterschiede stehen aber völlig im Einklang mit der Relativitätstheorie.

An solche Tests war zu Beginn des 20. Jahrhunderts nicht im Entferntesten zu denken. Einsteins Vertrauen in seine Theorie schmälerte das nicht, auch wenn sich seine Widersacher nicht mit logischen Argumenten und ein paar Formeln abspeisen ließen. Einem ehemaligen Schweizer Kollegen schrieb er im Juni 1914 fast schon gelangweilt, er habe soeben mit Gehrke gesprochen. »Wenn er so viel Intelligenz wie Selbstgefühl hätte, wäre es angenehm, mit ihm zu diskutieren.« Im selben Brief kündigte er an, in Kürze die nächsten Hürden zu nehmen und im Kolloquium auch über seine allgemeine Relativitätstheorie zu sprechen, die bei den Kollegen »ebenso viel Hochachtung wie Ungläubigkeit« auslöse.[145]

Krumme Gedanken

Einer der Ungläubigen war Max Planck, der Einsteins spezielle Relativitätstheorie so sehr bewunderte. Seine Skepsis brachte er vor großem Publikum zum Ausdruck, und zwar ausgerechnet bei Einsteins feierlicher Aufnahme in die Preußische Akademie der Wissenschaften am 2. Juli 1914:

Trotz drückender Hitze kamen an diesem Sommertag zahlreiche Gäste zum Bibliotheksgebäude Unter den Linden. Unter der goldverzierten Decke des Festsaals lauschten sie den teils schwer verständlichen Reden der Akademiemitglieder und bestaunten die »Galerie von wundervollen Charakterköpfen«.[146] Nachdem sich Einstein in seiner kurzen Antrittsrede dafür bedankt hatte, seine wissenschaftlichen Studien fortan frei von den Aufregungen und Sorgen eines praktischen Berufs nachgehen zu dürfen, begrüßte ihn Planck als einen Gelehrten, dessen »eigentliche Liebe derjenigen Arbeitsrichtung gehört, in welcher die Persönlichkeit sich am freiesten entfaltet, in der die Einbildungskraft ihr reichstes Spiel treibt«. Freilich drohe ihm dabei auch am ehesten die Gefahr, sich gelegentlich in allzu dunkle Gebiete zu verlieren.[147]

Die allgemeine Relativität war seiner Ansicht nach ein »dunkles Gebiet«. Und Planck konnte der Versuchung nicht widerstehen, seinen Einspruch anzumelden: Für Einstein sei das Prinzip der Relativität in seiner bisherigen Form nicht voll befriedigend, weil es unter den verschiedenen Arten der Bewegung die gleichförmige auszeichne. Doch sei nicht gerade diese Bevorzugung ein wichtiges und wertvolles Merkmal der Theorie? »Die Naturgesetze, nach denen wir suchen, stellen doch stets gewisse Beschränkungen dar, nämlich eine spezielle Auswahl aus dem unendlich mannigfaltigen Bereich der überhaupt denkbaren logisch widerspruchsfreien Beziehungen.« Vielleicht könne man die Bevorzugung der gleichförmigen Bewegung in engen Zusammenhang bringen mit dem besonderen Vorrecht, welches die gerade Linie unter allen räumlichen Linien nun einmal tatsächlich auszeichne.[148]

Planck verpackte seinen Vorbehalt in eine geometrische Metapher: Die gerade Linie sollte Vorrecht haben vor der krummen. Eben dies zweifelte Einstein an. Seine allgemeine Relativitätstheorie handelt von gekrümmten Räumen, von denen später noch ausführlich die Rede sein wird. Darin ist die kürzeste Verbindung zwischen zwei Punkten nicht mehr zwangsläufig eine Gerade. Aus seinen Studien ging unter anderem hervor, dass ein Lichtstrahl, der nahe an der Sonne vorbeizieht, abgelenkt wird. Und diese Lichtablenkung sollte man bei einer Sonnenfinsternis messen können.

Eine mutige Prognose! Denn die nächste Sonnenfinsternis stand unmittelbar bevor. Die Preußische Akademie hatte sogar Mittel bereitgestellt, diese Sonnenfinsternis am 21. August 1914 von Südrussland aus zu beobachten. Die Forschungsexpedition, vorbereitet von dem Astronomen Erwin Freundlich, sollte Klarheit bringen.

Wollte Planck das Ergebnis der Reise mit seinen Anmerkungen vorwegnehmen? Wollte er sagen, dass Einstein auf krumme Gedanken gekommen war? »Wie dann auch das Ergebnis sein wird«, schloss er seine Rede, »in jedem Falle stehen wir vor einer wertvollen Bereicherung unserer Wissenschaft, in welcher sich, wie wir nicht ohne einen gewissen Stolz sagen dürfen, leichter als in anderen Wissenschaften die schärfsten sachlichen Gegensätze in persönlicher Hochschätzung und in herzlich freundschaftlicher Gesinnung austragen lassen«.[149]

Einstein hatte keinen Grund, an Plancks freundschaftlicher Gesinnung zu zweifeln. Aber er empfand eine tiefe Kluft zwischen den Erwartungen, die Planck und andere Physiker an seine Beiträge zur Quantenphysik knüpften, und ihrer Ungläubigkeit in Bezug auf seine allgemeine Relativitätstheorie. Mit seinen Ansichten zur Gravitation stand er in Berlin vorerst ganz alleine da. Da half auch der Brief nichts, den er Planck wenige Tage nach der öffentlichen Sitzung schrieb, um ihm seine Ansichten noch einmal zu erläutern.[150]

Seit dem Umzug hatte er kaum noch an der allgemeinen Relativitätstheorie gearbeitet. Weil in der Großstadt immer so viel anderes los war, kam er nicht einmal mehr zum Musizieren. Statt auf der Geige zu fegen und sein liebstes mathematisch-physikalisches Steckenpferd zu reiten, nahm er regen Anteil am Berliner Wissenschaftsleben und beschäftigte sich mehr denn je mit der Quantenphysik, von der ebenfalls eine Revision der physikalischen Grundbegriffe ausging.

Besonders inspirierend in dieser Hinsicht waren die Begegnungen mit jungen Forschern, unter ihnen etwa James Franck und Gustav Hertz. Dank der finanziellen Unterstützung der Solvay-Stiftung hatten diese in Berlin ein erstklassiges Labor aufgebaut und darin Zusammenstöße von Elektronen mit Atomen herbeigeführt. Die Physiker wiesen nach, dass Atome immer nur bestimmte Energiemengen, also Quanten, aufnehmen und abgeben.[151] Einstein war fasziniert von dieser »eklatanten Bestätigung« der Quantenhypothese, für die beide Forscher später den Nobelpreis erhalten sollten.

In Berlin wurde er immer öfter in Debatten über den Aufbau der Materie oder das soeben bekannt gewordene Bohrsche Atommodell hineingezogen. Er plagte sich nun ebenfalls mit Quanten herum und hatte die Absicht, sich demnächst vor der Deutschen Physikalischen Gesellschaft zur Quantentheorie zu äußern. Der Titel des für den 24. Juli geplanten Vortrags war eine Referenz an seine beiden Berliner Förderer: »Über die thermodynamische Ableitung der Planckschen Strahlungsformel und über den Nernstschen Wärmesatz vom theoretischen Standpunkt«.[152]

Um den Vortrag möglichst interessant zu gestalten, bohrte er mitten im heißesten Sommer die dicksten Bretter. Die Julihitze mit Temperaturen deutlich über 30 Grad Celsius war schwer zu ertragen. Viele Großstadtbewohner pilgerten schon morgens zum Wannsee, zum Müggelsee oder reisten zu den Stränden der Ostsee. Einstein ging weiter in sein Büro im Kaiser-Wilhelm-Institut für physikalische Chemie und Elektrochemie, wo er seine ersten mathematischen Fingerübungen noch während des Frühstücks ungestört auf Einwickelpapier kritzelte.

Säbelgerassel

Unterdessen stieß Ihre Majestät, der Kaiser, wie jeden Sommer mit seiner Yacht »Hohenzollern« in See und schipperte an der norwegischen Küste entlang. Kurz vor seiner Abreise aus Berlin hatte Wilhelm II. einen hochriskanten politischen Kurs eingeschlagen. Im Gegensatz zu seiner früheren Balkanpolitik hatte er den Österreichern nach dem Attentat von Sarajewo freie Hand gegeben, gegen Serbien militärisch vorzugehen. Und zwar lieber früher als später! Falls Russland eingreifen sollte, werde das Deutsche Reich »im Einklang mit seinen Bündnisverpflichtungen und seiner alten Freundschaft treu an der Seite Österreich-Ungarns stehen«.[153]

Dieser heute so bezeichnete »Blankoscheck« beruhte nicht zuletzt auf einer Fehleinschätzung der politischen Lage. Noch unmittelbar vor seiner Abreise hatte der Kaiser bekräftigt, er glaube nicht an größere Verwicklungen. Zar Nikolaus II. werde sich genauso wenig wie König Georg V. auf die Seite der Prinzenmörder stellen. Stattdessen erwartete er von seinen beiden Vettern in Russland und England »Solidarität der Monarchen gegen die Fürstenmörderische Räuberbande«.[154]

Er rechnete mit einem raschen Vergeltungsschlag Österreich-Ungarns gegen Serbien – ohne eine vorherige Kriegserklärung und solange die öffentliche Empörung über den Fürstenmord in ganz Europa noch groß war. Doch dieser blieb aus. Zwar gab es aus Sicht der Machthaber in Wien zu einem militärischen Eingreifen keine Alternative. Der Gedanke an einen Präventivschlag wurde allerdings fallengelassen, weil sich weite Teile der Armee noch im Ernteurlaub befanden. Die Soldaten fuhren Getreide ein und konnten nicht so schnell in ihre Kasernen zurückbeordert werden.

Außerdem lehnte der ungarische Ministerpräsident Istvan Tisza einen sofortigen Einmarsch in Serbien ab. Er fürchtete um die innere Stabilität des Vielvölkerstaates, warnte vor aufgebrachten Südslawen und neuen Konfliktherden in den von Serben bewohnten Gebieten des Habsburger-

Das Schlachtfeld

reiches sowie vor einem Eingreifen Russlands. Sein Vorschlag: Zunächst solle Wien in Form eines Ultimatums konkrete Forderungen an Belgrad stellen und erst nach Ablehnung dieser Forderungen gegen Serbien mobil machen. Einer friedlichen Lösung des Konflikts kam er damit nicht näher. Denn mit Ausnahme Tiszas waren sich alle im Ministerrat darin einig, dass ein Ultimatum so scharf formuliert werde musste, dass eine Ablehnung garantiert war.[155]

Wilhelm II. war ohne Kenntnis der konkreten Pläne des Bündnispartners zu seiner Nordlandkreuzfahrt aufgebrochen. Der deutsche Reichskanzler, Theobald von Bethmann Hollweg, der dem Kaiser zu der Erholungsreise geraten hatte, zog sich selbst zum Sommerurlaub auf Schloss Hohenfinow in der Mark Brandenburg zurück. Auch Generalstabschef Helmuth von Moltke und Kriegsminister Erich von Falkenhayn machten Ferien. So entstand in der deutschen Öffentlichkeit im weiteren Verlauf des Monats Juli der Eindruck, der Konflikt werde ähnlich enden wie viele vorherige Krisen auf der Halbinsel.

Wie ernst Einstein das österreichische »Säbelgerassel« diesmal nimmt, geht aus seiner Korrespondenz nicht hervor. Während andere in Urlaub fahren, bleibt er in der Großstadt. Am 7. Juli sagt er sogar die Bergwanderung ab, die er für Ende des Monats zusammen mit Paul Ehrenfest ins Auge gefasst hat. Denn plötzlich sieht sich die Familie mit einer ernsten Diagnose konfrontiert: Seine Mutter Pauline habe Krebs und diese Tage eine schwere Operation durchzustehen.[156]

Die Wirkung dieser Nachricht auf Einsteins Privatleben lässt sich an den kargen Briefzeilen nicht ermessen. In den drei zurückliegenden Monaten hat er seine Mutter so oft gesehen wie lange nicht. Obschon Mileva am liebsten eine Mauer zwischen ihm und der Verwandtschaft errichten würde, bewegt er sich zwischen Dahlem, Schöneberg und Charlottenburg hin und her. Zu Hause warten die Kinder auf ihn, in Schöneberg die Geliebte, nicht weit von dort seine 56-jährige Mutter, die ihn eben noch umsorgt hat und nun seine ganze Zuwendung braucht.

Angesichts der bevorstehenden Unterleibsoperation rücken Albert und seine schwäbische Verwandtschaft noch enger zusammen als zuvor. Tante

Fanny, Onkel Rudolf, Onkel Jakob – alle kümmern sich mit um die Patientin. Er selbst findet den stärksten Beistand und Trost bei seiner Cousine Elsa, die mehr denn je zur Frau an seiner Seite wird.

Elsa respektiert seinen Drang nach Unabhängigkeit. Sie hat sich damit abgefunden, dass er das Alleinsein als Energiequelle braucht und seiner wissenschaftlichen Neugier vieles andere unterordnet. Aber sie hat Erwartungen an ihn, die sich mit den Wünschen ihrer Eltern und denen ihrer erkrankten Tante Pauline decken: Sie möchte endlich klare Verhältnisse.

Von Zürich aus hatte Albert ihr in Aussicht gestellt, nach dem Wohnortwechsel mit ihr zusammenzuziehen und gemeinsam in Berlin eine kleine »Zigeunerwirtschaft« zu betreiben. Als ihn Elsa kurz darauf auf eine Trennung von Mileva ansprach, entgegnete er ihr, es sei alles andere als leicht, sich scheiden zu lassen, »wenn man von der Schuld des andern Teils keinen Beweis« habe. Er behandle Mileva wie eine Angestellte, der er allerdings nicht kündigen könne.[157]

Elsa leidet unter dieser Situation – jetzt bricht der Konflikt offen hervor. Offenbar verstärkt das schwäbisch-jüdische Clanbewusstsein den Druck auf Einstein, denn plötzlich denkt er nicht nur über eine Trennung von Mileva nach, sondern über eine zweite Ehe. Obschon er der Institution Ehe nach seinem kläglichen Scheitern grundsätzlich ablehnend gegenübersteht, nährt er Elsas Hoffnung auf eine baldige Heirat. Als sie sich zwischenzeitlich selbst Vorwürfe macht, seine Familie zu zerstören, beruhigt er sie mit den Worten: Wenn er seinem Privatleben gegenüber nicht so gleichgültig gewesen wäre, hätte er sich schon längst von Mileva getrennt, »bevor ich Dich kennen und lieben lernte«.[158]

Zwischen ihm und Mileva herrscht eisiges Schweigen. Das Zusammensein mit ihr ist ihm unerträglich geworden. Er fühlt sich, als hätte er mehrere Jahre Zuchthaus hinter sich. Unbegreiflich für ihn, dass sie noch immer an ihm hängt. Fürchtet sie die gesellschaftliche Ächtung, die mit einer Trennung verbunden wäre? Halten Existenzängste sie von einer Ehescheidung ab? Ist sie ihm nur deshalb an seine neue Wirkungsstätte gefolgt, weil sie den Kindern die Folgen einer Trennung ersparen möchte?

Das Schlachtfeld

Der tyrannische Ehegatte

Von all ihren Nöten will er im Juli 1914 nichts mehr wissen. Es sei ihm nicht länger möglich, die eine Frau zu lieben und mit der andern verheiratet zu sein, teilt er Elsa mit.[159] Folgt man den späteren Schilderungen von Anna Besso-Winteler, der Frau seines langjährigen Freundes Michele Besso, dann zieht er nun ganz aus der gemeinsamen Bleibe in Dahlem aus und droht Mileva, ihr einen Untermieter in die Wohnung zu setzen, »gewissermaßen, um sie fortzudrängen«.[160]

Als sich Mileva dagegen wehrt, stellt er ihr ein Ultimatum, in dem er rücksichtslose Bedingungen an ein weiteres Zusammenleben knüpft, ein Druckmittel, das offensichtlich nichts anderes bewirken soll als den endgültigen Bruch:

Mileva habe a) für Kleider und Wäsche zu sorgen, für drei anständige Mahlzeiten *im Zimmer* und für Ordnung in seinem Schlaf- und Arbeitszimmer. Sie müsse b) auf alle persönlichen Beziehungen zu ihm verzichten, soweit deren Aufrechterhaltung aus gesellschaftlichen Gründen nicht unbedingt geboten sei. Insbesondere werde er weder bei ihr zu Hause sitzen noch zusammen mit ihr ausgehen oder verreisen.

»C. Du verpflichtest Dich ausdrücklich, im Verkehr mit mir folgende Punkte zu beachten:

1. Du hast weder Zärtlichkeiten von mir zu erwarten noch mir irgendwelche Vorwürfe zu machen
2. Du hast eine an mich gerichtete Rede sofort zu sistieren, wenn ich darum ersuche
3. Du hast mein Schlaf- bzw. Arbeitszimmer sofort und ohne Widerrede zu verlassen, wenn ich darum ersuche.«[161]

So schäbig das Dokument des tyrannischen Ehegatten ist, in ihrer völligen Verzweiflung klammert sich Mileva an das Gegebene. Sie erklärt sich dazu bereit, die Konditionen zu akzeptieren. Als Fritz Haber der zusammen mit seiner Frau Clara als Vermittler zwischen den Eheleuten auftritt, seinem Kollegen ihre Einwilligung aushändigt, setzt dieser sofort nach: Wenn er in die Wohnung zurückkehre, dann lediglich, um die Kinder nicht zu verlieren, aber NUR deshalb. Von einem kameradschaftlichen Verhältnis zu ihr könne keine Rede mehr sein. Und wenn es ihr nicht möglich sei, das Zusammenleben auf dieser Basis fortzusetzen, werde er sich »in die Notwendigkeit einer Trennung fügen«.[162]

Was für ein perfides Spiel treibt er mit ihr? Mileva verkraftet seine Hartherzigkeit nicht mehr. Auf Drängen Clara Habers zieht sie zusammen mit den Kindern zu ihr in die obere Etage der Direktorenvilla. Leichter wird ihr auch hier nicht zumute, obschon sie in der Hausherrin eine Leidensgefährtin gefunden hat, die ebenfalls unglücklich an der Seite eines berühmten Forschers lebt.

Clara Haber ist promovierte Chemikerin. Sie hätte ihren Beruf gerne beibehalten, aber nach der Heirat und der Geburt eines Sohnes fand auch sie sich in der ungeliebten Rolle der Hausfrau und Mutter wieder. Selbst für die ambitionierte Wissenschaftlerin hat sich nicht erfüllt, was die Ärztin Anna Fischer-Dückelmann in ihrem Bestseller »Die Frau als Hausärztin« schildert: dass sich Ehe und Beruf miteinander verbinden lassen.

Die Frau der Zukunft sei weder die Darbende noch die Ausgenutzte, heißt es in dem Buch, das im deutschsprachigen Raum 1914 eine Millionen-Auflage erreicht. »Je entwickelter ihre Fähigkeiten sind, desto besser versteht es die Frau, die Ehe bei beschränkter Kinderzahl mit der Berufsausübung zu vereinigen.« Sie werde dann vom Fortpflanzungsgeschäft nicht mehr total verbraucht und stumpfe im Ehejoch nicht ab.[163]

Anna Fischer-Dückelmann verspricht den Frauen neue Sittengesetze, die ihnen selbst Freiheit und Rechte, dem Mann aber Bändigung seiner Genusssucht und andererseits Befreiung von hindernden Vorurteilen bringen sollen. Für die Autorin ist auch eine Scheidung kein Tabu. »Stimmen die Gatten nicht mehr überein, hat sich die Liebe verloren, dann werden sie kein unwürdiges Verhältnis bestehen lassen, denn die Frau kann ohne den Mann auch leben; sie werden ruhig auseinandergehen oder als ›Geschäftsführer ihrer Kinder‹, ohne Ehe, für diese leben, wenn reiferes Alter ihnen die nötige Ruhe dazu gegeben hat.«[164] Den Mut zu einem solchen Schritt bringen nur wenige Frauen auf. Vom Bürgerlichen Gesetzbuch eklatant benachteiligt, riskieren sie, nach einer Scheidung ohne finanzielle Absicherung und von der Gesellschaft geächtet dazustehen.[165]

Clara Haber und Mileva Einstein haben eine Scheidung vermutlich nie ernsthaft erwogen, obwohl beide in ihren Ehen schwere Krisen durchlebten. Auch jetzt, da ihr Mann sie zu einer Auflösung ihrer ehelichen Verbindung nötigt, sträubt sich alles in Mileva dagegen. Seine Rücksichtslosigkeit lässt ihr eine vorübergehende Trennung als das nur mehr einzig Richtige erscheinen. Fritz Haber setzt einen entsprechenden Vertrag auf, wonach die beiden Söhne bei ihrer Mutter in Zürich bleiben sollen. Außerdem stellt Mileva die Bedingung, dass sie die Kinder niemals an die Verwandten ihres Mannes abgeben muss. 5600 Mark soll sie jährlich von ihm erhalten, knapp die Hälfte seines Gehalts an der Akademie.

Am 24. Juli, demselben Tag, an dem Albert Einstein am Reichstagsufer seinen lange angekündigten Vortrag über Quantenphysik hält, kommt es in Habers Villa zu einer dreistündigen Unterredung, bei der er sich mit der vertraglichen Regelung einverstanden erklärt.[166] Selbst auf die Gefahr hin, dass ihm seine Söhne nun womöglich ganz entfremdet werden, zieht er einen Schlussstrich unter die Beziehung. Der Weg zur Scheidung sei nun geebnet, schreibt er zwei Tage später an Elsa, die mit ihren beiden Töchtern zur Erholung nach Bayrischzell an der Grenze zu Österreich gefahren ist. Nun habe sie den Beweis, dass er ein Opfer für sie bringen könne.[167]

Sein Versprechen, Elsa zu heiraten, wird er allerdings so rasch nicht einlösen können, denn eine Scheidung kommt für Mileva auch nicht infrage, nachdem sie beschlossen hat, mit den Kindern in die Schweiz zurückzukehren. Ihre Abfahrt schiebt sie noch einmal hinaus. Hofft sie, dass ihr Mann in letzter Minute einlenkt, um die Kinder nicht zu verlieren?

Letzte Friedenstage

Unterdessen bricht Einsteins Cousine Elsa ihren Urlaub in den Alpen wie viele andere Sommertouristen vorzeitig ab, denn Österreich-Ungarn macht bereits gegen Serbien mobil. Europa droht ein Krieg. Am 23. Juli hatte der österreichische Gesandte der Regierung in Belgrad das lange vor-

Ultimatum

bereitete Ultimatum gestellt. Fristgerecht nach 48 Stunden war die serbische Antwort eingetroffen, in vielen Punkten entgegenkommend bis unterwürfig. Aber eine der zehn Forderungen wies die Regierung in Belgrad ausdrücklich zurück: Es sei ein Verstoß gegen die serbische Verfassung, österreichischen Beamten zu gestatten, an der Strafverfolgung verdächtiger Personen teilzunehmen.[168]

Die serbische Regierung hatte das Ultimatum nicht ohne Rücksprache mit dem russischen Außenminister abgelehnt, der im Falle eines Krieges militärische Unterstützung zugesagt hatte. Russland wiederum konnte mit französischem Beistand rechnen. Der französische Staatsminister hatte den russischen Zaren gerade erst in Sankt Petersburg besucht und bekräftigt, dem Land im Kriegsfall beizustehen. Um eine Kettenreaktion in Gang zu setzen und einen europäischen Flächenbrand auszulösen, fehlte nur noch der zündende Funke. Dem Deutschen Reich als einzig verlässlichem Bündnispartner Österreich-Ungarns kam dabei eine Schlüsselrolle zu.

Die deutschen Sozialdemokraten protestierten sofort gegen die »frivole Kriegsprovokation«. »Wir wollen keinen Krieg«, stand auf den Plakaten, mit denen die Parteispitze für Dienstag, den 28. Juli, zu deutschlandweiten Protestversammlungen aufrief. Dem »Machtkitzel der österreichischen Gewalthaber« dürfe kein Tropfen Blut eines deutschen Soldaten geopfert werden.[169]

Einen Tag vor Milevas Abreise demonstrieren in ganz Berlin Arbeiter und Angestellte gegen den drohenden Waffengang. Versammlungslokale wie das Gewerkschaftshaus am Luisenstädtischen Kanal oder die Brauerei Friedrichshain müssen wegen Überfüllung vorzeitig geschlossen werden. An den 32 Antikriegskundgebungen in der Reichshauptstadt beteiligen sich mehr als 100 000 Menschen.

»Nach Schluss versuchten die Teilnehmer aller Versammlungen, in großen, meist nach tausenden zählenden Ansammlungen, nach dem Stadtinnern zu drängen«, heißt es im Lagebericht des Polizeipräsidenten. Erst durch Waffengewalt und Verhaftungen sei es gelungen, die sich unter Johlen und Brüllen revolutionärer Lieder fortbewegenden Massen zu zerstreuen.[170] Etliche Demonstranten haben die Straßensperren dennoch

Das Schlachtfeld

überwunden. Mitten in der Nacht ziehen sie singend über den Boulevard Unter den Linden. Sofort bildet sich eine Gegendemonstration aus deutschnational gesinnten jungen Männern. Auf die Arbeiterparolen »Wir wollen keinen Krieg« und »Hoch die Internationale Völkerverbrüderung« antworten sie mit der »Wacht am Rhein« und »Heil Dir im Siegerkranz«.

»Wir lieben die Straßenkundgebungen in Augenblicken internationaler Konflikte nicht sehr«, kommentiert das »Berliner Tageblatt« die Proteste. »Aber wenn die jugendlichen Kriegsenthusiasten ihre Ansicht auf der Straße laut äußern dürfen, so dürfen schließlich auch diejenigen, die im Völkerfrieden mit Recht ein unschätzbares Gut sehen und sich eine klare Vorstellung von dem entsetzlichen Jammer des Krieges machen, das gleiche tun.« Das deutsche Volk, dem ein Krieg so viel Elend bringen müsste, dürfe von seiner Regierung und von allen, die in dieser schweren Stunde Verantwortung tragen, erwarten, »dass bei aller Festigkeit doch kein irgend mögliches Mittel zur Abwendung der Gefahr ungenutzt gelassen wird«.[171]

Völlig andere Töne schlagen die konservativen Blätter und der deutsche Kaiser an. Die »Preußische Zeitung« spricht von »Hochverrat«; Wilhelm II. faucht, die antimilitaristischen Umtriebe der Sozen dürften nicht geduldet werden. Im Wiederholungsfall werde er die Führer samt und sonders »tutti quanti« einsperren lassen.[172]

Nach Abbruch seiner Norwegenreise hat der Kaiser die serbische Antwort auf das österreichische Ultimatum erst am Morgen des 28. Juli in seinem Schloss in Potsdam gelesen und sie als unterwürfiges Entgegenkommen gewertet. »Das ist mehr als man erwarten konnte! Ein großer moralischer Erfolg für Wien; aber damit fällt jeder Kriegsgrund fort.«[173] Unverzüglich hat er ein Schreiben an den Bündnispartner aufgesetzt, in dem er bekräftigt, ein Grund für einen Krieg sei nun nicht mehr vorhanden. Stattdessen schlägt er eine vorübergehende Besetzung Belgrads als »Faustpfand« vor, um die Versprechungen Serbiens durchzusetzen und der zum wiederholten Male umsonst mobilisierten österreichischen Armee »eine äußere satisfaction d'honneur zu geben«. Er selbst wolle als Vermittler auftreten.[174]

Die Initiative kommt für seinen engsten Beraterkreis völlig unerwartet.

Sie zeugt von dem eklatanten Informationsdefizit Wilhelms II., der unkoordinierten Handlungsweise der politisch Verantwortlichen und einem Großmannsgehabe, das typisch für Wilhelms Verhalten in der gesamten Julikrise ist. Der Kaiser lehnt den englischen Vorschlag ab, eine internationale Friedenskonferenz einzuberufen, meint aber, den Krieg persönlich verhindern zu können. Als sein Schriftstück zum Auswärtigen Amt gebracht wird, um nach Wien weitergeleitet zu werden, haben die Ereignisse seinen Plan bereits überrollt. Noch am Vormittag hat Österreich-Ungarn Serbien den Krieg erklärt.

Damit nicht genug: Reichskanzler Bethmann Hollweg und das Auswärtige Amt in Berlin leiten seine Depesche nur unvollständig und mit erheblicher Verzögerung in Form eines Telegramms nach Wien weiter. Kein Wort davon, dass aus Sicht des deutschen Kaisers nun jeder Kriegsgrund wegfällt und dass er sich als Vermittler anbietet. Worum es dem Reichskanzler jetzt vor allem geht: dass »die Verantwortung für das eventuelle Übergreifen des Konflikts« unter allen Umständen Russland trifft.[175] Falls es tatsächlich zum Krieg gegen Russland und Frankreich kommen sollte, müsse der Eindruck vermittelt werden, dass Deutschland von den Russen zum Krieg gezwungen wurde, dass es sich also um einen Verteidigungskrieg handelt. Nur so kann seiner Ansicht nach England aus dem »Kladderadatsch« herausgehalten und das deutsche Volk für den Krieg gewonnen werden. Zumindest im eigenen Land geht sein Plan auf. Nahezu einstimmig warnt die deutsche Presse in den folgenden Tagen vor der »furchtbaren Gefahr russischer Barbarei« und vor dem »Knutenregiment« des Zaren.

Zar Nikolaus II. und Wilhelm II. sind Vettern, die ihre von beiderseitigem Misstrauen geprägten Telegramme mit »Nicky« und »Willy« zeichnen. »Nicky« bittet den deutschen Kaiser inständig darum, Österreich-Ungarn zu mäßigen, das einem schwachen Land einen unwürdigen Krieg erklärt habe. »Willy« findet den Krieg gegen Serbien alles andere als »unwürdig« und mahnt Russland zur Zurückhaltung. »Natürlich würden militärische Maßnahmen von Seiten Russlands ... ein Unheil beschleunigen, das wir beide zu vermeiden wünschen, und meine Stellung als Ver-

Das Schlachtfeld

mittler gefährden, die ich auf Deinen Appell an meine Freundschaft und meinen Beistand hin bereitwillig übernommen habe.«[176]

Zar und Kaiser sind allerdings längst nicht mehr Herren der Lage. Sie werden von ihren eigenen Beratern gegeneinander ausgespielt. Zugleich nimmt der Druck von Seiten des Militärs auf die beiden Regenten von Stunde zu Stunde zu, denn die Handlung der Generalstäbe folgt ihrer eigenen Logik.

Für die deutschen Militärs zählt im Falle eines Zweifrontenkriegs jeder Tag. Noch ehe Russland den mehrwöchigen Aufmarsch abgeschlossen hat, wollen die deutschen Generäle ihre Armeen gegen Frankreich werfen und Paris einnehmen. Alternativen zu diesem »Schlieffenplan« mit einem äußerst kleinen Zeitfenster für die eigene Mobilmachung sind nicht vorgesehen. Diese Festlegung sei für den Automatismus des Geschehens und die Eskalation des Konflikts verhängnisvoll gewesen, urteilen Politikwissenschaftler wie Herfried Münkler.[177]

Am 29. Juli werden die ersten österreichischen Schüsse auf Belgrad abgefeuert. Derweil telegrafiert der deutsche Reichskanzler nach Sankt Petersburg: Wenn Russland seine militärischen Vorbereitungen fortsetzen werde, müsse das Deutsche Reich mobil machen. Damit forciert er die Krise noch. Im russischen Außenministerium jedenfalls läuten die Alarmglocken. Von dort aus rät man dem Zaren dringend, die Generalmobilmachung anzuordnen, um die Truppen aus dem weiträumigen Reich beizeiten zusammenzuziehen und für alle Fälle gewappnet zu sein.

Nachdem sich die Großmächte, von Misstrauen getrieben, über mehrere Tage hinweg gegenseitig verrückt gemacht haben, stimmt Nikolaus II., ähnlich wankelmütig wie Wilhelm II., noch am selben Abend zu. Dann jedoch, gegen 20 Uhr 30 mitteleuropäischer Zeit, kurz nachdem der Mobilmachungsbefehl in alle Teile des riesigen Reiches verschickt worden ist, nimmt er die Order plötzlich wieder zurück. Ein gerade eingetroffenes Telegramm seines deutschen Vetters hat ihn nochmals umdenken lassen – ein letzter, verzweifelter Versuch, das bereits ins Rollen gekommene militärische Räderwerk aufzuhalten.[178] Vergeblich.

Zurück zu Einstein und Haber am Anhalter Bahnhof. Den dort postierten Zeitungsverkäufern werden die Blätter mit Schlagzeilen wie »Die Kriegserklärung« förmlich aus den Händen gerissen. Rücken österreichische Truppen bereits gegen Belgrad vor? Hält Russland still? Haben die englischen Vermittlungsversuche etwas bewirkt?

Haber hat noch am Tag zuvor einen Urlaubsantrag beim Ministerium eingereicht. Auch in diesem Sommer möchte er wieder nach Karlsbad reisen, um »Gallensteine und Gemüt« sechs Wochen lang auszukurieren. »Sollten die politischen Verhältnisse sich derartig gestalten, dass unser Land in eine kriegerische Verwicklung hineingezogen wird, so beabsichtige ich, von diesem Urlaub zurückzukehren.«[179]

Wie reagiert der deutsche Kaiser? Habers Anspannung und die der Heimkehrenden finden keinerlei Widerhall in den Briefen, die Einstein in den letzten Juli- und ersten Augusttagen schreibt. Darin fällt das Wort »Krieg« kein einziges Mal. Die Kraft, die ihn der Abschied von den Kindern kostet, zehrt gegenwärtig alles andere auf.

Am Bahnsteig schließt er seine Buben noch einmal in die Arme. Im Bewusstsein seiner Schuld hat Einstein den ganzen Nachmittag über geweint. Er befürchtet, dass Mileva auch zwischen ihm und den Kindern eine Mauer hochziehen wird, sodass »das Bild des Vaters in ihrem Geiste systematisch verdorben« wird.[180] In seiner Niedergeschlagenheit vermag er der Trennung kaum noch etwas Sinnhaftes abzugewinnen.

Gleichwohl spürt er in seinem Innersten, dass die Loslösung von ihr eine »Überlebensfrage« für ihn ist. Er habe seine Frau nicht länger ertragen können. Dass er die Kraft für einen solchen Entschluss nicht schon früher habe aufbringen können, sei ihm inzwischen unbegreiflich, gesteht er seinem Brieffreund Heinrich Zangger. »Zum Teil lag es allerdings daran, dass meine Mittel das getrennte Leben nicht ermöglicht hätten.«[181]

Um Mileva und die Kinder nach Zürich zu begleiten, ist sein langjähriger Freund Michele Besso eigens nach Berlin gekommen. Aus den gemeinsamen Jahren in der Schweiz weiß er, wie schwer es Mileva an der Seite des genialen Physikers hat. Von nun an werden Besso und Zangger die Mittlerrolle zwischen den zerstrittenen Eheleuten einnehmen und dabei vor allem auf das Wohl der Kinder bedacht sein.

Das Schlachtfeld

Ein Foto aus dem Jahr 1914 zeigt die beiden Söhne zusammen mit ihrer Mutter: »Tete« schaut fragend in die Kamera, Hans Albert, der Ältere, schmollt. Bevor sie in den Zug steigen, gibt ihnen der Vater einen letzten Kuss. Als sich die Türen schließen, die Lokomotive ihren weißen Rauch in den Sommerabend bläst und der Zug durch einen der drei Backsteinbögen am Ende des Hallenraums in Richtung Süden abfährt, einer der letzten Züge, die noch nach zivilem Fahrplan verkehren, bleibt Einstein mit Haber am Gleis zurück. »Ohne ihn hätte ich es nicht fertig gebracht.«[182]

Bis tief in die Nacht hinein sitzt Haber mit seinem völlig aufgelösten Kollegen zusammen. Unter den Berliner Forschern ist er bisher der einzige, der von Einsteins Beziehung zu Elsa weiß. Haber gibt ihm den Rat, sich in nächster Zeit nicht allein mit ihr in der Öffentlichkeit zu zeigen, um nicht ins Gerede zu kommen, und bietet sich an, Max Planck zu informieren, damit die engsten Kollegen nicht erst über Gerüchte von der Sache erfahren.

Tags darauf, im Bemühen, Ruhe und Fassung wiederzugewinnen, hört Einstein an der Preußischen Akademie einen Vortrag »Über den Energieumsatz bei photochemischen Prozessen«. Zuvor hat er seine kranke Mutter besucht, um ihr die Nachricht zu überbringen. Elsas Eltern wissen schon Bescheid. Sie sind glücklich über die Trennung und seine – wenn auch halbherzigen – Heiratsabsichten. Nur die Unterhaltszahlungen, die er Mileva zugesagt hat, erscheinen ihnen zu hoch. Pauline Einstein reagiert überschwänglich: »Ach, wenn das unser armer Papa erlebt hätte!«[183]

5. »Unglaubliches hat nun Europa in seinem Wahn begonnen«

Nach dem Einmarsch deutscher Truppen in Belgien verteidigen Einsteins engste Kollegen in dem berüchtigten Aufruf »An die Kulturwelt« den Militarismus und streiten alle deutschen Kriegsverbrechen ab. Er selbst, tief betroffen, unterstützt den pazifistischen »Aufruf an die Europäer«. Der Völkerbundgedanke wird zu seiner politischen Leitidee.

Krieg nach Fahrplan

»Unser ganzer gepriesener Fortschritt der Technik, überhaupt die Civilisation, ist der Axt in der Hand des pathologischen Verbrechers vergleichbar.«[184] Als Albert Einstein dieses bittere Fazit zieht, steht die Welt längst in Waffen, und sämtliche technischen Neuerungen, vom Automobil und Flugzeug bis hin zu Telefon und Ohrstöpsel, sind Teil einer gigantischen Kriegsmaschinerie geworden, die Tod und Leid ins Unvorstellbare potenziert. Die Fortschrittshoffnungen von einst haben sich in Trommelfeuer und Zerstörung verkehrt.

Der Erste Weltkrieg beginnt mit den Eisenbahnen. In ihnen verdichte sich »das im 19. Jahrhundert entwickelte industrielle Leistungsvermögen der Gesellschaften«, resümiert der Historiker Jörn Leonhard. Sie symbolisierten den Anspruch auf technologischen Fortschritt, Bewegung und Geschwindigkeit.[185]

Mit atemberaubender Präzision rollen die Massenheere im August 1914 an die Fronten. Im Deutschen Reich wird gleich am ersten Mobilmachungstag der komplette Güterverkehr eingestellt.[186] Alle Güterzüge werden da, wo sie sich gerade befinden, entladen und für den Transport von Soldaten und Pferden, von Fahrzeugen und schweren Geschützen umgerüstet.[187] Während sich einberufene Reservisten und Freiwillige zu den Kasernen begeben, stellt die Bahn Sonderzüge bereit, um auch die letzten Sommerurlauber zu ihren Heimatorten zurückzubringen.

In der Nacht vom zweiten auf den dritten Mobilmachungstag tritt der Militärfahrplan um 24 Uhr dann in vollem Umfang in Kraft. Von nun an rollen ununterbrochen genormte Transportzüge mit gleicher mittlerer Geschwindigkeit durchs Land, abgestimmt auf die Leistungsfähigkeit der robusten preußischen Güterzuglokomotive G7. In den ersten Augustwochen setzen sich 20 800 Mobilmachungszüge sowie 11 100 Kriegsaufmarschtransportzüge in Bewegung, die 3,1 Millionen Mann und 860 000 Pferde an die Front bringen.[188]

Um die Transporte gegenüber dem deutsch-französischen Krieg von 1870/71 weiter zu beschleunigen, haben die Militärs wissenschaftliche Erkenntnisse herangezogen, die an sich völlig harmlos erschienen, zum Beispiel die astronomische und apparative Zeitmessung. Noch in seiner letzten Rede vor dem Reichstag am 16. März 1891 machte sich Generalfeldmarschall Helmuth von Moltke für eine einheitliche Zeitrechnung in ganz Deutschland stark:

»Wir rechnen in Norddeutschland, einschließlich Sachsen, mit Berliner Zeit, in Bayern mit Münchener, in Württemberg mit Stuttgarter, in Baden mit Karlsruher und in der Rheinpfalz mit Ludwigshafener Zeit. Wir haben also in Deutschland fünf Zonen; und alle die Unzuträglichkeiten und Nachtheile, denen wir befürchten an der französischen und russischen Grenze zu begegnen, die haben wir heute im eigenen Vaterlande.« Aus Sicht des Generalfeldmarschalls war es von geringer Bedeutung, dass der zivile Eisenbahnreisende an jeder neuen Station eine Zeitangabe vorfand, die mit seiner Uhr nicht übereinstimmte. Aber im Falle einer Mobilmachung werde die Umrechnung der Zeiten leicht zu einer Quelle von Fehlern, die von größter Tragweite sein könnten.[189]

»Unglaubliches hat nun Europa in seinem Wahn begonnen«

Sein Neffe, Helmuth von Moltke der Jüngere, setzt im Sommer 1914 die nach Einheitszeit minutiös geplante Mobilisierung in Gang. Nachdem die Eisenbahnverwaltungen im Rahmen der Kaisermanöver eingehend geschult worden sind, verläuft sie ohne nennenswerte Zwischenfälle.[190] Nur die Rheinbrücken ächzen unter der Transportlast. Allein über die Hohenzollernbrücke in Köln rollen zwischen dem 2. und 18. August 2150 Züge in Richtung Westen, alle zehn Minuten einer. Bevorzugte Zielorte der Truppen sind gemäß Schlieffenplan die Bahnhöfe an der belgischen Grenze, um Frankreich von Norden her zu umschließen und seine Armeen binnen sechs Wochen einzukesseln. Als deutsche Soldaten die Grenze zum neutralen Nachbarland überqueren, beginnt ein europäischer Flächenbrand ohnegleichen.

»Unglaubliches hat nun Europa in seinem Wahn begonnen«, schreibt Einstein seinem Kollegen Paul Ehrenfest am 19. August, als die belgische Stadt Löwen besetzt wird, wo Hunderte Zivilisten ums Leben kommen und die Universitätsbibliothek mit 230 000 Büchern in Flammen aufgeht. »In solcher Zeit sieht man, welcher traurigen Viehgattung man angehört.«[191] Am Tag darauf marschieren deutsche Soldaten in Brüssel ein, wo Einstein im Jahr zuvor anlässlich der zweiten Solvay-Konferenz mit Forschern aus aller Welt über die Struktur der Materie debattierte. Ebenfalls am 20. August beginnt die langwierige Belagerung der Handelsstadt Antwerpen, wo sein Onkel Caesar Koch lebt, dem er vor vielen Jahren seinen ersten wissenschaftlichen Aufsatz schickte.

Vom Krieg an der Ostfront sind Einsteins Forschungen direkt betroffen. Kurz vor Kriegsbeginn war der Astronom Erwin Freundlich zusammen mit zwei Kollegen und aufwendiger fotografischer Ausrüstung nach Russland aufgebrochen, um dort am 21. August eine Sonnenfinsternis zu beobachten. Ziel der Expedition: die von Einstein vorhergesagte Ablenkung des Sternenlichts im Schwerefeld der Sonne zu überprüfen. Einstein hat dieser Expedition entgegengefiebert. Seit Jahren korrespondiert er mit Freundlich über die mögliche Bestätigung seiner Gravitationstheorie. Doch statt die Finsternis zu erleben, werde Freundlich nun wohl in Kriegsgefangenschaft geraten. Einstein ist in großer Sorge um ihn.

Das Schlachtfeld

»Was für ein schauriges Bild die Welt jetzt bietet«, schreibt er nach Zürich. »Nirgends eine Kulturinsel, wo die Menschen menschliches Empfinden gewahrt haben.«[192]

Unbegreiflich, wie es dazu hat kommen können. Ähnlich wie der Schriftsteller Robert Musil hatte es Einstein für schlechterdings unmöglich gehalten, »dass die durch eine europäische Kultur sich immer enger verbindenden großen Völker heute noch zu einem Krieg gegeneinander sich hinreißen lassen könnten«. Viele hätten den Krieg bekämpft, solange er nicht da war, so Musil. Nun aber klaffe die Welt in Deutsch und Widerdeutsch, sei der Einzelne wieder nichts außerhalb seiner elementaren Leistung, den Stamm zu schützen. »Treue, Mut, Unterordnung, Pflichterfüllung, Schlichtheit – Tugenden dieses Umkreises sind es, die uns heute stark, weil auf den ersten Anruf bereit machen zu kämpfen.«[193]

Allen voran junge Kauf- und Geschäftsleute, Akademiker und Studenten melden sich freiwillig zum Kriegsdienst.[194] Zu Kriegsbeginn ist sofort eine Verordnung über die »Vorzeitige Ablegung der Reifeprüfung« ergangen, damit auch Gymnasiasten an die Front eilen können. Beim Notabitur fällt niemand durch. In Berlin lautet das Aufsatzthema: »Die Wichtigkeit der Eisenbahnen im gegenwärtigen Krieg«.[195]

Die Zahl der Freiwilligen ist allerdings längst nicht so hoch, wie die Presse verkündet. Während Zeitungen Bilder Fahnen schwenkender Burschenschaftler abdrucken, Lichtspieltheater Propagandafilme über die Kriegsbegeisterung im Land zeigen und Schriftsteller ihr beglückendes Gefühl des Einsseins mit dem Vaterland in Worte fassen, fließen an den Bahnsteigen Tränen, wenn Angehörige, Söhne und Familienväter in den Krieg ziehen. Das Volk denke sehr real und die Not liege schwer auf den Menschen, fasst ein Geistlicher aus dem Berliner Arbeiterviertel Moabit seine Eindrücke zusammen. »Die eigentliche Begeisterung – ich möchte sagen, die akademische Begeisterung, wie sie sich der Gebildete leisten kann, der nicht unmittelbare Nahrungssorgen hat, scheint mir doch zu fehlen.«[196] Und im »Berliner Lokal-Anzeiger« schreibt ein Journalist, für die Gesamtstimmung im Land könnten weder die Umzüge auf den Straßen noch die Zeichen der blassen Furcht und nervösen Angst in Anspruch genommen werden. Selten habe es wohl ein besseres Schulbeispiel für die Definition des Begriffs »gemischte Gefühle« gegeben.[197]

Ein Nüchterner unter Allzufröhlichen

Obschon Deutscher von Geburt, ist Einstein als Schweizer Staatsbürger nach Berlin gekommen. Als Fritz Haber ihn 1913 darauf aufmerksam machte, seine Berufung an die Akademie werde zur Folge haben, dass er preußischer Staatsangehöriger werden müsse, lehnte Einstein ab. Er hatte dafür gekämpft, als Bürger in jenem freiheitsliebenden Land aufgenommen zu werden, das schon seit Jahrhunderten keinen Krieg mehr geführt hatte, das Vielfalt und Offenheit förderte anstelle von Gleichmacherei, in dem Menschen deutscher, französischer und italienischer Muttersprache zusammenlebten. Die Annahme seines Rufes nach Berlin machte Einstein davon abhängig, »dass bezüglich meiner Staatsangehörigkeit keinerlei Änderung eintrete«.[198]

Dass er trotzdem im Krieg vielfach als Deutscher angesehen wird, liegt unter anderem daran, dass ihn deutsche Kollegen seiner Herkunft und seiner herausragenden Leistungen wegen gerne einen Deutschen nennen. Das große Verwirrspiel um seine Staatsbürgerschaft beginnt aber erst sehr viel später, nämlich mit der Verleihung des Nobelpreises an Einstein im Jahr 1922.

Er selbst befindet sich zu diesem Zeitpunkt auf Weltreise. Daher möchte der Schweizer Gesandte den Preis für ihn in Stockholm entgegennehmen. Die Deutschen jedoch, darum bemüht, ihr beschädigtes Ansehen im Ausland aufzubessern, reklamieren forsch, Einstein sei Reichsdeutscher, und setzen sich damit trotz fehlender Beweismittel durch. Die juristische Bearbeitung der Frage, ob er nun Schweizer oder Deutscher sei, zieht sich infolge seiner eigenen, teils fragwürdigen Angaben noch bis Mitte der 1920er-Jahre hin. Schließlich gibt Einstein nach und nimmt neben seiner schweizerischen auch die deutsche Staatsbürgerschaft an.

Während des Ersten Weltkriegs aber stellen die deutschen Behörden fest, er sei Staatsbürger der Schweiz. Er selbst leidet wie nahezu alle Schwei-

Das Schlachtfeld

zer unter dem Zusammenbruch des europäischen Geistes und fühlt sich nicht nur kraft seiner Profession einer internationalen Wissenschaftlergemeinschaft zugehörig. Das unterscheidet ihn von seinen engsten Forscherkollegen, von Max Planck, Walther Nernst und Fritz Haber, aber auch von Industriellen wie dem Physiker und AEG-Chef Walther Rathenau oder dem Chemiker Carl Duisberg, dem Generaldirektor der Farbenfabriken Leverkusen, obschon sie alle internationale Kontakte pflegen und die Welt bereist haben.

Auch sie haben den Krieg nicht herbeigesehnt. Im Gegenteil. Den Chauvinismus einiger Akademiemitglieder missbilligend, hat Planck mehrfach betont, die Geschäfte der Preußischen Akademie seien friedliche.[199] Rathenau und Duisberg hielten einen Krieg schon aus wirtschaftlichen Gründen für unvertretbar. »Eine Frage, wie etwa die, ob österreichische Kommissare bei den serbischen Umtriebsermittlungen mitzuwirken haben, ist kein Anlass für einen Völkerkrieg«, mahnte Rathenau noch am 31. Juli 1914 im »Berliner Tageblatt«.[200] Und viel spricht dafür, dass industrienahe Forscher wie Nernst und Haber ähnlich dachten.

Wenige Stunden später wird der Kriegszustand ausgerufen, versammeln sich Hunderttausende vor dem Berliner Schloss und jubeln dem Kaiser zu, der plötzlich keine Parteien mehr kennt, sondern nur noch Deutsche. Wilhelm II. beschwört die »Einheit der Nation«, um das ganze Volk für den »Verteidigungskrieg« zu mobilisieren. Vor dem Reichstag wiederholt er, Deutschland ergreife das Schwert in aufgedrungener Notwehr und mit reinem Gewissen. »Uns treibt nicht die Eroberungslust, uns beseelt der unbeugsame Wille, den Platz zu bewahren, auf den uns Gott gestellt hat.«[201]

In Berlin, dem Zentrum der deutschen Macht- und Kulturpolitik, fühlt sich die akademische Elite in besonderer Weise dazu aufgerufen, die »Einheit der Nation« mit herzustellen: eine entschlossene, kampfbereite Männergemeinschaft. Als Rektor jener Universität, »die nicht nur durch ihre örtliche Lage dem Hohenzollernschloss die nächste zu sein sich rühmen darf«, empfindet Max Planck eben dies als seine Pflicht.[202] »Das Eine wissen wir, dass wir Glieder unserer Universität, mit allem was wir sittlich empfinden und was wir wissenschaftlich bedeuten, wie ein Mann zusammenstehen und so lange durchhalten werden, bis, allen feindlichen Verleumdungen zum Trotz, die Wahrheit und die deutsche Ehre vor aller Welt zur endgültigen Anerkennung gebracht worden ist.«[203]

Schon in den ersten Augusttagen hält Planck eine Rede vor den Studenten, in der er die Defensivrhetorik des Kaisers kritiklos übernimmt und die Aggression allein auf der Seite des Feindes ausmacht: Nachdem es beispiellosen Langmut bewiesen habe, sei dem Deutschen Reich nichts anderes übrig geblieben, als das Schwert zu ziehen gegen die Brutstätten schleichender Hinterhältigkeit. Alles, was die Nation an physischen und sittlichen Kräften besitze, balle sich jetzt zusammen und lodere zur heiligen Flamme des Zornes empor.[204] Wie die meisten Deutschen geht Planck davon aus, dass »Großes bevorsteht«, dass der Krieg wie im Jahr 1870/71 nur von kurzer Dauer sein wird, die Studenten also spätestens an Weihnachten wieder zu Hause sein werden.

Walther Rathenau durchschaut die Hintergründe des Krieges besser als die Masse der Bevölkerung. Er nimmt die Verlautbarungen der Regierung nicht als verlässliche Tatsachen hin. »Ein serbisches Ultimatum und ein Stoß wirrer, haltloser Depeschen! Hätte ich nie hinter die Kulissen dieser Bühne gesehen! Dann könnte ich den Unsinn der Zeitungen ertragen und schlafen.« Statt zu schlafen, erstickt er seine Sorgen in wütender Arbeit: »Dennoch müssen wir siegen!«[205]

Rathenau möchte seine Unverzichtbarkeit für die deutsche Sache unter Beweis stellen und nimmt sofort Gespräche mit dem Kriegsministerium auf. Nachdem England in den Krieg eingetreten ist und das Deutsche Reich durch eine Seeblockade von der Rohstoffversorgung abzuschneiden droht, legt der Großindustrielle überzeugend dar, »dass unser Land vermutlich nur auf eine beschränkte Reihe von Monaten mit den unentbehrlichen Stoffen der Kriegswirtschaft versorgt sein könne«.[206] Kriegsminister Falkenhayn beauftragt ihn umgehend damit, eine Kriegsrohstoffabteilung einzurichten. Sie wird ausschlaggebend für den weiteren Verlauf des Kriegs, der nicht Monate, sondern Jahre dauern wird.

Noch im August 1914 bietet Fritz Haber Rathenau seine Dienste an, nachdem er zu Kriegsbeginn sofort zur Kaserne geeilt ist, um sich als Frei-

Das Schlachtfeld

williger zu melden. Es sei jetzt Pflicht der Deutschen, »mit Einsetzung aller Kräfte die Gegner niederzuringen und zu einem Frieden zu bringen, der die Wiederkehr eines ähnlichen Krieges auf Menschenalter hinaus unmöglich macht«.[207] Dem Chemiker fällt es nicht schwer, die militärische Relevanz seines Fachgebiets herauszustellen. Von nun an übernimmt er eine bedeutende Mittlerrolle zwischen Kriegsministerium und Großindustrie und leitet schon in den ersten Kriegsmonaten militärische Forschungen an seinem Institut ein.

Währenddessen marschiert der fünfzigjährige Walther Nernst unter den Augen seiner Ehefrau vor seinem Haus auf und ab und studiert das Exerzieren und militärische Grußformeln ein. Nernst war in jungen Jahren für wehruntauglich befunden worden, hat sich aber am 11. August dem Kaiserlichen Freiwilligen Automobilkorps angeschlossen, da er seinen beiden bereits einberufenen Söhnen an die Front folgen möchte. Kurz vor seiner Abfahrt am 21. August besorgt er sich im Institut noch eine größere Zahl Gummistöpsel, mit denen er im Ernstfall Einschusslöcher in seinem Benzintank abdichten möchte.[208]

Er ist noch nicht in Belgien angekommen, da fällt sein ältester Sohn Rudolf bereits an der Westfront. Kein Schuss in den Tank, sondern ein schwerer Schlag für die gesamte Familie. Obschon auf diese Weise persönlich getroffen, beginnt Nernst nur wenige Wochen später zusammen mit Carl Duisberg mit der Entwicklung chemischer Kampfstoffe. Haber, seit jeher einer der schärfsten Konkurrenten Nernsts, wird ihrem Beispiel folgen.

Einstein dankt dem blinden Geschick, dass ihm eine Einberufung erspart bleibt, die andere zum sinnlosen Menschenmord zwinge. Als Schweizer kann er nicht anders, als den gegenwärtigen Krieg für einen brudermörderischen zu halten.[209] Der Nationalismus erscheint ihm wie eine bösartige Krankheit, die die Menschen befallen und ihre Züge entstellt habe.

Einstein verfügt über Erfahrungen, die ihn vor einer drastischen Zurücknahme europäischer Werte schützen. Plötzlich fühlt er sich sonderbar zum Urchristentum hingezogen und empfindet »so lebhaft wie nie, dass es schöner ist Amboss zu sein als Hammer«, wie er Ende August nach Zürich schreibt, als jegliche Art von Pazifismus im Deutschen Reich bereits als

»Unglaubliches hat nun Europa in seinem Wahn begonnen«

Schwäche diffamiert und mit Feigheit, Verantwortungslosigkeit und Gefolgschaftsverweigerung gleichgesetzt wird. Während andere in Triumphgeschrei einstimmen, ist er heilfroh, »wegen unzeitgemäßen Empfindens nicht abgemurkst« zu werden.[210]

Mit seiner Schweizer Staatsbürgerschaft, von der viele nichts wissen, hat er sich das Recht erworben, in diesem Krieg nicht mitzutun. Gleichzeitig fühlt er sich durch den Nationalismus seiner deutschen Freunde und Kollegen beschämt. Seine Gefühle muss er angesichts der überschießenden Kriegseuphorie verbergen. Umso aufmerksamer beobachtet er die Menschen in seinem Umfeld, die kraft ihrer soldatischen Erziehung und unter dem Druck der öffentlichen Meinung zur Fahne eilen und rhetorisch aufrüsten. Mit einem Mal verändert sich ihre gesamte Sprache. Der Krieg kehrt einen ungeahnten Hass und Pseudoheroismus hervor. Unfassbar für ihn, in welchem Maße sich gerade die Gelehrten mit einem durch und durch militarisierten Staat identifizieren, von dem eine Bedrohung für Millionen Menschen in ganz Europa ausgeht.

In dieser Hinsicht geht es ihm wie Hellmut von Gerlach, dem Chefredakteur der »Welt am Montag«, der sich in Berlin in den ersten Kriegstagen vorkommt »wie ein Nüchterner in einer Gesellschaft von Allzufröhlichen«. Einstige Freunde seien zu Fanatikern geworden, die der bis vor wenigen Wochen scharf befehdeten kaiserlichen Regierung und ihren Generälen plötzlich jedes Wort glaubten. Sie hätten sich in Franzosenfeinde und Englandhasser verwandelt.[211]

»Weg mit Menu, Diner und Souper!«, liest man in den »Deutschen Hochschulstimmen«. »Jetzt schlägt die Stunde der Befreiung unserer Sprache von dem Joch der langen Fremdherrschaft.«[212] Aus »Sunlight Seife« wird nun »Sunlicht Seife«, das »Café Piccadilly« am Potsdamer Platz kurzerhand in »Kaffee Vaterland« umbenannt.

Die ersten Siegesmeldungen von der Westfront heizen die Stimmung so sehr an, dass dem Berlinbesucher Carl Duisberg mulmig wird. »Man spricht ... von nichts anderem als der Aufteilung Belgiens, Frankreichs und Russlands«, beklagt der Industrieboss. Es herrsche allzu sehr der Hurrapatriotismus vor, und es fehle an dem würdigen Ernst, der im Westen, näher dem Kriegsschauplatz und den zahlreich eintreffenden Verwundeten, überall zu finden sei. Duisberg hat Zweifel, ob es den stark an Ermüdung leidenden deutschen Truppen auf ihrem Weg nach Paris weiterhin gelingen werde, Siege an ihre Fahnen zu heften.[213]

Krieg der Gelehrten

Vorerst scheint der Schlieffenplan aufzugehen. Keine belgische Festung hat den mehrere Hundert Kilogramm schweren Geschossen standgehalten, die aus neuartigen, von der Firma Krupp gebauten Mörsern abgefeuert wurden. Im Großen Hauptquartier feiert man die wegen ihrer Größe »dicke Bertha« genannten 42-cm-Geschütze bereits als »Trumpfkarte, die nicht überstochen werden kann«.[214]

Dem rücksichtslosen Vormarsch der deutschen Armeen fallen in den ersten Kriegswochen Tausende belgische Zivilisten zum Opfer. Ausführlich berichtet die internationale Presse über das harte Vorgehen deutscher Soldaten gegen mutmaßliche Freischärler und die Brandschatzung historischer Stätten. Dass die glanzvolle Universitätsbibliothek von Löwen, deren Bestände bis ins späte Mittelalter zurückreichten, nun in Schutt und Asche liegt, wird von der Weltöffentlichkeit ähnlich scharf verurteilt wie die spätere Zerstörung der Kathedrale von Reims und anderer Kultdenkmäler.

Der begonnene Kampf gegen Deutschland sei der eigentliche Kampf der Zivilisation gegen die Barbarei, erklärt der französische Philosoph Henri Bergson, Präsident der Académie des sciences morales et politiques. Die Brutalität und der Zynismus Deutschlands, seine Verachtung jeder Gerechtigkeit und jeder Wahrheit seien »eine Rückkehr zum Zustand der Wilden«.[215] Bergson findet damit weit über die Landesgrenzen hinweg Gehör. Die französischen Intellektuellen gelten als Wächter der Gesellschaft, seit Émile Zola mit seinem offenen Brief »J'accuse« eine publizistische Kampagne in Frankreich losgetreten und den Freispruch des jüdischen Offiziers Alfred Dreyfus erzwungen hat. Jetzt organisieren sie einen internationalen Propagandafeldzug und fordern ihre deutschen Kollegen dazu auf, sich vom Militarismus zu distanzieren.

Mit der Zurückweisung dieser Vorwürfe tun sich die deutschen Gelehrten schwer. Sie haben sich in der Vergangenheit nicht mit nennenswerten Interventionen, etwa einer Kritik am Antisemitismus oder an der Justiz, hervorgetan. Widerstand aus ihren Reihen gab es vor allem dann, wenn ihre eigene künstlerische und wissenschaftliche Freiheit auf dem Spiel stand. So kamen am 29. März 1914, dem Tag von Einsteins Ankunft in der Reichshauptstadt, etwa 1200 Persönlichkeiten aus Kunst und Forschung zu einer Großkundgebung des »Berliner Goethebundes« zusammen. Gemeinsam protestierten sie gegen einen Gesetzesentwurf, der einen neuerlichen Angriff auf die freie Entwicklung des künstlerischen und wissenschaftlichen Lebens darstellte.

Ein halbes Jahr später wird der »Berliner Goethebund« zu einer Keimzelle der deutschen Kriegspropaganda.[216] Der Vorsitzende, der Schriftsteller Ludwig Fulda, möchte die Gebildeten in den neutralen Ländern, insbesondere in den Vereinigten Staaten, von der Haltlosigkeit der Barbarei-Vorwürfe aus dem Ausland überzeugen und zugleich alle weiteren Versuche unterbinden, einen Keil zwischen die deutschen Gelehrten und das Militär zu treiben. Fulda erhebt seine Stimme gegen »die Lügen und Verleumdungen, mit denen unsere Feinde Deutschlands reine Sache in dem ihm aufgezwungenen reinen Daseinskampfe zu beschmutzen trachten«.[217] Der von ihm vorformulierte Aufruf »An die Kulturwelt« wird schließlich von einer Kommission in Thesenform zusammengefasst, von 93 führenden deutschen Autoren, Künstlern und Wissenschaftlern unterzeichnet und in allen großen deutschen Zeitungen abgedruckt:

»Es ist nicht wahr, dass Deutschland diesen Krieg verschuldet hat«, heißt es darin. Vielmehr sei von deutscher Seite das Äußerste geschehen, ihn abzuwenden. Es sei nicht wahr, dass Deutschland frevlerisch die Neutralität Belgiens verletzt habe. Es sei nicht wahr, dass eines einzigen belgischen Bürgers Leben und Eigentum von deutschen Soldaten angetastet worden sei, ohne dass die bitterste Notwehr es gelobt hätte. »Es ist nicht wahr, dass unsere Truppen brutal gegen Löwen gewütet haben. An einer rasenden Einwohnerschaft, die sie im Quartier heimtückisch überfiel, haben sie durch Beschießung eines Teils der Stadt schweren Herzens Vergeltung üben müssen.« Es sei nicht wahr, dass deutsche Militärs das Völkerrecht missachtet hätten. »Sich als Verteidiger europäischer Zivilisation zu gebärden, haben die am wenigsten das Recht, die sich jetzt mit Russen und Serben verbünden und der Welt das schmachvolle Schauspiel bieten, Mongolen und Neger auf die weiße Rasse zu hetzen.«

Nachdem Kriegsschuld und Kriegsgräuel in Belgien bestritten worden sind, wendet sich das Manifest dem Vorwurf des Militarismus zu, der keinesfalls im Widerstreit zur deutschen Kultur stehe. Im Gegenteil. Ohne den deutschen Militarismus wäre die deutsche Kultur längst vom Erdboden getilgt worden. Zu ihrem Schutz sei er aus ihr hervorgegangen »in einem Land, das jahrhundertelang von Raubzügen heimgesucht wurde wie kein zweites. Deutsches Heer und deutsches Volk sind eins.«

Der Aufruf »An die Kulturwelt« endet mit einem flammenden Appell: »Glaubt uns! Glaubt, dass wir diesen Kampf zu Ende kämpfen werden als ein Kulturvolk, dem das Vermächtnis eines Goethe, eines Beethoven, eines Kant ebenso heilig ist wie sein Herd und sein Scholle! Dafür stehen wir Euch ein mit unserem Namen und mit unserer Ehre!«[218]

Keine öffentliche Erklärung im Ersten Weltkrieg schadet dem Ansehen der deutschen Kultur und Wissenschaft im Ausland so wie diese, keine trifft Einstein so sehr. Seine menschliche Enttäuschung darüber, dass Haber, Planck und Nernst ihre Namen unter einen solchen propagandistischen und rassistischen Aufruf gesetzt haben, ist grenzenlos. Aber nicht nur sie. Neben Schriftstellern, Künstlern und Geisteswissenschaftlern hat die Crème de la Crème der deutschen Naturforscher das Manifest unterzeichnet, so etwa die Nobelpreisträger Wilhelm Roentgen, Philipp Lenard und Wilhelm Wien (alle Physik), Emil Fischer, Wilhelm Ostwald und Adolf von Baeyer (Chemie), Emil von Behring und Paul Ehrlich (Medizin).

Die Legitimation des Militarismus, die Relativierung der deutschen Täterschaft bis hin zur Unsichtbarkeit und das sechsmalige »Es ist nicht wahr ...«, ohne irgendwelches Beweismaterial vorgelegt zu haben, lösen international Empörung aus. Fritz Haber, der etliche Exemplare persönlich ins Ausland versendet hat, bekommt die verheerende Wirkung des Manifests in den USA sofort zu spüren.[219] Dort beurteilt die akademische

Welt den Rechtfertigungsversuch als blanken Zynismus. Die angesehene deutsche Wissenschaft wird nun samt Erziehungswesen prinzipiell infrage gestellt.[220] Eine Folge davon wird ein massiver Boykott der deutschen Sprache auf nahezu allen Gebieten der Wissenschaft sein. In den USA sinkt die Zahl der Schüler, die an den High Schools Deutsch als Fremdsprache wählen, von 284 000 (entsprechend 24,4 Prozent) im ersten Kriegsjahr auf nur noch 14 000 (oder 0,65 Prozent) bis zum Jahr 1922.[221]

Die Gelehrten gebärdeten sich so, als wenn ihnen zu Kriegsbeginn »das Großhirn amputiert worden wäre«, schimpft Einstein. Doch kritisiert er nicht nur die Indoktrinierung seiner deutschen Kollegen. Nun, da sich französische, englische und deutsche Intellektuelle in ihrer Kriegsrhetorik förmlich überbieten, sieht er einen kollektiven Wahn in ganz Europa walten, denn überall sind die Akademiker von der Gerechtigkeit ihrer Sache überzeugt. Der Nationalismus habe »wie eine tückische epidemische Krankheit auch tüchtige und sonst sicher denkende und gesund empfindende Männer gefesselt«.[222]

Für die Wissenschaft hat die nationalistische Stimmungsmache desaströse Folgen. Seit der ersten Nobelpreisvergabe 1901 sind mehr internationale Kongresse ausgerichtet worden als im ganzen 19. Jahrhundert.[223] Mit Kriegsausbruch haben sich viele internationale Netzwerke quasi über Nacht aufgelöst. Der Physik-Nobelpreisträger Wilhelm Wien, der noch im Jahr zuvor bei der Solvay-Konferenz lebhaft mit britischen Kollegen debattierte, hat schon im Oktober 1914 das Gefühl, dass er die Wiederanknüpfung persönlicher Beziehungen mit Forschern aus England nicht mehr erleben werde. »Auch unsere so gemüthliche ›famille Solvay‹ ist wohl für immer auseinander gesprengt.«[224]

»Wir haben nirgends Sympathien«, stellt ein anderer Unterzeichner des Aufrufs, der Leipziger Historiker Karl Lamprecht, im Herbst 1914 fest. »Auf die Angriffe unserer Feinde erfolgte eine höchst ungeschickte Verteidigung mit geradezu unheimlichem Erfolg, und die Professoren haben bei dieser Schreibkonkurrenz den Vogel abgeschossen. Es wurde nicht nur nichts erreicht, es wurde noch viel verdorben«, bekennt er in einem Vortrag in der Berliner »Urania«, deren Programm zu dieser Zeit mit Vortrags-

Das Schlachtfeld

titeln wie »Unsere gerechte Sache« oder »Wir Barbaren« von der unbeirrbaren und trotzigen Haltung deutscher Wissenschaftsvertreter zeugt.[225]

Rückzug in den Elfenbeinturm

Die internationale Katastrophe bedrücke ihn als internationalen Menschen sehr, schreibt Einstein nach Holland. »Man begreift schwer beim Erleben dieser ›großen Zeit‹, dass man dieser verrückten, verkommenen Spezies angehört, die sich Willensfreiheit zuschreibt.«[226] Um den Schaden für die Wissenschaft zu begrenzen, bemüht er sich darum, seine eigenen Kontakte zu Forschern im Ausland aufrechtzuerhalten und zu verhindern, dass sich die geistigen Frontlinien weiter verfestigen. Die Verbindung nach Paris aber, wo er im Herbst Vorlesungen am Collège de France halten sollte, ist gekappt. Dass Marie Curie nun mobile Röntgeneinheiten aufbaut, um Soldaten an der Front radiologisch zu untersuchen, kann Einstein nur über Freunde in der Schweiz in Erfahrung bringen.

Sein Eintreten für eine internationale Zusammenarbeit bekommt von jetzt an eine politische Dimension. Dabei nimmt er seine deutschen Fachkollegen mehr als einmal in Schutz. Sie seien als Wissenschaftler streng international gesinnt, wohingegen es sich bei den Historikern und Philologen größtenteils um chauvinistische Hitzköpfe handele, wird er im Sommer 1915 nach Holland schreiben. Von allen ruhig denkenden Menschen in Berlin werde der berühmte und berüchtigte Aufruf »An die Kulturwelt« inzwischen bedauert. »Die Unterschriften wurden fahrlässig, z. T. ohne vorheriges Lesen des Textes, gegeben. So war es zum Beispiel bei Planck und Fischer.«[227]

Einsteins Bekundung ist insofern richtig, als die Naturwissenschaftler vergleichsweise wenig zur Kriegspropaganda beitragen. Ob sie sich jedoch durch eine »streng internationale« Gesinnung von anderen Akademikern unterscheiden, darf man anzweifeln. Stehen Planck und der Chemiker Emil Fischer, Nernst, Haber und andere Naturforscher etwa nicht hinter Deutschlands imperialistischen Interessen?

Seine Worte werfen allerdings ein etwas anderes Licht auf den Aufruf

»An die Kulturwelt«. Wie viele deutsche Gelehrte haben sich der Initiative des ihnen gut bekannten Vorsitzenden des »Berliner Goethebundes« arglos angeschlossen? Und wer von ihnen? Etwa der konservative Physik-Nobelpreisträger Wilhelm Roentgen, der 1920 anlässlich einer Umfrage beteuern wird, er habe den Aufruf »wie mancher der Unterzeichner, auf Anraten und scharfes Drängen der Berliner dummerweise unterschrieben«, ohne ihn vorher gelesen zu haben?[228]

Auch Planck wird einem der Mitunterzeichner nach dem Krieg mitteilen, er habe seine Unterschrift zu dem Aufruf gegeben, »ohne dessen Wortlaut zu kennen, da ich damals, im September 1914, mich auf einer Reise befand, und die Sache meinen Kindern daheim so dringlich dargestellt wurde, dass sie in meinem Namen die Unterzeichnung vornahmen«. Als er nachträglich den Text gelesen habe, sei er peinlichst überrascht gewesen. Das hielt ihn allerdings nicht davon ab, im Herbst 1914 eine Deklaration ähnlichen Inhalts zu unterzeichnen, die »Erklärung der Hochschullehrer des Deutschen Reiches«.[229]

Nur zwei der 93 Unterzeichner widerrufen ihre Unterschrift nach Lesen des Textes sofort. Und lediglich eine Handvoll weiterer Intellektueller folgt ihrem Beispiel während des Kriegs, obschon der Chefredakteur des »Berliner Tageblatts« im Jahr 1915 einen bemerkenswerten Vorstoß unternimmt, denjenigen, die ohne Kenntnis des Textes firmiert haben, ein Forum zu geben, dies öffentlich zu erklären.[230] Schon zuvor hat Einstein gegenüber seinem holländischen Kollegen Hendrik Antoon Lorentz eingeräumt, er glaube nicht, dass man die Leute zum Revozieren veranlassen könne.[231]

Planck unterrichtet Lorentz im März 1915 selbst über seine Motive: Deutschland kämpfe um die Erhaltung seiner höchsten und heiligsten Güter, ja um seine Existenz. Diese Überzeugung allein habe ihn dazu veranlasst, die Erklärung der deutschen Gelehrten zu unterstützen. Freilich sei er nicht mit jedem Satz einverstanden gewesen. Dennoch habe er geglaubt, sich der Erklärung anschließen zu müssen, weil sie »nur den einen Sinn haben konnte und sollte, einmal und für allemal öffentlich auszusprechen, was keineswegs unnötig schien, dass die deutschen Gelehrten ihre Sache von der der deutschen Regierung und des deutschen Heeres nicht trennen wollten«. Nachdem dies geschehen sei, gebe es für die Gelehrten aber keine dringendere Aufgabe, als der fortschreitenden Vertiefung des Völkerhasses nach Kräften entgegenzuwirken.[232]

Einer von Plancks Söhnen ist zu diesem Zeitpunkt bereits verwundet worden und in Kriegsgefangenschaft geraten. Einstein nimmt großen Anteil am persönlichen Schicksal seines Kollegen. Ende 1914 schreibt er dem Gerichtsmediziner Heinrich Zangger, fast wäre er zu ihm in die Schweiz gekommen, »um Schritte zu tun zur Pflege eines in Frankreich verwundeten und gefangenen Sohn Plancks«. Derselbe sei aber inzwischen außer Gefahr und gehe der Genesung entgegen.[233]

Warum bleibt Einstein überhaupt in Berlin? Warum kehrt er nicht nach Zürich zurück? Die Stadt wird in den nächsten Jahren zum beliebten Zufluchtsort von Pazifisten und avantgardistischen Künstlern wie den Dadaisten. Spätere Weggefährten Einsteins, etwa der Schriftsteller René Schickele, werden in den Kriegsjahren mitsamt ihren Zeitschriften in die Schweiz übersiedeln.

Viele deutsche Pazifisten geraten nach Kriegsbeginn in unentwirrbare innere und äußere Konflikte, die ihnen den dauerhaften Verbleib in ihrer Heimat unmöglich machen. Einstein hingegen hat die Loslösung vom Land seiner Väter schon in jungen Jahren vollzogen, auf der Suche nach einer Identität. Obwohl im Grunde heimatlos, fühlt er sich seither als Schweizer und aufgrund seiner Lebenserfahrung und Lebensform gewappnet gegen den Nationalismus und allgemeinen Werteverfall. Er sei nach wie vor ein guter Schweizer, mache aber einen Unterschied zwischen politischer Überzeugung und persönlicher Verbindung.[234]

Unmittelbar nach seiner Trennung von Mileva zieht er eine Rückkehr nach Zürich nicht mehr ernsthaft in Erwägung. Neben Elsa sind es vor allem Physikerkollegen wie Planck, die ihn in Berlin halten, obwohl er sich hier »äußerst unbehaglich« fühlt. Er spürt, dass schon seine Gegenwart auf manchen deutschen Wissenschaftler wie ein stiller Vorwurf wirkt.[235] In der Akademie beteiligt er sich nicht an den politischen Debatten der Veteranen der Forschung, die ihm seiner pazifistischen Haltung wegen bestenfalls vorhalten würden, ein weltfremder Träumer zu sein. Als ihn der Phy-

»Unglaubliches hat nun Europa in seinem Wahn begonnen«

siker Philipp Frank, sein Nachfolger an der Universität Prag, in Berlin besucht, sagt ihm Einstein beim Abschied: »Sie können sich gar nicht vorstellen, wie es mir wohltut, eine Stimme aus der Außenwelt zu hören und unbefangen über die Welt zu sprechen.«[236]

Frank durfte bei seiner Einreise ins Deutsche Reich keinerlei Schriftstücke mitnehmen. »An der Grenze wurde jedes leere Blatt Papier konfisziert, weil eine Nachricht in unsichtbarer Schrift daraufstehen konnte.«[237] Aus Angst vor Spionage und der Zersetzung des Kampfwillens wird außerdem sämtliche Auslandspost in den dafür zuständigen Behörden von Zensoren eingesehen. Einstein kann seinen alten Freunden Zangger, Besso oder Ehrenfest nun nicht mehr unbefangen schreiben. Er muss seine Briefe offen abschicken.

Die Postüberwachungsstellen umziehen das Reich wie ein cordon sanitaire.[238] Unleserliche, zu lange oder »Jammerbriefe« sollen den Vorschriften nach gar nicht erst befördert, verdächtige Briefe auf Geheimschrift geprüft werden. Die Zensoren arbeiten gründlich. »Bei einer monatlichen Höchstzahl von neun Millionen Postsachen wurde in 1700 Fällen Geheimschrift festgestellt.«[239]

In der Hoffnung, der Spuk werde bald vorüber sein, kapselt sich Einstein in den ersten Kriegsmonaten weitgehend ab. Der Rückzug ins Private scheint ihm zunächst ganz gut zu gelingen. Solange er in Ruhe gelassen werde, arbeite er in gewohnter Weise, »ohne sich von der Massenpsychose anstecken zu lassen«.[240] Seine Freundin Elsa engagiert sich derweil offenbar als freiwillige Helferin im Verein »Berliner Volksküchen«. Einstein zufolge kocht sie täglich »für einen Haufen arme Frauen« das Mittagessen.[241] Er selbst genießt ihre gute Küche. Ihre hausfraulichen Qualitäten sind aber leider oft das Einzige, worauf er in seiner Korrespondenz zu sprechen kommt.

Seine Heiratspläne hat er vorerst ad acta gelegt. Zu sehr bangt er um sein Alleinsein. In seiner Wohnung in Dahlem lebt er wie ein Junggeselle. Nachdem er die meisten Möbel nach Zürich geschickt hat, bleiben lediglich ein Schreibtisch, ein blaues Sofa und ein paar Familienerbstücke bei ihm. Sein Zuhause wirkt jetzt seltsam leer. Wenn er an seine Kinder denkt,

Das Schlachtfeld

durchzuckt es ihn am Morgen beim Erwachen manchmal wie ein Dolchstich.[242]

Im Herbst fängt er an, sich nach einer kleineren Wohnung umzuschauen, die näher an Elsas Domizil in Schöneberg gelegen ist, zumal das ihm zuvor zugesagte eigene Forschungsinstitut erst einmal nicht gebaut wird. Zwar hat die Koppel-Stiftung Mittel für die Gründung eines Kaiser-Wilhelm-Instituts für Physik in Dahlem bereitgestellt. Mit Kriegsbeginn ist das Bauprojekt jedoch einem am 12. August 1914 beschlossenen Gründungsstopp zum Opfer gefallen.[243] Auch die Kaiser-Wilhelm-Gesellschaft zeichnet nun für einen Gutteil ihres Stiftungskapitals Kriegsanleihen.

Nach einigen Ausflügen in die Quantenphysik konzentriert sich Einstein nun wieder stärker auf seine Relativitätstheorie. Er hat sich inzwischen mit vielen physikalischen Spezialfällen vertraut gemacht und sich ein komplexes mathematisches Rüstzeug angeeignet, um die Widerstände, auf die er gestoßen ist, zu überwinden. Aber alle konkreten Beispiele und Rechenmethoden haben ihm bislang nur die grobe Richtung hin zu einer neuen Gravitationsphysik gewiesen. Manches deutet sogar darauf hin, dass das Relativitätsprinzip in der von ihm vorausgesetzten Allgemeinheit gar nicht gilt.

In der Akademie hält er zwei Vorträge zu seinem Lieblingsthema, in denen er seine bisher erzielten Fortschritte als vorläufigen Abschluss der Gravitationstheorie darstellt. Die Resonanz ist bescheiden. Doch je mehr Zeit verstreicht, umso stärker glaubt er daran, bereits eine vollgültige, in sich widerspruchsfreie Theorie geschaffen zu haben. Es wird noch einige Monate dauern, ehe er Impulse für eine entscheidende Umgestaltung erhält.

Politische Bekenntnisse

Wenn er zur Akademie fährt oder zur Universität Unter den Linden, sieht er die Truppen aufmarschieren. Das Bild der mit Blumen dekorierten Soldaten auf dem Weg zur Front wird über Jahre hin gleich bleiben und sich tief in sein Gedächtnis einprägen, nur dass statt Freude und Enthusiasmus immer mehr Sorge auf den Gesichtern zu sehen sein wird.[244] Bei den wöchentlichen Sitzungen der Deutschen Physikalischen Gesellschaft erhebt man sich nun, um der Gefallenen zu gedenken. Und auch wenn er sich zur Physikalisch-Technischen Reichsanstalt begibt, wo er kurzzeitig eine neue Liebe zum Experimentieren entdeckt, wird ihm bewusst, wie sehr er durch den patriotischen Überschwang zum Außenseiter geworden ist.

In seiner Korrespondenz kommt er immer wieder auf den Aufruf »An die Kulturwelt« zurück. Die »Erklärung der 93« ist ein Schlüssel zum Verständnis seines nun beginnenden Engagements für Pazifismus und Völkerverständigung, das nach dem Krieg maßgeblich zu seiner wachsenden internationalen Popularität beitragen wird. Der von seinen engsten Kollegen unterzeichnete Aufruf fordert seinen ersten öffentlichen Protest heraus. Einstein setzt nun seinerseits seinen Namen unter ein Gegenmanifest und unterstützt den »Aufruf an die Europäer«, der auf Initiative von Georg Friedrich Nicolai zustande kommt.

Nicolai ist Herzspezialist, Oberarzt an der Berliner Charité, den sogar Kaiserin Auguste Viktoria als ärztlichen Berater hinzuzieht, ein stadtbekannter Frauenheld und guter Bekannter von Elsa. Als einer der Pioniere der Elektrokardiografie hat er auch in der Wissenschaft von sich reden gemacht. Selbstbewusst legte er sich zum Beispiel mit einem Physikprofessor an, um ihn über das physikalische Verhalten und die mathematische Beschreibung elastischer Membranen zu belehren, wofür er sich Rückendeckung bei keinem Geringeren als Max Planck holte.[245]

Als Nicolai den von Planck und anderen unterzeichneten Aufruf »An die Kulturwelt« liest, ist er entsetzt. Die deutschen Spitzenforscher hätten aus einer Kampfstimmung heraus gesprochen, die durch keine nationale Leidenschaft zu entschuldigen sei. Sofort entwirft er einen Gegenentwurf, den »Aufruf an die Europäer«, den er mit Einstein und dem Astronomen Wilhelm Förster bespricht:

»Soll auch Europa sich durch Bruderkrieg allmählich erschöpfen und zugrunde gehen?« Noch nie habe ein Krieg die kulturelle Gemeinschaftlichkeit des Zusammenlebens so massiv unterbrochen wie der gegenwärtige, heißt es darin. Die Welt sei durch Technik kleiner geworden, die

Das Schlachtfeld

europäischen Staaten erschienen einander heute so nahe gerückt wie in alter Zeit die Städte jeder einzelnen Mittelmeerhalbinsel. Es wäre daher die Pflicht der gebildeten Europäer, wenigstens den Versuch zu machen zu verhindern, dass Europa infolge seiner mangelnden Gesamtorganisation dasselbe tragische Schicksal erleide wie einst Griechenland.

Der tobende Kampf werde kaum Sieger, sondern nur Besiegte zurücklassen. »Darum erscheint es nicht nur gut, sondern bitter nötig, dass gebildete Männer aller Staaten ihren Einfluss dahin aufbieten, dass – wie auch der heute noch ungewisse Ausgang des Krieges sein mag – die Bedingungen des Friedens nicht die Quelle künftiger Kriege werden.« Stattdessen müsse man aus Europa eine organische Einheit schaffen. Die technischen und intellektuellen Bedingungen dafür seien gegeben. Dazu müssten diejenigen zusammenkommen, denen Europa nicht nur ein geografischer Begriff, sondern eine Herzenssache sei. Ein zusammengerufener Europäerbund solle sprechen und entscheiden.[246]

Die Verfasser des »Aufrufs an die Europäer« sprechen sich für eine dauerhafte europäische Friedensordnung aus und nehmen die Idee des Völkerbunds vorweg. In der Hoffnung auf eine breite Unterstützung spart die Erklärung Fragen wie die nach der Kriegsschuld aus. Das in vieler Hinsicht weitsichtige Manifest enthält jene politischen Maximen, für die Einstein auch in Zukunft eintreten wird: Pazifismus und Völkerverständigung.

An der Berliner Universität macht es im Herbst 1914 die Runde. Aber außer den drei oben Genannten und einem Kollegen Nicolais unterzeichnet niemand den Aufruf. »Obwohl das Gegenmanifest in einem Vorlesungsraum der Universität besprochen und angenommen und Abschriften einer großen Zahl von Professoren zugänglich gemacht wurden, auch auf die private Versendung freundliche Zustimmungen eingingen, fand sich doch keiner zur Unterschrift bereit.«[247] Die Aktion, die am Beginn von Einsteins politischem Wirken steht, verläuft im Sande.

Nicolai kündigt prompt an, seine Gedanken in einer Vorlesung darzulegen. An der Berliner Universität, dem »ersten geistigen Waffenplatz Deutschlands«, schaut man dem nicht lange untätig zu. Nicolai wird von den Militärbehörden als Lazarettwärter nach Graudenz verbannt, kehrt dank seiner guten Beziehungen nach einer erfolgreichen Beschwerde zwischenzeitlich nach Berlin zurück und leitet eine pazifistische Vorlesungsreihe in die Wege, um die fürchterlichen Kriegsfolgen aufzuzeigen, woraufhin er erneut zum Kriegsdienst nach Danzig abberufen wird. Dort lehnt er es ab, den Fahneneid zu leisten.

Sein Mut ist außergewöhnlich. Nicolais Schicksal, von dem noch die Rede sein wird, zeigt freilich auch, mit welchen Konsequenzen Friedensaktivisten in dieser Zeit rechnen müssen. Nicht zuletzt aus Angst vor Repressionen ist die »Deutsche Friedensgesellschaft«, deren etwa 10 000 Mitglieder vor August 1914 in hundert Ortsgruppen aktiv waren, in den ersten Kriegsmonaten völlig verstummt. Namhafte Mitglieder haben sich vom Pazifismus abgewendet.

Einstein ist kein Aktivist wie Nicolai. Er ist Schweizer, Neuberliner und politisch unerfahren, ein Eigenbrötler, der sich vor allem der Wissenschaft verpflichtet fühlt. Vorerst tritt er kaum öffentlich in Erscheinung. Um das Gefühl der Hilflosigkeit zu überwinden, sucht er Kontakt zu Gleichgesinnten. Seine pazifistischen Positionen finden ihren Niederschlag zuallererst in seiner privaten Korrespondenz. Vor allem sein Briefwechsel mit Heinrich Zangger, der 2012 von dem amerikanischen Historiker Robert Schulmann, dem langjährigen Mitherausgeber der »Gesammelten Werke Einsteins«, in seiner Gesamtheit veröffentlicht wurde, lässt erkennen, wie der Krieg Einsteins politisches Bewusstsein prägt und was ihn vor allem beunruhigt:

Die besondere Kalamität der Zeit liegt seiner Ansicht nach in den technischen Hilfsmitteln der kriegführenden Parteien. Die Kluft zwischen wissenschaftlich-technischem Fortschritt und sittlich-moralischer Entwicklung vergrößere sich mehr und mehr. Im Verhältnis zur raschen Entwicklung der Technik gehe die wirkliche Verfeinerung der Massen so langsam vorwärts, »dass nun ein Missverhältnis schlimmster Art« vorherrsche, legt er Zangger Ende 1914 dar.[248] Der Einsatz der neuen Kriegstechnik führe zu einer wahren Vernichtung. »Wir müssen deshalb nach meiner Meinung eine politische Organisation im Großen anstreben, die gegen den einzelnen Staat sich verhält, wie letzterer gegen den einzelnen Räuber.«[249]

Einstein, der in der Physik immer wieder zu den Grundbegriffen zu-

Das Schlachtfeld

rückkehrt, um diese neu zu beleuchten, überrascht auch hier mit einer so einfachen wie hellsichtigen Analyse: In der Geschichte der westlichen Zivilisationen ist die Gewalt aus der privaten Sphäre in die Hände des Staates gegeben worden. Der Staat soll den Einzelnen vor dem Räuber schützen und besitzt dazu ein Gewaltmonopol. Kehrseite dieser Entwicklung ist eine Aufrüstung der Staaten, die vom Einzelnen kaum mehr wahrgenommen wird. Friedenszeiten sind Rüstungszeiten, in denen vonseiten des Staates unter den wissenschaftlich-technischen Entwicklungen gerade diejenigen besonders gefördert werden, die dazu geeignet sind, das staatliche Gewaltmonopol nach innen und im Hinblick auf mögliche zwischenstaatliche Konflikte zu stärken. Daraus erwächst ein ungeheures Zerstörungspotenzial.

Zu Beginn des Ersten Weltkriegs hatten nur die Wenigsten eine Ahnung davon, was sich während der vorausgegangenen Friedensperiode in den Waffenlagern angehäuft hatte. Auch Einstein war sich dessen nicht bewusst. Nun aber, da die ungeheure Vernichtungskraft der modernen Waffen für alle sichtbar geworden ist, gelangt er zu der Überzeugung, dass eine weitere Eskalation der Gewalt allenfalls durch eine politische Neuordnung eingedämmt werden kann. Die Idee eines Europäer- oder Völkerbunds kristallisiert sich schon in den ersten Kriegsmonaten als sein politischer Leitgedanke heraus.

Zur selben Zeit muss er miterleben, wie ein ganzes Forschungsinstitut in den Dienst des Militärs gestellt wird. Der Krieg macht selbst vor seinem Arbeitszimmer nicht Halt. Ausgerechnet das für einen Grübler wie ihn so angenehm ruhig gelegene Kaiser-Wilhelm-Institut für physikalische Chemie und Elektrochemie in Dahlem verwandelt sich in eine Großforschungseinrichtung für Massenvernichtungswaffen. Führender Kopf des gespenstischen Unternehmens ist sein Vertrauter Fritz Haber. Und selbst die Wissenschaftler von nebenan, die Einstein in seinem ersten Berliner Sommer über die Kornblumenwiesen der Domäne Dahlem hat streifen sehen, studieren nicht mehr allein die Zusammensetzung von Blatt- und Blütenfarbstoffen. Sie entwerfen Filter für Gasmasken.

6. Die Genese einer Terrorwaffe

Einstein schließt sich einer politischen Vereinigung an, die auf einen Verständigungsfrieden hinarbeitet. Unterdessen bereitet Fritz Haber, in dessen Institut er ein Arbeitszimmer hat und dessen Sohn er Nachhilfeunterricht gibt, den ersten großen Chemiewaffeneinsatz an der Westfront vor. Der Giftgasangriff in Ypern endet in einer menschlichen und familiären Tragödie.

Selbstmord an der Heimatfront

Am 2. Mai 1915 wird Hermann Haber im Morgengrauen durch einen lauten Knall aufgeschreckt. Der Junge irrt durchs Haus, läuft hinaus, findet seine Mutter reglos im Garten der Villa, neben ihr die Pistole, die sein Vater mit sich herumträgt, seit er in Uniform unterwegs ist. Die Mutter, blutüberströmt, lebt noch. »Ihr Herz schlug noch zwanzig qualvolle Minuten.«[250]

Ihr Selbstmord ist ein Schock für den Zwölfjährigen und für seinen Vater, der noch benommen ist vom Vorabend, an dem das Haus voller Gäste war, die er zu einer improvisierten Feier eingeladen hatte. Fritz Haber ist gerade von seinem ersten Giftgaseinsatz aus Belgien heimgekehrt und, wie so oft in dieser Zeit, nur auf Durchreise in Berlin, schon wieder auf dem Sprung an die Ostfront. An seine ständige Abwesenheit hat sich Hermann schon gewöhnt.

Für die meisten Berliner Schuljungen in seinem Alter sind die Kämpfe in West und Ost ein aufregendes Spiel. Sie spielen Schützengraben, studie-

Das Schlachtfeld

ren Heeresberichte, stecken Fähnchen in die topographischen Karten der Kriegsschauplätze, rechnen deutsche gegen russische und französische Gefangene auf und zählen abgeschossene Flugzeuge und versenkte U-Boote, wie der Publizist Sebastian Haffner später erzählen wird, der seinerzeit ein Gymnasium am Alexanderplatz besuchte. »Was dem Leben Spannung und dem Tag seine Farbe gab, waren die jeweiligen militärischen Ereignisse. War eine große Offensive im Gange, mit fünfstelligen Gefangenenzahlen und gefallenen Festungen und ›unermesslicher Ausbeute an Kriegsmaterial‹, dann war Festzeit.«[251]

Abb. 9: Kriegsspiele auf dem Tempelhofer Feld in Berlin im August 1914.

Am Sonntag, den 2. Mai 1915, beginnt eine große Offensive in Galizien, als deutsche Infanteristen nach langem Trommelfeuer auf breiter Front die russischen Stellungen stürmen. Tags darauf läuten in ganz Berlin die

Die Genese einer Terrorwaffe

Glocken, öffentliche Gebäude werden beflaggt. Zwischenzeitlich kursieren Listen mit 160 000 russischen Gefangenen, 24 000 erbeuteten Pferden und 300 Panzerautomobilen. Die später veröffentlichten Zahlen fallen um einiges niedriger aus, sodass das überhitzte Publikum geradezu enttäuscht auf »nur« etwa 21 000 russische Gefangene reagiert.[252]

Dem Durchbruch bei Gorlice-Tarnów folgt ein mehrmonatiger Vormarsch der deutschen Truppen. Sie vertreiben die russischen Armeen aus dem Weichselland und erbeuten allein in Kaunas mehr als 1300 Geschütze und eine Million Granaten. Für die Berliner Zeitungsleser und Schuljungen neue Zahlen, die ihre Phantasie beflügeln. »Die Massenseele und die kindliche Seele sind sehr ähnlich in ihren Reaktionen.«[253]

Hermann Haber ruft vergeblich um Hilfe. Seine Mutter verblutet. Auch sein Vater, mit dessen Armeerevolver sie sich in die Brust geschossen hat, kann nichts mehr für sie tun. Sie hat ihrem Leben mit seiner Dienstpistole ein Ende gesetzt.

Die familiäre Tragödie geht allen Angehörigen, Freunden und Institutsmitarbeitern unter die Haut. Einstein hat dem »kleinen Haber« zuletzt Mathematikunterricht erteilt. Inmitten seiner Forschungen zur allgemeinen Relativitätstheorie hat er dem zwölfjährigen Jungen von Januar bis Ostern 1915 Nachhilfestunden im Rechnen und in Geometrie gegeben, weil dieser wegen einer Krankheit die Schule für einige Zeit nicht hat besuchen können.[254] Wer kümmert sich nun um den Jungen? Vermutlich eine seiner Tanten, denn nach dem Selbstmord der Mutter, einem zweifellos traumatischen Erlebnis für das Kind, fährt der Vater des Gaskriegs gleich wieder an die Front.

Fritz Haber will ganz Offizier sein. Der 46-Jährige trägt seine Uniform mit einem wahnsinnigen Verantwortungsgefühl. Noch am selben Abend kehrt er dem Tatort den Rücken, um die Durchschlagskraft seiner neuen Giftgaswaffe auch in Galizien unter Beweis zu stellen, wohin sein Regiment verlegt worden ist. Während Hermann, im Familienkreis »H. zwei« genannt, in Berlin bleibt, soll »H. eins« den geplanten Großangriff bei Gorlice-Tarnów unterstützen, wird die Front aber zu spät erreichen.[255]

Unter Tränen ruft Fritz Haber den Ministerialbeamten Friedrich Schmidt-

Ott am Abend des 2. Mai an: Er müsse in einer halben Stunde ins Hauptquartier abreisen. Seine Frau habe das Leben nicht mehr ertragen.[256] Dieselbe Formulierung verwendet er in einem Schreiben an seinen langjährigen Chemiker-Kollegen Carl Engler. In diesem Feldpostbrief gewährt Haber einen ungewöhnlichen Einblick in seine Seele und offenbart seine große innere Zerrissenheit, die Abspaltung des Denkens vom Fühlen:

Er habe nach dem Selbstmord seiner Frau einen Monat lang schier angezweifelt, dass er durchhalten würde, vertraut er dem Freund an. Nun müsse er mit all den fremden Menschen all die endlosen Friktionen des Krieges durchleben, habe keine Zeit, rechts und links zu sehen, nachzudenken und sich in sein Empfinden zu versenken, getrieben von der fürchterlichen Verantwortung, »dass ein versäumter Tag eine verspätete Verfügung Blut kostet ... Das ist die Peitsche, die ich stets über mir spüre.« Nur zwischendurch, wenn man wieder beim Generalkommando sitze, an das Telefon gekettet, höre man »im Herzen die Worte, die die arme Frau dann und da gesprochen hat und sieht zwischen Befehlen und Telegrammen in der Vision der Abspannung ihren Kopf auftauchen und leidet«.[257]

Einstein und Haber

Fritz Haber kam drei Jahre vor Deutschlands Einigung zur Welt. »Seine Kindheit fiel in eine Phase glühender Begeisterung für deutsche Waffen und für die deutsche Einheit«, die er schon als Schüler teilte, so der Historiker Fritz Stern.[258] Eine Karriere beim Militär war ihm jedoch in jungen Jahren aufgrund der jüdischen Herkunft unmöglich. Er litt unter seiner jüdischen Abstammung, ließ sich wie seine Frau Clara und sein Mäzen Leopold Koppel christlich taufen und riet auch dem Neuberliner Einstein dazu, zum Protestantismus überzutreten. »Tun Sie das, damit Sie voll und ganz zu uns gehören.«[259]

Die Taufe als Eintrittskarte zur bürgerlichen Gesellschaft – aus Einsteins Sicht ist Habers Ratschlag symptomatisch für die Stellung vieler deutscher Juden. Sie streben danach, ganz in der deutschen Gesellschaft aufzugehen, obwohl diese Juden mehrheitlich nicht als gleichberechtigt anerkennt. Der Industrielle Walther Rathenau, selbst hin- und hergerissen zwischen deutscher und jüdischer Identität, beschreibt dieses Gefühl eindrucksvoll:

»In den Jugendjahren eines jeden deutschen Juden gibt es einen schmerzlichen Augenblick, an den er sich zeitlebens erinnert: wenn ihm zum ersten Mal voll bewusst wird, dass er als Bürger zweiter Klasse in die Welt getreten ist und dass keine Tüchtigkeit und kein Verdienst ihn aus dieser Lage befreien kann.« Für Rathenau kommt es allerdings nicht infrage, zu konvertieren und von der Ablehnung seines Väterglaubens irgendwie geschäftlich oder sozial zu profitieren.[260]

Einstein, der später viel mit Rathenau über die Stellung der Juden in Deutschland diskutieren wird, erinnert sich lebhaft an Szenen aus seiner Schulzeit in München, die ein »Gefühl des Fremdseins« in ihm befestigten. Ihn traf diese Diskriminierung genauso unvorbereitet wie Rathenau und viele andere, denn auch er war in einer assimilierten deutsch-jüdischen Familie groß geworden. Seine Eltern gingen weder in die Synagoge, noch hielten sie sich an die Vorschriften einer kosheren Küche. Trotzdem war er als einziger Jude unter 70 Schülern manchen Anfeindungen ausgesetzt, durchlief eine kurze Phase tiefer religiöser Empfindungen und reagierte fortan sensibel auf jegliche Anzeichen von Antisemitismus. Zum Beispiel führte er seine erfolglosen Bewerbungen bei deutschen Professoren nach seinem Studienabschluss auf Antisemitismus zurück.

Jüdische Wurzeln zu haben, bedeutet für Einstein, Teil einer Schicksals-Gemeinschaft zu sein. Im Unterschied zu Haber und Rathenau schloss er jedoch weder das Gymnasium in Deutschland ab, noch wurden ihm während einer universitären oder militärischen Laufbahn die Wertvorstellungen des Kaiserreichs eingeimpft. Auf frühere Jahre zurückblickend, wird er später erklären, er sei sich seines Judentums lange nicht bewusst gewesen, weder in der Schweiz noch bei seinem kurzen Zwischenspiel in Prag, wo er sich als »konfessionslos« ausgab. Nichts in seinem Leben habe auf seine jüdische Empfindung gewirkt oder sie irgendwie belebt.

»Das änderte sich, sobald ich meinen Wohnsitz nach Berlin verlegte.« Erst in Berlin habe er die Not vieler junger Juden gesehen, vor allem jener, die seit Ende des 19. Jahrhunderts vor Pogromen in Russland geflohen waren und sich in Berlin bevorzugt im Scheunenviertel niederließen.[261] Wie sehr ihn ihr Schicksal betrübt, belegt seine schroffe Reaktion auf eine Einladung nach Sankt Petersburg im Mai 1914: »Es widerstrebt mir, ohne Not in ein Land zu reisen, in welchem meine Stammesgenossen so brutal verfolgt werden.«[262]

Im Berliner Scheunenviertel leben etliche Juden wie in einem polnischen Schtetl, tragen Kippa und Schläfenlocken und sprechen miteinander in jiddischer Sprache. Von diesen osteuropäischen Juden grenzen sich assimilierte Berliner Familien und jüdische Akademiker entschieden ab, was Einstein nicht zuletzt auf eine tiefe Verunsicherung zurückführt, »die sich bis zur moralischen Haltlosigkeit steigern kann«. Der latente, oft auch offene Antisemitismus untergrabe ihr Selbstwertgefühl. Selbsthass sei zum Teil die Folge. Er habe die »würdelose Mimikry wertvoller Juden« gesehen, dass ihm das Herz bei diesem Anblick blutete.[263] Den bedauernswerten getauften jüdischen Geheimrat von gestern und heute habe meist Charakterlosigkeit zu dem gemacht, was er ist.[264]

Haber ist für ihn eine solch tragische Figur, ein getaufter jüdischer Geheimrat, der in der Gemeinschaft aufgehen und zugleich aus ihr herausragen möchte. Sein übertriebener Geltungsdrang stach Einstein schon bei ihrer ersten Begegnung ins Auge. Wie Einstein dann in Berlin von Haber empfangen wurde, verrät viel über ihrer beider Beziehung: Der Institutsdirektor nutzte seine guten Verbindungen zu staatlichen Behörden und zur Industrie, um dem jungen Genius, den er gern in seiner Nähe haben wollte, den Weg zu ebnen, unterstützte ihn bei der Wohnungssuche und dem Einrichten eines Arbeitsplatzes und machte ihn mit dem Finanzier Leopold Koppel bekannt.

Die größte menschliche Nähe zwischen ihnen stellte sich bezeichnenderweise in dem Moment ein, als Einstein Habers Beistand am nötigsten brauchte: bei seiner Trennung von Mileva und den Kindern. Haber begleitete und beriet ihn wie ein treuer Freund, knüpfte umgehend Kontakt zu Einsteins Cousine Elsa und stand auch ihr mit Rat und Tat zur Seite. Einstein empfand ihm gegenüber tiefe Dankbarkeit. Gleichwohl teilte er

Die Genese einer Terrorwaffe

Elsa schon wenige Tage nach der schmerzlichen Abreise seiner Söhne mit, er verkehre mit Haber nun wieder »ausschließlich objektiv«.[265] Eine erste Zäsur.

Abb. 10: Institutsdirektor Fritz Haber und der Neuberliner Albert Einstein im Juli 1914.

Das war am 3. August 1914, dem Tag der deutschen Kriegserklärung an Frankreich. Seither weisen ihre Lebenswege in völlig verschiedene Richtungen. Als Mittler zwischen Forschung, Industrie und Kriegsministerium wird Haber schon in den ersten Kriegsmonaten zu einer Schlüsselfigur. Er sieht es als dringlich an, die wissenschaftliche Arbeit in den Dienst des Militärs zu stellen und Forschungsergebnisse von vorneherein in militärische Planungen einzubeziehen. Mit immer neuen chemischen Kampfstoffen trägt er zu einer Radikalisierung des Krieges bei, die alle Bemühungen um einen Friedensschluss im Keim erstickt.

Brot aus der Luft

Habers größte wissenschaftliche Entdeckung dreht sich um jenes chemische Element, das in unserer Atemluft am häufigsten vorkommt und das für jegliches pflanzliche und tierische Leben von grundlegender Bedeutung ist: Stickstoff. Die Luft besteht zu etwa 78 Prozent aus Stickstoffmolekülen. In diesen Molekülen sind die beiden Stickstoffatome unglaublich fest aneinander gebunden. Lediglich elektrische Entladungen bei Gewittern und spezielle Bakterienarten, die frei im Boden oder mit den Wurzeln von Pflanzen in Symbiose leben, sind imstande, die Stickstoffmoleküle aufzuspalten. Wie Bakterien das im Einzelnen gelingt, ist bis heute Gegenstand der Forschung.

Die starke Stickstoffbindung auf technischem Weg aufzubrechen und auf diese Weise Stickstoffdünger herzustellen, war an der Schwelle zum 20. Jahrhundert angesichts der wachsenden Weltbevölkerung eines der drängenden Probleme. Haber und viele andere Forscher versuchten, den Stickstoff im elektrischen Lichtbogen in Stickoxide umzuwandeln, weshalb sich die Badischen Anilin- und Sodafabriken (BASF) in Ludwigshafen an ihn wandten, ein Unternehmen, das vor allem Farbstoffe produzierte. Später fand Haber, wiederum in Zusammenarbeit mit der BASF, ein viel eleganteres, weniger energieaufwendiges Verfahren, das eine Stickstoffproduktion in großtechnischem Maßstab ermöglichte. Dadurch avancierte er zu dem Mann, der »Brot aus Luft« gewann. Allerdings nicht nur Brot, sondern auch Sprengstoff.

Als er sich erstmals dem Stickstoff zuwandte, hatte Haber weder Düngemittel- noch Sprengstoffproduktion im Sinn. Er reagierte schlicht auf eine Anfrage aus der Industrie. Diesmal wollten die Österreichischen Chemischen Werke wissen, inwieweit es lohnend sein könnte, die beiden so geläufigen Ausgangsstoffe Stickstoff und Wasserstoff zu Ammoniak zu verbinden. Haber wusste, dass Luftstickstoffmoleküle kaum zu irgendwelchen Reaktionen zu bewegen sind. Die zu erwartende Ammoniakausbeute war jedenfalls äußerst gering. Wie alle führenden Chemiker hielt er eine Ammoniaksynthese im großen Stil auf diesem Weg für ausgeschlossen.

Nur weil das Unternehmen insistierte, fing er an, die winzigen Ammoniakmengen bei verschiedenen Temperaturen zu messen.

Sein Kollege Walther Nernst interessierte sich brennend für die Messresultate, denn er wollte mit derselben chemischen Reaktion seine Wärmetheorie untermauern. Habers Ergebnisse stimmten allerdings nicht mit seinen eigenen Berechnungen überein. Infolgedessen begann auch Nernst zu experimentieren. Er kam dahinter, dass der Ammoniakertrag bei höherem Druck deutlich zunimmt. Dagegen konnte er Habers Werte nicht verifizieren, worüber er den Kollegen sogleich in Kenntnis setzte.

Nernst war eine Koryphäe auf diesem Gebiet. Sein Wort hatte in Forscherkreisen Gewicht. Daher setzte sich Haber sofort wieder vor seine Reagenzgläser, um die Messungen zu überprüfen. Bei der nächsten Versammlung der Deutschen Bunsen-Gesellschaft in Hamburg trumpfte Nernst dann richtig auf und ging auf Konfrontationskurs zu dem aufstrebenden Chemiker aus Karlsruhe: Haber möge doch bitteschön eine Methode anwenden, »die wegen der größeren Ausbeute wirklich präzise Werte geben muss«.[266]

Diese öffentliche Herabsetzung sollte Haber seinem Kollegen nie verzeihen. Es entbrannte ein von beiderseitigen Eitelkeiten geprägter Streit. Haber, um sein Ansehen besorgt, kam nicht mehr zur Ruhe, verbiss sich in das Stickstoffproblem und machte sich dabei Nernsts wegweisende Erkenntnis zunutze, die chemische Reaktion unter erhöhtem Druck ablaufen zu lassen.[267]

Im Verlaufe der nächsten Jahre profitierte er bei Stickstoffexperimenten vielfach von seinen Industriekontakten. In einem Fall erhielt er für ein erstelltes Gutachten eine dringend benötigte Hochdruckapparatur, später stellte ihm die Deutsche Gasglühlicht AG, für die er bereits als Berater tätig gewesen war, einige besonderes seltene chemische Stoffe wie Uran, Wolfram und Osmium zur Verfügung. Das kostbare Edelmetall Osmium, das die Berliner Firma früher für die Lampenherstellung verwendet hatte, brachte ihm endlich den erhofften Durchbruch.[268]

Zu diesem Zeitpunkt hatte Haber bereits viele Metalle getestet, deren Oberflächenatome gerne Bindungen mit Stickstoff eingehen. Nähert sich

Das Schlachtfeld

ein Stickstoffmolekül einer solchen Andockstelle, dann wird der starke chemische Zusammenhalt der beiden Stickstoffatome gelockert. Bei Verwendung eines geeigneten Metalls als Katalysator kann die Stickstoffreaktion einen Pfad einschlagen, der über energetisch günstigere Teilschritte führt.

Osmium entpuppte sich als der bis dahin mit Abstand beste Katalysator für die Umsetzung von Stickstoff und Wasserstoff zu Ammoniak. Als Haber im Sommer 1909 Vertreter der BASF zu sich ins Labor einlud, führte er ihnen vor, wie regelmäßig Ammoniak inzwischen aus seiner Hochdruckanlage tropfte: stündlich 80 Gramm. Ein wissenschaftlicher Triumph!

Von da an lief die Zusammenarbeit mit dem Unternehmen unter strenger Geheimhaltung, sodass der Chemiker seine Ergebnisse erst Jahre später publizieren durfte. Der Firma gelang es schließlich, einen für die industrielle Produktion noch besser geeigneten, weniger kostspieligen Katalysator als Osmium zu finden, ein Magnetit. Dafür hatten ambitionierte BASF-Forscher sage und schreibe 2500 verschiedene Stoffe in 6500 Experimenten getestet. [269] In Oppau baute die BASF unter der Leitung von Carl Bosch die erste Ammoniakfabrik, die nach dem bis heute gängigen Haber-Bosch-Verfahren lief und 1913 in Betrieb gehen konnte – ein Jahr vor Kriegsbeginn.

Mittlerweile war Haber schon nach Berlin umgezogen und auf der Karriereleiter weiter emporgeklettert. Er hatte Vorlesungen gehalten, Fachartikel geschrieben und Konferenzen besucht, im Labor gestanden, Patente beantragt und mit der chemischen Industrie zusammengearbeitet. Seine Forschungstätigkeit hatte ihn durch Deutschland, Europa und in die Vereinigten Staaten geführt. Doch der Preis dafür war hoch: eine angeschlagene Gesundheit, die ihn immer wieder zu wochenlangen Kuraufenthalten zwang, und eine seit Jahren zerrüttete Ehe.

Fritz Haber und seine Frau stammen beide aus Breslau. Er der Sohn eines Farbstoffproduzenten, seine Tanzstundenliebe Clara Immerwahr die Tochter eines promovierten Chemikers, die einen ähnlichen Studienweg einschlagen wollte wie er, ihr Abitur als Frau jedoch nur über Umwege

Die Genese einer Terrorwaffe

machen konnte. Die Erlaubnis, an der Universität Vorlesungen über physikalische Chemie zu hören, hing vom Wohlwollen des zuständigen Professors ab.

Als Fritz das erste Mal um ihre Hand anhielt, wies sie ihn ab, setzte ihr Studium fort und nahm 1901 als erste promovierte Chemikerin an einer Tagung der Deutschen Bunsen-Gesellschaft teil.[270] Wenige Monate später nahm sie einen erneuten Antrag ihres Jugendfreundes an. Nach der Heirat und der Geburt eines Sohnes führte zu ihrem großen Kummer jedoch kein Weg mehr zurück in die Forschung. Nur ab und an konnte sie ihrem Mann bei Buchveröffentlichungen helfen oder hielt Volksbildungsvorträge zur »Chemie in Küche und Haus«. Ansonsten füllte sie wider Willen die Rolle der Mutter und Professorengattin aus.

Als Fritz Haber 1909 die Ammoniaksynthese glückte, zog Clara eine mitleiderregende Bilanz ihrer Ehe: »Was Fritz in diesen acht Jahren gewonnen hat, das – und mehr – habe ich verloren, und was von mir eben übrig ist, erfüllt mich selbst mit tiefster Unzufriedenheit.« Auch wenn sie einen Teil davon auf die Umstände und eine besondere Anlage ihres Temperaments schieben müsse, so sei der Hauptteil zweifellos Fritz anzulasten, neben dem einfach »jede Natur, die nicht noch rücksichtsloser sich auf seine Kosten durchsetzt, zugrunde geht! Und das ist mit mir der Fall.«[271]

In Berlin trieb den Gründungsdirektor des Kaiser-Wilhelm-Instituts für physikalische Chemie und Elektrochemie ein unstillbarer Ehrgeiz von Projekt zu Projekt. In der Reichshauptstadt fand Haber Zugang zu allerhöchsten Kreisen. Sein Kollege Richard Willstätter vom Kaiser-Wilhelm-Institut für Chemie erzählt dazu Folgendes: In der Hoffnung auf eine Audienz beim Kaiser habe Haber bei ihm in der Villa untertänig den Rückwärtsgang geübt, wobei eine kostbare Kopenhagener Vase zu Bruch gegangen sei.[272]

Haber gehörte nie zu den Wissenschaftlern, die sich damit begnügten, eine Entdeckung gemacht zu haben. Mit großem Engagement kümmerte er sich auch darum, was daraus folgen sollte. Der Krieg eröffnete ihm ungeahnte Möglichkeiten, seine wissenschaftlichen Erkenntnisse umzusetzen

Das Schlachtfeld

und Mittel für die Forschung zu mobilisieren, denn es zeichnete sich bald ab, dass dem deutschen Militär ohne massiven Einsatz neuer chemischer Verfahren zur Stickstoffherstellung bereits im Jahr 1915 der Sprengstoff ausgehen würde. Nahezu alle natürlichen Stickstoffvorkommen lagen in Form von Chilesalpeter, also Natriumnitrat, in Südamerika. Seit dem Kriegseintritt Englands waren die Mittelmächte jedoch von der Einfuhr abgeschnitten.

Zu Beginn des Kriegs stand der Forschungsbetrieb in Habers Institut nahezu still. Die meisten seiner Mitarbeiter hatten einrücken müssen. Unter Mithilfe seiner Frau wurden einige Räume zeitweise in eine Kindertagesstätte umgewandelt.[273] Er selbst tat in den ersten Kriegsmonaten alles in seiner Macht Stehende dafür, die Nachfrage nach Düngemitteln in der Landwirtschaft und den immensen Munitionsbedarf des Heeres zu befriedigen. Synthetisch hergestelltes Ammoniak ließ sich nämlich einerseits durch eine chemische Reaktion mit Schwefelsäure in Stickstoffdünger überführen. Es war aber auch möglich, Ammoniak mittels Oxidation zu Kunstsalpeter für die Sprengstoffproduktion zu verarbeiten.

Da beide Verfahren miteinander konkurrierten, fungierte Haber im Herbst 1914 als wissenschaftlicher Berater sowohl des Landwirtschafts- als auch des Kriegsministeriums und als Vertreter der BASF. Die Firma hatte ihr Werk in Oppau gerade eröffnet und zunächst große Bedenken, weitere Anlagen zu bauen und noch mehr in die Ammoniaksynthese nach dem Haber-Bosch-Verfahren zu investieren, weil unklar war, wie lange der Krieg dauern und welcher Absatzmarkt für Stickstoff sich danach eröffnen würde. Haber hielt die zähen Verhandlungen in entscheidenden Phasen am Laufen, bis die Rahmenbedingungen für die Industrie so vorteilhaft waren, dass die BASF das Risiko nicht mehr scheuen musste.

Schließlich gab die Firma ihr berühmtes »Salpeterversprechen« und verpflichtete sich dazu, die Produktion von Ammoniak massiv auszuweiten. Wegen des ständig steigenden Munitionsbedarfs sollte es in eigens dazu errichteten Fabriken vorrangig zu Salpeter weiterverarbeitet werden. In Habers dramatisierender Darstellung erfolgte die Einigung gerade noch rechtzeitig: »Sie ist im letzten möglichen Augenblick gelungen, als der

Salpeter im Lande so knapp geworden war, dass aller in Vorrats- und Transportgefäßen und im Verarbeitungsgange steckender Salpeter noch drei Wochen Schießbedarf gleichkam.«[274]

Für die BASF war das Abkommen ein großes Geschäft. »Vom 1. Januar 1915 bis zum 11. November 1918 verkaufte das Unternehmen Stickstoffverbindungen im Wert von 414 Millionen Mark, von denen nur der geringste Teil, nämlich 24,5 Millionen, auf Düngemittel entfiel«, resümiert Margit Szöllösi-Janze in ihrem äußerst detailreichen Buch über Fritz Haber und seine Verbindungen zur Industrie. Nach dem Krieg habe die Firma ihre mit staatlichen Mitteln errichteten großen Neuanlagen dann problemlos auf die Massenerzeugung von Stickstoffdünger umgestellt.[275]

Solche Zahlen verdeutlichen, dass das Haber-Bosch-Verfahren im Krieg in erster Linie der Erzeugung von Sprengstoff diente. Ungeachtet dessen wird Haber unmittelbar nach Kriegsende mit dem Chemie-Nobelpreis ausgezeichnet. Aber nicht etwa deshalb, weil die Königlich Schwedische Akademie der Wissenschaften allein den durch Haber erzielten methodischen Fortschritt würdigen möchte. Als der Präsident der Akademie, Ake Gerhard Ekstrand, seine Laudatio auf den Nobelpreisträger für 1918 hält, spricht er nicht nur von Grundlagenforschung und reiner Theorie. Er will vielmehr klarstellen, dass die Wissenschaft das Schicksal von Nationen bestimmt. Der Weltkrieg habe gezeigt, dass jedes Land dazu in der Lage sein müsse, essentielle chemische Stoffe auf eigenem Territorium herzustellen.

Um dies zu erläutern, geht Ekstrand ausschließlich auf die Düngemittelproduktion in den »German Haber factories« ein und spricht von einem Triumph »im Dienste der ganzen Menschheit«. Von Sprengstoffen ist mit keinem Wort die Rede. Haber selbst folgt in seinem anschließenden Vortrag diesem Kurs.[276]

Die Abspaltung, die hier stattfindet, ist bezeichnend. Bis heute schreiben sich Wissenschaftler die positiven Folgen ihrer Entdeckungen für die Gesellschaft auf die Fahnen und werben damit in Projektanträgen. Konsequenzen und mögliche Schäden für Mensch und Umwelt werden oft nicht einmal erwähnt. Und Letztere sind in Habers Fall beträchtlich. Der Anteil des Haber-Bosch-Verfahrens an der gesamten deutschen Stickstofferzeugung beträgt im letzten Kriegsjahr etwa 50 Prozent.[277] Ohne diese Reserven hätte den Mittelmächten viel weniger Munition zur Verfügung gestanden, wären sie womöglich zu einem vorzeitigen Friedensschluss genötigt gewesen.

Der rasende Barbar

Die Bekanntgabe des Nobelpreises an Haber direkt nach dem Krieg löst eine Welle internationalen Protestes aus. Grund für die Empörung ist vor allem die Skrupellosigkeit, mit der Haber die Entwicklung und den Einsatz einer neuen Massenvernichtungswaffe vorangetrieben hat. Kann man jemanden, der den Tod unzähliger Menschen auf dem Gewissen hat, vor aller Welt als Wohltäter der Menschheit hinstellen und mit der höchsten Auszeichnung ehren, die die Wissenschaft zu vergeben hat?

Einstein äußert sich in den erhaltenen Briefen und Dokumenten nicht dazu. Als sich Zangger darüber beklagt, dass man den Nobelpreis nicht ihm, sondern dem »Giftfanatiker« Haber verliehen habe, hüllt er sich in Schweigen.[278] Warum? Was denkt er über den Forscher, der ihm beim Umzug nach Berlin zur Seite stand und dann zum führenden Kopf im Giftgaskrieg avancierte? Wie ist es zu verstehen, dass ihre Verbindung einen Bogen von zwei Jahrzehnten überspannt, vom Kaiserreich über den Ersten Weltkrieg und die Weimarer Republik bis hin zur nationalsozialistischen Machtergreifung?

Wie sehr Haber seinen Kollegen in dieser wechselvollen Zeit verehrt, drückt er insbesondere in einem Brief aus, den er Einstein zu seinem fünfzigsten Geburtstag schickt, als dieser auf der Höhe seines Ruhms steht. Darin heißt es: »Von den großen Dingen, die ich in der Welt erlebt habe, greift der Inhalt Ihres Lebens und Wirkens am tiefsten. In einigen hundert Jahren wird der gemeine Mann unsere Zeit als die Periode des Weltkrieges kennen, aber der Gebildete wird das erste Viertel des Jahrhunderts mit Ihrem Namen verbinden ... Dann wird von jedem von uns anderen so viel übrig sein, als Verbindung zwischen uns und den großen Vorgängen der Zeit war und in Ihrer Biografie wird, wie ich denke, bei ausreichender

Ausführlichkeit nicht unerwähnt bleiben, dass Sie für mehr oder minder zugespitzte Bemerkungen über die Akademie und mehr oder minder schlechten Café mich als Partner gehabt haben.«[279]

Eine ähnlich ungeteilte Wertschätzung für Haber sucht man in Einsteins Korrespondenz vergeblich. Immer wieder stößt man auf kritische Untertöne, Bemerkungen zu seiner Eitelkeit, seinem Konformismus und Patriotismus. Noch als Einstein in die USA emigriert und Haber kurz darauf ebenfalls zum Flüchtling wird, kann er sich ihm gegenüber die bissige Bemerkung nicht verkneifen, er freue sich sehr darüber, »dass Ihre frühere Liebe zur blonden Bestie ein bisschen abgekühlt ist«.[280]

Selbst das Kondolenzschreiben 1934 an Habers Sohn Hermann ist ambivalent. Haber sei der geistreichste, vielseitigste und hilfsbereiteste seiner Freunde gewesen, heißt es darin. Aber noch am Ende seines Lebens habe er die ganze Bitternis erfahren müssen, von den Menschen seines Kreises verlassen worden zu sein, »eines Kreises, an dem ihm trotz Erkenntnis seiner zweifelhaften Qualitäten doch ziemlich viel gelegen war«. In Habers Schicksal sehe er »die Tragik des deutschen Juden, die Tragik der verschmähten Liebe«.[281]

Eine seiner seltenen schriftlich fixierten Äußerungen zu Haber gegenüber Dritten findet sich im Briefwechsel mit dem Physiker Max Born. Zu Born hat Einstein eine vertraute Beziehung, er bietet ihm das »Du« an, was er Haber gegenüber nie tun wird. Als einer der wenigen deutschen Wissenschaftler hat der »Prachtkerl« Born genügend Rückgrat besessen, Haber im Sommer 1915 seine Mitwirkung an dessen Giftgasforschung zu verweigern, weil seiner Ansicht nach ohne eine Grenze des Erlaubten bald alles erlaubt sein würde. Ihm schreibt Einstein unmittelbar nach dem Krieg, Haber, der sich in seinem Jammer auf ihn gestürzt habe, wolle der Natur die Wahrheit mit einer gewaltsamen Methode abringen. »Er ist so eine Art rasender Barbar, aber doch recht interessant dabei.«[282]

Born hält diese Einschätzung für zutreffend und illustriert sie mit einem denkwürdigen Erlebnis: Er habe Gelegenheit gehabt, den »rasenden Barbaren« kennenzulernen. Einmal habe er in seinem Zimmer eine lebhafte Diskussion mit ihm geführt, die immerfort durch Assistenten, Doktoran-

Das Schlachtfeld

den und Mechaniker gestört wurde, die etwas von dem Institutschef wollten. »Schließlich öffnete sich die Tür ohne Anklopfen, worauf Haber wütend ein Glas-Tintenfass ergriff und es in Richtung Tür schleuderte, wo es zersplitternd die Wand und Tür mit Tinte befleckte. In der Tür aber stand – Habers Frau. Sie verschwand entsetzt, und wir fuhren in der Arbeit fort, als wäre nichts geschehen.«[283]

In der Arbeit fortfahren, als wäre nichts geschehen – für Haber ist diese Szene charakteristisch. Nichts bringt ihn von seinem Kurs ab: seine labile Gesundheit nicht, die er oft über jedes menschliche Maß hinaus strapaziert, nicht die Verzweiflung seiner Frau und auch keine Explosion wie jene, die sich am 17. Dezember 1914 in Berlin ereignet. Viereinhalb Monate vor dem Selbstmord seiner Gemahlin führt diese Detonation zum ersten tödlichen Unfall im Kaiser-Wilhelm-Institut für physikalische Chemie und Elektrochemie in Zusammenhang mit den kriegsrelevanten Forschungen, ein Unglücksfall, bei dem Haber beinahe selbst ums Leben kommt.

Zu diesem Zeitpunkt steht der Chemiker wieder einmal in Konkurrenz zu Walther Nernst, der an der Westfront zunächst als Automobilist im Einsatz gewesen ist. Im September 1914 hat der »Benzinleutnant« Nernst die verlorene Schlacht an der Marne und den Rückzug der Truppen miterlebt. Seit diesem Wendepunkt halten die Streitkräfte der Mittelmächte und der Entente einander in Schach. Bald werden Schützengräben, vorgelagerte Stacheldrahtverhaue und Maschinengewehre, die mehrere Hundert Schuss pro Minute abfeuern, nahezu jeden Geländegewinn verhindern.[284]

Noch ehe der Bewegungs- in den Stellungskrieg übergeht, testet Nernst bereits verschiedene Chemikalien, die Augen und Atemwege reizen. Generalstabschef Erich von Falkenhayn hat ihn bei einer Begegnung instruiert, einen Stoff zu finden, um den Widerstand in Häusern, Gehöften, Ortschaften und anderen Verschanzungen zu bekämpfen, woraufhin Nernst sofort Kontakt zu dem Industriellen Carl Duisberg aufgenommen hat, einem potenziellen Produzenten der gewünschten Kampstoffe.[285] Zusammen mit ihm untersucht er seit Herbst 1914 auf einem Schießplatz in der Nähe von Köln die Wirkung von Dianisidin-Verbindungen.

Die Genese einer Terrorwaffe

Duisberg ist mit großem Eifer in das militärische Geschäft eingestiegen. Als am 27. Oktober etwa 3000 mit einem solchen Pulver gefüllte Granaten bei Neuve Chapelle abgefeuert werden, verflüchtigt sich die Substanz allerdings so schnell, dass die französischen Soldaten sie kaum bemerken. Der Versuch, den Gegner dazu zu bringen, seine Stellungen aufzugeben, schlägt fehl.

Französische Truppen haben bereits seit Kriegsbeginn mit Patronen geschossen, die augenreizende Substanzen enthalten und aus Polizeibeständen stammen. Auch entsprechende Handgranaten werden in Frankreich entwickelt, zeigen aber im offenen Feld kaum Wirkung. Als Einstein einen Zeitungsbericht über die Verwendung chemischer Waffen liest, bemerkt er sarkastisch: »Das heißt, sie haben zuerst gestunken, aber wir können es noch besser.«[286]

Nernst und Duisberg halten nach dem Misserfolg nach Alternativen Ausschau, prüfen die Wirkung verschiedener Reizgase an Kaninchen und in Selbstversuchen, bekommen allerdings von mehreren Seiten Konkurrenz.[287] Unter anderen macht sich Fritz Haber auf die Suche nach weniger flüchtigen und daher wirksameren »Stinkstoffen«, wie sie in Militärkreisen genannt werden. Bislang hat er in seinem Institut im Auftrag des Militärs Frostschutzmittel für Benzin entwickelt, an Spreng- und Ersatzstoffen geforscht. Jetzt dehnt er die Laborversuche auf chemische Reiz- und Kampfstoffe aus.

Am 17. Dezember 1914 experimentieren er und seine Mitarbeiter im Kaiser-Wilhelm-Institut mit Kakodylchlorid. Mit diesem hochgradig giftigen Stoff sind an den vorhergehenden Tagen Schießversuche in Kummersdorf bei Berlin gemacht worden. Als Haber das Labor kurzzeitig verlässt, setzen die beiden Professoren Gerhard Just und Otto Sackur die Versuche fort. Kaum haben sie der Ausgangssubstanz ein wenig Methyldichloramin zugefügt, fliegt die aggressive Mischung in die Luft. Eine fürchterliche Explosion erschüttert das Gebäude. Just verliert seine rechte Hand, Sackur wird tödlich verletzt.[288]

Haber ist dem Desaster nur durch einen Zufall entronnen, weil er aus dem Raum gegangen war. Er steht wie versteinert da, als seine Frau Clara hinzueilt, die die Explosion gehört hat. Der Institutsmechaniker Hermann Lütge wird sich noch Jahrzehnte später daran erinnern, dass sie in dieser Situation die Einzige gewesen sei, die dem völlig verstümmelten, mit dem Tod ringenden Sackur noch zu helfen versucht habe, ehe der Krankenwagen gekommen sei.[289]

Tags darauf eröffnet Haber eine von ihm geleitete Sitzung der Deutschen Physikalischen Gesellschaft, bei der auch Einstein zugegen ist, mit einem Nachruf auf Sackur. Bei seiner kurzen Ansprache habe er mit den Tränen gekämpft, erzählt die Physikerin Lise Meitner vom Nachbarinstitut in Dahlem.[290] Sackur war erst ein Dreivierteljahr zuvor Abteilungsleiter bei ihm geworden. Der Institutsdirektor setzt sich dafür ein, dass der tödlich Verunglückte den 240 000 Kriegsgefallenen gleichgestellt wird, die das deutsche Heer zu diesem Zeitpunkt bereits zu beklagen hat.[291] So erfahren Sackurs Frau und Tochter zumindest eine gewisse soziale Absicherung.

Einstein hat den gleichaltrigen Sackur wegen seiner Arbeiten zur Quantentheorie geschätzt, denen er noch ein Jahr später einen Vortrag widmen wird.[292] Ob er das Unglück aus nächster Nähe erlebte, wissen wir nicht. Sein Arbeitszimmer im Kaiser-Wilhelm-Institut war von der Explosion jedenfalls nicht betroffen.

Inzwischen kommt er wohl nur noch sporadisch hierher, denn er hat die für seine Bedürfnisse viel zu große Wohnung in Berlin-Dahlem aufgegeben und ist mit den wenigen ihm verbliebenen Möbeln nach Wilmersdorf umgezogen. Sein neues Zuhause in der Wittelsbacher Straße 13 ist von Elsas Wohnung etwa fünfzehn Minuten Fußweg entfernt. Auch zu Habers Institut sind es mit der Hoch- und Untergrundbahn nur wenige Stationen. Seine Korrespondenz lässt aber vermuten, dass er von jetzt an vorwiegend zu Hause über seiner Physik brütet, wo ihn nichts von seiner wissenschaftlichen Arbeit ablenkt.

Traurige Bilanz des ersten Kriegsjahres

Berlins führende Naturwissenschaftler haben ihn weiterhin gerne in ihrer Nähe. Zum Weihnachtsfest, bei dem viele Familien um die im ersten Kriegsjahr gefallenen Angehörigen trauern, nimmt Einstein eine Einladung seines Kollegen Nernst an. Der Chemiker, der für seine Verdienste im Krieg bereits mit dem Eisernen Kreuz II. Klasse ausgezeichnet worden ist, wohnt mit seiner Familie in einem prächtigen Gründerzeithaus nahe dem Potsdamer Platz. Die Stimmung ist gedrückt, wie sich Tochter Edith später erinnern wird. Sie hat ihren Bruder Rudolf verloren, und ihr Vater hat über den Verlauf der Kämpfe an der Westfront nichts Gutes zu berichten.[293]

Dank seiner Tätigkeit als Meldefahrer und seiner Kontakte zu hohen Offizieren hat Nernst einen Überblick über die militärische Lage. Generalstabschef Erich von Falkenhayn hat beschlossen, zum Stellungskrieg überzugehen. Er glaubt nicht mehr an eine erfolgreiche Offensive im Westen. Zu hoch seien die Verluste in den eigenen Reihen. Den Deutschen drohe ein »Abnutzungskrieg.«[294] Mit dem Stellungskrieg möchte Falkenhayn außerdem Zeit gewinnen, »Wissenschaft und Technik in vollem Umfange dem Krieg dienstbar zu machen«.[295]

Kurz vor Weihnachten hat Nernst den Berliner Chemiker Emil Fischer kontaktiert, der ihm für militärische Versuche hochreine Blausäure zur Verfügung stellt. Bei einer persönlichen Unterredung mit Falkenhayn hat Fischer am 18. Dezember erfahren, wie unzufrieden der Generalstabschef mit der Wirkung der bisherigen »Stinkstoffe« ist. »Er will etwas haben, was die Menschen dauernd kampfunfähig macht.«[296] Fischer kennt nach eigener Aussage zwar einen Stoff mit anhaltender, tödlicher Wirkung, befürchtet aber, man werde sich damit ins eigene Fleisch schneiden, weil nicht die Deutschen, sondern ihre Feinde über die entsprechenden Rohmaterialien verfügten.

Nernst hält Falkenhayns Vorgaben ebenfalls für unerfüllbar. Beim Weihnachtsfest behauptet der gesellige Wissenschaftler »zum Entsetzen seiner Familie und Freunde«, der Kampf an zwei Fronten wäre nicht mehr zu gewinnen. »Es war weder Defätismus noch Mangel an Patriotismus«, so sein Schüler und Biograf Kurt Mendelssohn, »sondern die kalte kritische Analyse eines Wissenschaftlers.«[297]

Hohe Militärs drängen den Generalstabschef inzwischen dazu, sich an der Westfront auf die Defensive zu beschränken und im Osten anzugreifen, wo die verbündeten österreichisch-ungarischen Truppen schwere Niederlagen erlitten haben. Die letzte Hoffnung, einer dauerhaften Umklammerung zu entkommen, besteht ihrer Ansicht nach darin, die russischen Streitkräfte in einer Frühjahrsoffensive zurückzudrängen und einen separaten Frieden mit dem Zarenreich zu erzwingen. Vorerst aber will Falkenhayn die Westfront nicht entscheidend schwächen.

Einstein erfährt im Hause Nernsts vermutlich sehr viel mehr über das Kriegsgeschehen, als er den zensierten Zeitungen entnehmen kann, die die Siegeserwartungen schüren. Die Welt komme ihm wie ein »Irrenhaus« vor, schreibt er unmittelbar nach den Festtagen an Heinrich Zangger. »Was treibt nur die Menschen dazu, einander so wütend zu töten und zu verstümmeln?« Einstein vermutet dahinter starke männliche Triebe, während »ein ganz Leidenschaftsloser wie ich den andern defekt erscheint«.[298]

Obschon er den anderen »defekt erscheint«, verbirgt sich Einstein nicht vor den Kollegen. Er hält fest an moralischen Werten, die von seiner Umgebung für ungültig erklärt werden. Abgestoßen von den Gräueln des Krieges, zieht er sich aber am liebsten in seine Grübelei zurück. Seinem Sohn Hans Albert erzählt er im Januar 1915, er verbringe jetzt ganze Tage in seiner kleinen Wohnung und koche sich manchmal sogar selbst zu Mittag.[299]

Die Kinder hat er nun schon ein halbes Jahr nicht mehr gesehen. Er vermisst sein »Albertli« und seinen »Tete«. Doch hält er es nach wie vor für richtig, dass die Jungen nicht in einem Hause aufwachsen, in dem Vater und Mutter einander wie Feinde gegenüberstehen.[300] Dass sein Ältester Fortschritte in Mathematik macht, freut ihn besonders. »Das war meine Lieblingsbeschäftigung, als ich schon ein wenig älter war wie Du, so etwa 12 Jahre. Ich hätte große Freude daran, Dich darin unterrichten zu können.« Doch das gehe leider nicht. Stattdessen gebe er jetzt dem kränklichen Hermann Haber Nachhilfeunterricht.[301]

Tödliche Chemie

Die Verbindung nach Dahlem reißt nach seinem Umzug nicht gleich ab. Sie verändert sich jedoch auch deshalb, weil Hermanns Vater als Partner für »mehr oder minder schlechten Café« nicht mehr zur Verfügung steht. Von nun an sieht man ihn immer seltener in den wissenschaftlichen Kreisen, denen sich Einstein zugehörig fühlt. Fritz Haber hat keine Zeit mehr, Vorträge vor der Deutschen Physikalischen Gesellschaft zu halten. Und ehe er erstmals an einer Sitzung der Preußischen Akademie teilnimmt, zu deren Mitglied er im Dezember 1914 ernannt worden ist, gehen zwei Jahre ins Land.[302] Er verschwindet auch aus Einsteins persönlichem Umfeld. Sein zuvor so oft genannter Name taucht in Einsteins umfangreicher Korrespondenz plötzlich nicht mehr auf.

In der wissenschaftshistorischen Forschung ist unbeachtet geblieben, wie spärlich die Hinweise auf ihre Verbindung im Krieg sind. Sie finden sich erst wieder in Zusammenhang mit der Gründung eines Kaiser-Wilhelm-Instituts für Physik, dessen Leiter Einstein im Oktober 1917 wird, während Haber neben Planck und Nernst dem Direktorium angehört. Nach dem Krieg erfährt Haber schließlich, dass Einstein mit dem Gedanken spielt, Berlin zu verlassen. Seine Reaktion ist aufschlussreich:

»Unser Leben hat einen bunten Inhalt gehabt, seitdem wir in Karlsruhe bei der Naturforscherversammlung uns näher traten«, beginnt er sein Schreiben vom 20. Juli 1919. »Aber ich denke, wenn die Jahre des Krieges uns auseinandergerückt haben, so haben sie mir doch das moralische Recht gelassen, Sie um Mitteilung zu bitten, was Sie bestimmt, mit Zürich wegen einer Rückkehr dorthin zu verhandeln.« Sollten die Gründe wirtschaftlicher Natur sein, dann werde sich jedenfalls eine befriedigende Lösung finden lassen. Es widerspreche dem Wunsch der Kollegen und des Staates zu sehr, »dass Sie uns in Berlin verloren gehen«.[303]

Die Art und Weise, wie Haber seinen Brief eröffnet, lässt zusammen mit der sonstigen Quellenlage den Schluss zu, dass die beiden Forscher zu Kriegszeiten kaum miteinander zu tun gehabt haben. Anders als in manchen Einstein-Biografien dargestellt, ist Haber während des Krieges keinesfalls Einsteins »bester Freund«. Vielmehr bedeutet der Krieg, der allenthalben Familien-, Freundes- und Bekanntenkreise auseinander reißt, auch für ihre Beziehung einen tiefen Einschnitt.

Im Jahr 1919 setzt Haber dann gemeinsam mit Planck alle Hebel in Bewegung, um Einstein in Deutschland zu halten. Dabei dient er sich dem von ihm verehrten Kollegen auf ähnlichem Weg an wie vor dem Krieg: indem er Einstein über seine nach wie vor exzellenten Verbindungen zu dem Mäzen Leopold Koppel und zur Wissenschaftsverwaltung zu einer deutlichen Gehaltssteigerung und besseren Ausstattung seines Instituts verhilft. Dies alles in Rücksprache mit Elsa Einstein, mit der sich Haber von da an des Öfteren trifft, um finanzielle Fragen zu besprechen. »Du weißt ja, dass Haber nun ein guter Freund von mir ist«, teilt Elsa ihrem Albert mit, als dieser im Frühling 1920 in Holland weilt. »Wir verstehen uns gut und haben etwas gemeinsam: wir wollen beide nur das, was gut und schön für Dich ist.«[304]

Doch zurück zur Chronologie der Ereignisse. Der Krieg entfernt die beiden Forscher schon in den ersten Monaten voneinander, weil Haber als Unterhändler in Sachen Sprengstoffproduktion ständig auf Achse ist. Wie die Haber-Biografin Margit Szöllösi-Janze erläutert, gibt es keinerlei dafür zuständige Gremien. Haber muss die Kontakte zur Industrie persönlich herstellen. Er reist von Standort zu Standort. Wie weit die Lebenswege von Einstein und Haber auseinander laufen, entscheidet sich aber erst zum Jahreswechsel. Von da an bewegen sie sich mehr und mehr in Kreisen, zu denen der jeweils andere keinen Zutritt hat.

Zu Beginn des Jahres 1915 stellt Fritz Haber dem Generalstabschef eben das in Aussicht, was dieser sich erhofft hat: ein Mittel, das »dauernd kampfunfähig macht«. Keine drei Wochen nach der Explosion in seinem Institut plant er bereits einen chemischen Angriff an der Westfront. Und zwar nicht mit einem Kampfstoff, der Geschossen beigegeben wird, sondern mit einem Gas, das schwerer ist als Luft und aus eigens dazu in Stellung gebrachten Vorratsbehältern abgelassen wird.

Haber ist zu der Überzeugung gelangt, dass Chlor für einen solchen Zweck das Mittel der Wahl ist. Chlor ist in der deutschen Industrie in großen Mengen verfügbar. In flüssigem Zustand lässt es sich außerdem leicht in transportfähige Stahlflaschen abfüllen. Einmal in vorderste Kampflinie gebracht, will Haber die Druckgasflaschen in einem strategisch und meteorologisch günstigen Moment öffnen und das giftige Gas so abblasen, dass es als dichte, lückenlose Wolke auf die feindlichen Schützengräben zurollt.

Der Verteidiger sei dem Angreifer im Stellungskrieg grundsätzlich überlegen, erläutert der Chemiker in einer für ihn typischen Sprache. »Erstens: Der Mensch bietet dem Maschinengewehr und dem Feldartilleriegeschütz unserer Tage eine Trefffläche, die angesichts der Zahl, der Feuergeschwindigkeit und der Durchschlagskraft dieser Waffen unerträglich groß ist; zweitens: eine leicht herstellbare Erddeckung (Schützengraben) gibt gegen dieselben Waffen einen sehr weitreichenden Schutz, weil kleine, rasch fliegende Eisenteile Sandsäcke und Erdwälle nicht durchschlagen. Aus diesem Sachverhalt ist gleichzeitig beim Feind wie bei uns das Bedürfnis nach chemischen Kampfmitteln entstanden.«[305]

Um die Wirksamkeit des von ihm ersonnenen Blasverfahrens unter realistischen Bedingungen im freien Feld zu prüfen, begibt sich Haber noch im Januar nach Köln-Wahn und wenig später nach Belgien. Von Max Bauer, dem Artilleriefachmann der Obersten Heeresleitung, erfahren wir, dass er und Haber sich dabei beinahe selbst vergiften: »Das Gas blies vorschriftsmäßig ab, da plagte uns der Teufel und wir beide ritten ›versuchsweise‹ in die abtreibende Wolke hinein. Im Augenblick hatten wir in dem Chlornebel die Orientierung verloren, ein wahnsinniger Husten setzte ein, die Kehle war wie zugeschnürt…, in höchster Not lichtete sich die Wolke und wir waren gerettet.«[306] Haber wird diese Episode zwar später dazu benutzen, die Wirkung des Chlorgases herunterzuspielen. Nach etlichen Feld- und Tierversuchen mit Hunden und Katzen ist jedoch allen Beteiligten klar, dass Chlor in den von ihm vorgesehenen Mengen ein tödliches Gift ist, vor dem zunächst die eigenen Truppen geschützt werden müssen.

Von der beabsichtigten Kriegführung sind etliche hohe Militärs wenig angetan. Sie gilt als unritterlich und gemein. General Berthold von Deimling schreibt im Rückblick, es sei ihm gegen den Strich gegangen, »die

Das Schlachtfeld

Feinde vergiften zu sollen wie die Ratten«. Alle inneren Bedenken seien jedoch schließlich verstummt angesichts des hohen Ziels eines deutschen Sieges. Der Oberbefehlshaber der 6. Armee, Rupprecht von Bayern, befürchtet überdies, der Feind werde bald zu ähnlichen Mitteln greifen. »Daraufhin wurde mir erwidert, die chemische Industrie unserer Feinde sei gar nicht befähigt, Gas in der benötigten Menge herzustellen.«[307]

Haber hat solche Fragen von vorneherein mitbedacht. Er spielt sein Expertenwissen mit viel Überzeugungskraft aus. Frankreich ist, was Chlor betrifft, gänzlich auf Importe angewiesen, England verfügt nur über einen Bruchteil der deutschen Chlorreserven. Das wird das Deutsche Reich allerdings nicht davor bewahren, dass beide Länder die Chlorproduktion umgehend ankurbeln und ein halbes Jahr später mit denselben Kampfstoffen zurückschießen, wobei sie von dem vorherrschenden Westwind profitieren. Chemiker wie Emil Fischer, die diese Entwicklung vorhersehen, wünschen Haber daher »vom Grunde meines patriotischen Herzens aus Misserfolg«.[308]

Trotz solcher Kritik setzt Haber seine Planungen zielstrebig fort. Seine eigenen Mitarbeiter bezeichnen ihn als großartigen Organisator und Respektsperson. Selbst Max Born, der Habers chemische Kriegführung ablehnt und im Krieg alle persönlichen Beziehungen zu ihm abbricht, spricht von ihm als einer faszinierenden Persönlichkeit »voller Leben und Energie, mit mustergültigen, doch etwas altmodischen Manieren«, einem geistig klar, schnell denkenden und vielseitig interessierten Kopf.[309] »In den vordersten Stellungen bewies er Kaltblütigkeit, Unerschrockenheit, Todesverachtung«, schreibt Habers langjähriger Briefpartner Richard Willstätter, der Chemie-Nobelpreisträger von 1915. Willstätter wird ihn noch im selben Jahr bei der Entwicklung von Gasmasken unterstützen, in deren Produktion dann Leopold Koppels Unternehmen einsteigt, die Deutsche Gasglühlicht AG. Habers Netzwerk funktioniert ausgezeichnet.

Vor Willstätter hat er bereits mehrere andere künftige Nobelpreisträger für seine Gaskampftruppe gewonnen: James Franck, Gustav Hertz und Otto Hahn.[310] Der Chemiker Hahn schildert in seinen Lebenserinnerungen, wie er Mitte Januar 1915 zu Geheimrat Haber befohlen worden sei, der im Auftrag des Kriegsministeriums in Brüssel weilte. »Er erklärte mir, dass die erstarrten Fronten im Westen nur durch neue Waffen in Bewegung zu bringen seien, wobei man in erster Linie an aggressive und giftige Gase, vor allem Chlorgas, denke, das aus den vordersten Stellungen auf den Gegner abgeblasen werden müsse. Auf meinen Einwand, dass diese Art der Kriegführung gegen die Haager Konvention verstoße, meinte er, die Franzosen hätten – wenn auch in unzureichender Form, nämlich mit gefüllter Gewehrmunition – den Anfang hierzu gemacht. Auch seien unzählige Menschenleben zu retten, wenn der Krieg auf diese Weise schneller beendet werden könne.«[311]

Falkenhayn hat 1915 aber gar nicht die militärischen Mittel, den Krieg im Westen mit einem Frontdurchbruch zu entscheiden. Vielmehr setzt er auf die psychische Wirkung der chemischen Gase, die die Umwelt selbst in eine toxische Umgebung verwandeln: eine Terrorwaffe neuer Qualität. Von den Wissenschaftlern erwartet der Militärführer chemische Stoffe, die die feindlichen Unterstände für möglichst lange Zeit unbewohnbar machen.

Statt ernsthaft zu hinterfragen, welche Folgen ein massiver Gaseinsatz für die Entgrenzung des Kriegs haben wird, will Haber die Überlegenheit der deutschen Forschung unter Beweis stellen. Geltungssucht und Machtstreben treiben ihn mindestens so sehr an wie sein Patriotismus. Für den Gaskrieg mobilisiert er die klügsten Köpfe und baut sein Institut in Dahlem Schritt für Schritt aus. Krieg ist für ihn auch eine Fortsetzung der Wissenschaft mit anderen Mitteln.

Otto Hahn ist einer von vielen herausragenden Forschern, die sich seinen Argumenten beugen. In einem Brief vom März 1915 redet die Physikerin Lise Meitner ihrem Kollegen Hahn zu: »Ich glaube ja ungefähr zu wissen, womit Sie beschäftigt sind, und kann Ihre Gedanken sehr wohl begreifen. Und doch haben Sie diesmal sicher Recht, ›Opportunist‹ zu sein. Erstens werden Sie nicht gefragt, zweitens wenn Sie es nicht täten, würde es ein anderer tun, und vor allem ist jedes Mittel barmherzig, das diesen Krieg abkürzen hilft.«[312] In der trügerischen Hoffnung auf einen raschen deutschen Sieg argumentiert auch sie an der grausamen Realität

Das Schlachtfeld

der chemischen Kriegführung vorbei, die in die nächste nicht mehr zu bremsende Rüstungsspirale einmündet.

Während unter dem Decknamen »Desinfektion« die intensiven Vorbereitungen des Giftgaseinsatzes beginnen, besucht Clara Haber ihren Mann auf dem Schießplatz in Köln-Wahn. Sie ist dort nicht die erste Frau. Aber anders als Emma Nernst, die ihrem Gatten am selben Ort zur Seite steht, stellt sich Clara Haber den Plänen ihres Mannes unmissverständlich entgegen.

»Wir wohnten im Domhotel in Köln«, erinnert sich einer der Gaspioniere. »Geheimrat Haber war von seiner ersten Frau begleitet, einer nervösen Dame, die schon damals scharf gegen die Absicht Geheimrat Habers eingestellt war, die neue Gasformation an die Front zu begleiten.«[313] Als Chemikerin weiß sie um die Gefahren, denen sich ihr Mann aussetzt. Die Tierversuche, die sie gesehen hat, lassen keine Zweifel daran, was denjenigen droht, die ungeschützt in eine Gaswolke hineingeraten.

Gegen ihren Willen begibt sich ihr Mann im Februar nach Ypern, wo er zusammen mit seinen Mitarbeitern mehrere Tausend Gasflaschen in Stellung bringt und notdürftig gegen feindliche Handgranatenwürfe sichert. Der geplante Einsatz verzögert sich aufgrund der Wetterverhältnisse Woche um Woche. Bei einem Artillerievolltreffer werden etliche Chlorgasbehälter zerstört, sodass etwa 20 Soldaten in den eigenen Reihen ums Leben kommen. »Erst von diesem Tage ab«, so ein Mitarbeiter Habers, »war General Deimling von der furchtbaren Wirkung der Gaswaffe überzeugt.«[314]

Der chemische Kampfstoff, der den Feind aufreiben soll, zehrt zuallererst an deutschen Nerven. Auch an denen von Clara Haber. Ihr Mann, der an vorderster Front auf Ostwind wartet, bekommt wenig davon mit, was in ihr vorgeht, nachdem sie mit dem Wissen um den bevorstehenden Gaskrieg nach Berlin zurückgekehrt ist. Folgt man den Schilderungen des Chemikers Paul Krassa, der mit ihr verwandt ist und dessen Frau in jener Zeit in engem Kontakt zu Clara Haber steht, dann ist sie »verzweifelt über die grauenhaften Folgen des Gaskriegs, dessen Vorbereitungen und Prüfung an Tieren sie mit angesehen hatte«.[315]

Letzte Chance der Diplomatie

Einstein, der seit seiner Ankunft in Berlin bei Habers ein und aus gegangen ist, verliert seinen Kollegen aus den Augen. Dagegen dürfte er Clara Haber in diesen Wochen noch das eine oder andere Mal begegnet sein. Die historischen Quellen verraten nichts darüber, außer dass er ihren Sohn Hermann einen »gescheiten Bub« nennt, der Nachhilfeunterricht also nicht ganz fruchtlos gewesen sein kann.

Im Unterschied zu der verhinderten Forscherin, für die das Leben an der Seite ihres Mannes und das hilflose Mitansehen-Müssen unerträglich werden, findet Einstein Zuflucht in seinen physikalischen Studien. Die Wissenschaft bleibt sein fester Ankerplatz und Trost. Seine Freunde im Ausland freuen sich über seine ungebrochene Schaffenskraft: Auch Leonardo habe die tiefsten Gedanken in Zeiten des Krieges niedergeschrieben, sagt Zangger.[316]

Einstein selbst erschüttern die Folgen des Krieges. Er schwankt zwischen einem Pessimismus, der manchmal in Galgenhumor umschlägt – »Ich fange nun an, mich in dem wahnsinnigen Gegenwartsrummel wohl zu fühlen in bewusster Loslösung von allen Dingen, die die verrückte Allgemeinheit beschäftigen. Warum soll man als Dienstpersonal im Narrenhaus nicht vergnügt leben können?«[317] –, und einer zunehmenden Bereitschaft zur Opposition. Sein Name und der von Elsa, eingetragen als »Frau Einstein«, tauchen zum ersten Mal im März 1915 und fortan regelmäßig in den Sitzungsprotokollen einer neuen Friedensorganisation auf: dem »Bund Neues Vaterland«.

Möglicherweise ist Einstein über den Telefunken-Direktor Graf Georg von Arco in Kontakt zu der überparteilichen Vereinigung gekommen, der auch Ernst Reuter angehört, der spätere Regierende Bürgermeister von Berlin. Den Vorsitz hat der ehemalige Kavallerieoffizier, prominente Sportreiter und Schriftsteller Kurt von Tepper-Laski inne. Diplomaten wie Fürst Lichnowsky, vormals Botschafter in London, oder Graf Unico von der Gröben, früher Botschaftsrat in Paris, stehen dem Bund beratend zur Seite. Die Organisation möchte Einfluss auf die deutsche Außenpolitik nehmen

Das Schlachtfeld

und Verbindung zu Partnerorganisationen und hochrangigen Persönlichkeiten im Ausland aufnehmen. Alle Mitglieder sind dazu aufgerufen, sich aktiv zu beteiligen. Der hohe Mitgliedsbeitrag von mindestens 50 Mark im Jahr dient der Verbreitung von Broschüren und Denkschriften.

Der »Bund Neues Vaterland« ist ins Leben gerufen worden, um die Debatte über die deutschen Kriegsziele nicht der gut organisierten politischen Rechten zu überlassen. Kaiser und Reichskanzler hatten im August 1914 die Parole ausgegeben, Deutschland führe einen Verteidigungskrieg, um daraus eine Legitimation für die Kriegserklärung an Frankreich und Russland und den sofortigen Einfall in Belgien abzuleiten. Danach waren die deutschen Truppen unter gewaltigen Verlusten in Feindesland vorgedrungen und rasch ans Ende ihrer Kräfte gelangt.

»Zwei meiner Brüder haben ihre jungen hoffnungsvollen Söhne im Felde verloren«, klagt Planck am 28. März 1915 in einem Brief an seinen holländischen Kollegen Hendrik Antoon Lorentz. »Meine eigenen Söhne leben noch, aber der eine ist verwundet und kriegsgefangen, meine Tochter arbeitet im Lazarett. Kaum eine deutsche Familie ist von Trauer verschont worden. Wo ist das Äquivalent für all dieses namenlose Herzeleid?«[318]

Die vielen Gefallenen, Verletzten und Kriegsgefangenen wären Grund genug, den Krieg schnellstmöglich zu beenden. In den Augen vieler Zeitgenossen sind sie jedoch eher ein Grund dafür, ihn entschlossen weiterzuführen. So nimmt auch Plancks Brief nach der traurigen Bilanz eine typische, quasireligiöse Wendung: »Und dennoch hat die übertausendjährige deutsche Geschichte noch zu keiner Zeit das deutsche Volk so einig gesehen. Sollte das wirklich eine schlechte Sache sein, die eine solche Opferwilligkeit, eine solche reine, heilige Begeisterung zeitigt? Ich kann es nicht glauben.«[319]

Im historischen Rückblick erscheinen die ersten Monate des Jahres 1915 als vielleicht letzte Chance der Diplomatie, dem Morden in Europa ein Ende zu setzen. Die Fronten sind erstarrt und die entsetzlichen Folgen einer Fortsetzung der Kämpfe absehbar. »Es gehört zu den bemerkenswerten Paradoxien jener geschichtlichen Augenblicke, in denen so viel physischer Mut für Kampfhandlungen aufgebracht wird, dass der moralische Mut für Initiativen, die sich gegen den Strom der Ereignisse stemmen und ihn aufzuhalten versuchen, überaus gering ist oder gänzlich fehlt«, so der Politikwissenschaftler Herfried Münkler. Sicherlich hätte Mut dazugehört, in dieser Situation offen einzugestehen, dass alle Leiden vergeblich gewesen waren. Unter den Verantwortlichen in Berlin, Paris oder London habe sich keiner gefunden, der dazu bereit gewesen wäre. »Der Krieg wurde somit auch darum weitergeführt, weil sich die Politiker vor Auseinandersetzungen im Innern fürchteten.«[320]

Nachdem die zensierte Presse monatelang übermäßige Siegeshoffnungen verbreitet hat, erwartet die deutsche Bevölkerung keinen Verständigungsfrieden, sondern einen Siegfrieden, den Deutschland dem Feind diktiert. Deutsche Truppen stehen tief im »Feindesland«. Neben dem Alldeutschen Verband fordern mittlerweile auch die führenden Wirtschafts- und Bauernverbände unverhohlen, die »mit deutschem Blut« eroberten Gebiete dürften nicht wieder hergegeben werden.

Beispielhaft ist der Sinneswandel des zu Kriegsbeginn noch mäßigenden Industriellen Carl Duisberg. Am 3. März 1915 schreibt er an den Reichstagsabgeordneten Gustav Stresemann: »So unangenehm es aus politischen Gründen ist, Belgien vielleicht als Kronland oder Kolonie dem Deutschen Reich anzugliedern der vielen Reichsfeinde wegen, die wir damit übernehmen müssen, aus militärischen und wirtschaftlichen Gründen werden wir diese Unannehmlichkeiten in Kauf zu nehmen haben und uns damit abfinden müssen, da nach meiner Meinung es ein großer Fehler sein würde, dieses durch seinen Reichtum an Kohlen, durch die darauf begründete billig arbeitende Industrie, durch seine günstige Lage wirtschaftlich und landwirtschaftlich so wichtige Gebiet nicht in die Interessenssphäre unseres Reichs hineinzuziehen.«[321]

Eine Woche später reichen Industrie- und Bauernverbände ihre Forderungen bei Reichskanzler Bethmann Hollweg ein, die sie im Mai noch einmal bekräftigen. Sie bestehen auf einer Eingliederung Belgiens ins Deutsche Reich. Darüber hinaus müsse die französische Kanalküste annektiert werden. Auch von einer Angliederung russischer Ostprovinzen,

Das Schlachtfeld

von neuen Kolonien und hohen Reparationen ist die Rede.[322] Eine Eingabe ganz ähnlichen Inhalts wird dem Reichskanzler dann noch einmal im Sommer übermittelt, diesmal versehen mit den Unterschriften von 352 deutschen Professoren, etwa 250 Künstlern und Schriftstellern, mehr als 150 Geistlichen sowie hohen Beamten und Wirtschaftsführern. Bethmann Hollweg fühlt sich nicht stark genug, den Annexionisten Einhalt zu gebieten.[323]

In dieser politischen Konstellation wird der »Bund Neues Vaterland«, dem sich Einstein angeschlossen hat, zum wichtigen Gegenspieler der annexionistischen Bewegung.[324] Dem »Bund« geht es konkret darum, den wenigen um einen Verständigungsfrieden bemühten Politikern den Rücken zu stärken.[325] In Denkschriften, die an Abgeordnete verteilt und im Ausland teilweise in der Presse nachgedruckt werden, legt er dar, warum im Sinne eines dauerhaften europäischen Friedens auf Annexionen verzichtet werden müsse. An der Abfassung wenigstens eines solchen Aufrufs ist Einstein direkt beteiligt.[326] Seine regelmäßige Teilnahme an den Versammlungen und seine Mitarbeit in den Ausschüssen des »Bundes« während der kommenden Monate sind in den Sitzungsprotokollen dokumentiert.[327]

Als Schweizer Staatsbürger ist Einstein vor allem an einer Verbesserung der deutsch-französischen Beziehungen interessiert. Noch im März 1915 wendet er sich an den im schweizerischen Exil lebendenden französischen Schriftsteller und Pazifisten Romain Rolland, der von Genf aus die Arbeit des Internationalen Roten Kreuzes unterstützt und die europäischen Intellektuellen in Zeitungsbeiträgen und mit offenen privaten Briefen dazu aufruft, ihre Stimme gegen die größte Katastrophe seit Jahrhunderten zu erheben. Einstein schreibt, er habe durch den »Bund Neues Vaterland« Kenntnis davon erhalten, wie mutig Rolland für die Beseitigung der so verhängnisvollen Missstände zwischen dem französischen und deutschen Volk seine Existenz und Person eingesetzt habe. Dafür wolle er ihm seine restlose Bewunderung und Hochschätzung aussprechen. »Ich stelle meine schwachen Kräfte zur Verfügung für den Fall, dass Sie denken, dass ich Ihnen sei es durch meinen Wohnsitz, sei es durch meine Beziehungen zu deutschen und ausländischen Vertretern der exakten Wissenschaften, als Werkzeug dienen kann.«[328]

Besondere Aufmerksamkeit erregt der »Bund« im April 1915, als einige seiner Mitglieder – mit Zustimmung des Auswärtigen Amtes – am Internationalen Pazifistenkongress in Den Haag teilnehmen. Am Rande der Konferenz bietet der niederländische Vorsitzende der deutschen Gesandtschaft an, persönlich zu einem Sondierungsgespräch nach Berlin zu kommen. Doch die Friedensinitiative läuft ins Leere, denn die deutsche Politik hält sich einmal mehr bedeckt. In der Presse wird der Vorstoß sogleich torpediert: Kein Urteilsfähiger könne daran denken, die für Deutschland »günstige« Kriegslage zugunsten eines vorzeitigen Friedensschlusses preiszugeben, kommentiert die »Norddeutsche Allgemeine Zeitung«.[329]

Die Militärs behalten das Heft des Handelns in der Hand: Am 22. April 1915 um Punkt 18 Uhr drehen die deutschen Gaspioniere um Fritz Haber in Ypern die Ventile von 1600 großen und 4130 kleinen Stahlflaschen auf. Diesmal weht der Wind in ihrem Sinne – aus Nordnordost. Auf einer Breite von sechs Kilometern bildet sich eine teils gelbliche Rauchwolke und treibt auf die französischen Stellungen zu.

Als der alarmierte Brigadegeneral Jean Henri Mordacq wenig später zur Front reitet, befindet sich seine Armee bereits in völliger Auflösung. »Überall Flüchtende: Landwehrleute, Afrikaner, Schützen, Zuaven und Artilleristen ohne Waffen – verstört, mit ausgezogenen oder weitgeöffneten Röcken und abgenommener Halsbinde – liefen wie Wahnsinnige ins Ungewisse, verlangten laut schreiend nach Wasser, spuckten Blut.« Andere wälzen sich am Boden und ringen vergeblich nach Luft. Nie habe er ein ähnliches Schauspiel einer so vollkommenen Auflösung mit ansehen müssen, erklärt der General.[330] Da die französischen Soldaten dem Chlorgas schutzlos ausgeliefert waren, das in manchen Abschnitten als nur knapp über zwei Meter hohe und daher äußerst dichte Wolke auf sie zurollte, hat der Angriff zahlreiche Tote und Verletzte zur Folge. Die Schätzungen schwanken zwischen 1000 und 5000 Todesopfern und etwa der dreifachen Zahl an Verletzten.

»Ist das nicht eine schauerliche Kampfweise?«, schreibt der Historiker

Das Schlachtfeld

Gustav Mayer vom Generalgouvernement der deutschen Besatzungsmacht in Brüssel zwei Tage später an seine Frau in Berlin. Man müsse sich klar machen, dass der Gegner ebenso unbedenklich in der Anwendung aller technischen Mittel der Zerstörungskraft sein werde. »Grässlich ist es doch, dass die Wissenschaft, die sonst für Erhaltung und Steigerung des menschlichen Lebens arbeitet, sich jetzt überall in den Dienst der zerstörenden Macht stellen muss.«[331]

Mit dem ersten großflächigen Einsatz eines chemischen Massenvernichtungsmittels ist eine neue Schwelle der Gewaltbereitschaft überschritten worden. Im Beraterstab des Reichskanzlers spricht man vom »Zusammenbruch des Völkerrechts«. Die Chlordämpfe seien nie wieder aus der Kriegführung zu verbannen.[332] Eine öffentliche Debatte zur Völkerrechtsfrage bleibt allerdings aus – auch auf Seiten der Franzosen und Briten, die vor allem fragen: »Können wir das auch?« und sofort Maßnahmen für Vergeltungsschläge einleiten.

Carl Duisberg schwärmt vom »chlorreichen« Sieg in Ypern.[333] Einem Sieg, der zwar eine Lücke in die französische Front reißt, aber letztlich keinen Geländegewinn einbringt. Rückblickend erzählt der Chemiker Otto Hahn, dass »schon zu dieser Zeit nicht mehr genügend Reserven zur Verfügung standen, die den Einbruch in die feindlichen Linien hätten sichern und ausnutzen können«.[334]

Haber wird zu seiner großen Genugtuung zum Hauptmann befördert und erwirbt sich zugleich den Ruf des »Oberstänkerers«.[335] Noch in derselben Woche bricht er mit Teilen seiner Gaskampftruppe zur Ostfront auf, wo er den Angriff bei Gorlice unterstützen soll. Dort werden die russischen Streitkräfte mit wehenden Fahnen aus einem Gebiet zurückgedrängt, das die deutschen Annexionisten für neue Siedlungsprojekte ins Auge gefasst haben.

Bei seinem Zwischenstopp in Berlin feiert er am 1. Mai den militärischen Sieg in Ypern. Der kurze Aufenthalt endet am Morgen nach dem Fest in einer familiären Tragödie: dem Selbstmord seiner Frau Clara. Ihre Abschiedsbriefe sind verschwunden. Befragungen von noch lebenden Familienangehörigen und ehemaligen Mitarbeitern in den 1950er-Jahren haben in sich Widersprüchliches ans Licht gebracht. Wie verlässlich die Aussagen sind, ist teils schwer zu bewerten. Doch sowohl der Zeitpunkt des Suizids als auch die Umstände sprechen dafür, dass sich Clara Haber die Pistole ihres Mannes auch oder vor allem aus Protest gegen seine führende Rolle im Giftgaskrieg an die Brust setzte.

Wenn Einstein Haber später eine tragische Figur nennen wird, dann haben der Selbstmord seiner Frau und die Sorge um den »kleinen Haber« dieses Bild vermutlich geprägt. Seine Briefe erhellen die Umstände des Suizids in keiner Weise. Seiner Frau Mileva, die mehrfach bei den Habers wohnte, schreibt er lediglich eine einzige karge Zeile: »Frau Haber hat sich vor 2 Wochen erschossen.«[336]

Teil III: Das Gravitationsfeld

»Ich habe auch wieder etwas verbrochen in der Gravitationstheorie, was mich ein wenig in Gefahr setzt, in einem Tollhaus interniert zu werden.«[337]

(Albert Einstein)

7. Wettlauf zur Weltformel

Unter dem Einfluss der Gravitation vergeht Zeit langsamer, läuft Licht auf krummen Wegen. Einstein hat Jahre gebraucht, um eine Theorie der Schwere zu formulieren. Im Herbst 1915 stößt er auf grundlegende Fehler in seiner Arbeit. Doch dann geht alles ganz schnell: ein Wettlauf zwischen ihm und dem Mathematiker David Hilbert um den Abschluss eines Jahrhundertwerks.

»Die aufregendste Zeit meines Lebens«

»Einstein ist noch jung, nicht sehr groß, mit breitem und langem Gesicht, einer üppigen Mähne, etwas krausem und trockenem, tiefschwarzem graumeliertem Haar, das über einer hohen Stirn hochsteht, mit fleischiger und angeberischer Nase, kleinem Mund, dicken Lippen, kurzgeschnittenem Schnurrbärtchen, vollen Wangen und rundem Kinn.«[338] So beschreibt der französische Schriftsteller und Pazifist Romain Rolland den 36-jährigen Forscher nach ihrer ersten Begegnung am 16. September 1915. Den ganzen Nachmittag haben sie auf einer Hotelterrasse am Genfer See zusammengesessen: Rolland, das »Gewissen Europas«, und der einer internationalen Öffentlichkeit noch kaum bekannte Physiker. Inmitten von Bienenschwärmen, angelockt vom blühenden Efeu, haben sie über die Rolle der europäischen Intellektuellen in dem schon mehr als ein Jahr andauernden Krieg gesprochen.

In Rollands Tagebuch hinterlässt die Begegnung mit dem Physikprofessor eine ungewöhnlich breite Spur. Einsteins »einsame und glückliche

Das Gravitationsfeld

absolute geistige Unabhängigkeit« beeindruckt ihn. Er sei in seinen Urteilen über Deutschland unglaublich frei. »Kein Deutscher verfügt über diese Freiheit. Ein anderer als er hätte darunter gelitten, sich in diesem furchtbaren Jahr im Denken isoliert zu fühlen. Er nicht. Er lacht.«[339] Zum Beispiel lacht er schallend über seine Professorenkollegen, die sich nach jeder Senatssitzung der Berliner Universität in einem Lokal treffen und ihre Unterhaltung stets mit der Frage beginnen: »Warum sind wir in der Welt verhasst?«[340]

Sein Gelächter und seine bissigen Bemerkungen wirken mitunter wie Ausflüchte eines abseits stehenden Beobachters, dem alles irgendwie gleichgültig ist. Aber Einstein bleibt kaum anderes, als sich in scharfsichtige Ironie zu retten. Er könne nicht umhin, den ernstesten Gedanken eine scherzhafte Form zu geben, bemerkt Rolland. Er sei Jude, was seinen Internationalismus im Urteil und den spöttischen Charakter seiner Kritik erkläre.

Die Momentaufnahme des Literaturnobelpreisträgers 1915 ist in einer für Einstein außergewöhnlichen Situation entstanden: seinem ersten Auslandsaufenthalt seit Kriegsausbruch. Seit er die Grenze zur Schweiz überschritten hat, wo die verschiedenen Nationen auch jetzt noch friedlich zusammenleben, wo an Kiosken nach wie vor Zeitungen aus Deutschland und Frankreich, Österreich-Ungarn und Italien einträchtig nebeneinander liegen, atmet er auf. Endlich kann er wieder frei sprechen!

Rollands Tagebuch gibt daher einen außergewöhnlichen Einblick in seine politische Gedankenwelt. Einstein hofft im September 1915 bereits auf einen Sieg der Alliierten, der die Macht der preußischen Dynastie zerstören würde. Er sieht darin die einzige Chance für eine demokratische Erneuerung Deutschlands. Zu einer Erneuerung aus sich selbst heraus sei das Land nicht fähig. Doch eine Niederlage Deutschlands sei nicht absehbar, notiert Rolland. »Einstein sagt, man könne sich die Organisationskraft nicht vorstellen, die sich gezeigt habe und die alle fähigen Köpfe mit einschließe.«[341]

Als Einstein kurz darauf nach Berlin zurückkehrt, steht die Versammlungstätigkeit des »Bundes Neues Vaterland« schon unter strenger polizeilicher Überwachung. Die für die Zensur zuständigen Militärbehörden haben die Arbeit der Organisation in den zurückliegenden Monaten immer stärker eingeschränkt. Memoranden wurden beschlagnahmt, Flugschriften verboten, schließlich wird einzelnen Mitgliedern ein Publikations- und Reiseverbot auferlegt.[342]

Trotzdem schreibt Einstein im Oktober 1915 auf Anfrage des »Berliner Goethebunds« einen Beitrag mit dem Titel »Meine Meinung über den Krieg«. Darin bezeichnet er den Patriotismus als wohlgepflegten Schrein im Gemüt des normalen Bürgers, der die »moralischen Requisiten des tierischen Hasses und des Massenmords birgt, die er dann im Kriegsfalle gehorsam herausnimmt, um sich ihrer zu bedienen«. Er selbst betrachte die Zugehörigkeit zu einem Staat als geschäftliche Angelegenheit, wie etwa die Beziehung zu einer Lebensversicherung.[343] Diese und andere Passagen fallen zwar der Zensur zum Opfer. Aber auch die gekürzte Fassung, die in einem aufwendig gestalteten »Vaterländischen Gedenkbuch« abgedruckt wird, ist ein couragiertes Bekenntnis zu Pazifismus und Völkerbundidee.[344] Dass Einsteins Position überhaupt zwischen den Beiträgen hochrangiger Militärs und Politiker, berühmter Dichter und Denker erscheint, ist ein Zeichen dafür, dass er in der Reichshauptstadt auch über die Fachgrenzen hinaus den Ruf als bedeutendster Physiker seiner Zeit genießt.

Zweifellos hat ihm die Begegnung mit Rolland Mut gemacht. Als ihn der »Bund Neues Vaterland« im Oktober 1915 für ein Gremium der internationalen »Zentralorganisation für einen dauerhaften Frieden« nominieren will, antwortet Einstein, er sei »kein in politischen Dingen erfahrener oder fähiger Mensch«.[345] Dennoch erklärt er sich auch zu dieser aktiven Mitarbeit bereit – nur einen Monat vor der Vollendung seiner allgemeinen Relativitätstheorie.

Ziemlich unvermittelt sind wir in der Chronologie der Ereignisse nun ganz nah an den Abschluss seines Jahrhundertwerks herangekommen. Im Herbst 1915 gerät Einstein plötzlich wieder völlig in den Bann der Relativitätsphysik. Die acht Wochen nach seinem ausgedehnten Sommerurlaub auf Rügen und in der Schweiz zählen zu den »aufregendsten, anstrengendsten Zeiten« seines Lebens.[346]

Das Gravitationsfeld

Einstein hat innere Widersprüche in der Argumentationskette entdeckt, an der er sich seit dem Frühjahr 1913 entlanggehangelt hatte. Womöglich ist er bei seinem Aufenthalt in der Schweiz von seinem Freund und kongenialen Mitdenker Michele Besso darauf hingewiesen worden. Aber warum genau sind seine Gleichungen falsch? Er sei nun »ungeheuer elektrisiert«, notiert er unmittelbar nach seiner Rückkehr, glaube aber nicht daran, die Fehler selbst zu finden. Sein eigener Geist habe in dieser Sache schon zu ausgefahrene Gleise.[347]

So verständlich seine Resignation ist – sie währt nicht lange. Wieder einmal treibt ihn das Denken zum Weiterdenken an. Schon kurze Zeit später arbeitet Einstein wie besessen an einer Revision seiner eigenen Theorie. Damit beginnt eine neue dynamische Phase der Reflexion und Suche nach den Feldgleichungen der Gravitation, in der er auf Ideen zurückgreift, die er früher verworfen hatte.

Sein Weg zum Erfolg kann als Lehrstück für alle herhalten, die Angst vor dem Scheitern haben. Mit der für ihn typischen Ungeniertheit breitet Einstein die vorhandenen Lösungsstrategien erst vor seinem inneren Auge und dann in vier aufeinander folgenden Sitzungen vor den Mitgliedern der Preußischen Akademie der Wissenschaften aus. Mit seinen physikalischen Überlegungen betritt er die Bühne der Fachöffentlichkeit ohne Scheu, die Ergebnisse der Vorwoche jeweils als Etappenschritte oder Fehlversuche deklarieren zu müssen. Jedes Mal wähnt er, er könne den alten und schweren newtonschen Vorhang nun endgültig beiseiteschieben. Das akademische Publikum kann darüber nur staunen. Allein sein eigener innerer Wächter meldet sich zurück, skeptisch gegenüber dem Erreichten.

Das Wissenschaftstheater bleibt skurril bis zum – vorläufig – letzten Akt. Als Einstein der Akademie am 25. November 1915 die abschließende Fassung seiner allgemeinen Relativitätstheorie vorlegt und seine jahrelange Grübelei in die bis heute anerkannten Feldgleichungen mündet, hat er kurioserweise dieselben Formeln vor sich wie schon drei Jahre zuvor. Der Unterschied: Er interpretiert sie anders. »Stünde Einsteins Gravitationstheorie nicht in dem Nimbus, sie sei ›die wahrscheinlich größte jemals gemachte wissenschaftlichen Entdeckung‹, wäre man vielleicht versucht, sie zugleich als eine Komödie der Irrungen darzustellen, natürlich eine auf allerhöchstem Niveau«, so sein Biograf Albrecht Fölsing.[348]

Warum tritt ihm in mehrere Jahre alten Überlegungen plötzlich das entgegen, wonach er so lange verzweifelt gesucht hat? Die Antwort auf diese Frage beschäftigt Wissenschaftshistoriker bis heute. Sie haben immer wieder Anlauf genommen, den Verzweigungen seines Denkens in die verschiedenen Richtungen zu folgen, und sind in ein Labyrinth hineingeraten, aus dem nur schwer wieder herauszufinden ist. Ist der Anspruch überhaupt einlösbar?

Jedenfalls erschließen sich seine Gedanken weder aus den Protokollen der Akademiesitzungen vom Herbst 1915 noch aus den erhaltenen Briefen dieser Periode. Um sich auch nur ein vages Bild von seiner größten wissenschaftlichen Leistung zu machen, müssen wir aus der Chronologie der Ereignisse heraustreten. Im Denken über das eigene Denken überlagern sich viele Zeitschichten.

Schwerkraft oder Gravitationsfeld?

Isaac Newton und James Clerk Maxwell sind seine großen Vordenker und wichtigsten »Gesprächspartner« auf dem Weg hin zu einer allgemeinen Relativitätstheorie. Einstein verbindet wesentliche Aspekte ihrer physikalischen Theorien miteinander. Unter anderem übernimmt er den Begriff des »Feldes« aus der maxwellschen Elektrodynamik.

Als Sohn des Betreibers einer »Elektrotechnischen Fabrik« trug Einstein einige physikalische Bilder seit seiner Kindheit und Jugend in sich. Mit größtem Erstaunen verfolgte er damals, wie sich eine Kompassnadel im Erdmagnetfeld orientiert. Man dürfe sich aber nicht mit der Auffassung zufrieden geben, dass ein Magnet durch den leeren Zwischenraum hindurch auf das Eisen direkt einwirke, mahnte er als Erwachsener an. Stattdessen solle man sich vorstellen, dass der Magnet in dem ihn umgebenden Raum etwas physikalisch Reales hervorrufe, was man als »magnetisches Feld« bezeichnet. Dieses Feld wirke seinerseits auf das Eisenstück ein, sodass das Eisen zum Magneten hin strebe. Falls sich der Magnet bewege,

Das Gravitationsfeld

dann sei die Wirkung nicht unmittelbar an allen Orten des Raumes spürbar, sondern breite sich mit Lichtgeschwindigkeit aus.[349]

Was haben wir uns unter einem Feld vorzustellen, das, obschon unsichtbar, sichtbare Wirkungen zeitigt? Handelt es sich dabei nur um ein Hilfskonstrukt, mit dem sich die Übermittlung von Kräften besser beschreiben lässt? Einstein wies dies entschieden zurück. »Das elektromagnetische Feld ist für den modernen Physiker nicht minder wirklich als der Stuhl, auf dem er sitzt.«[350] Und inwiefern sind magnetische und elektrische Felder etwas »physikalisch Reales«?

Einstein erläuterte dies an einem Beispiel: Versetzt ein Forscher eine elektrisch geladene Kugel in rasche Schwingungen, dann erzeugt die rhythmische Bewegung der Ladung ein elektrisches und magnetisches Feld, dessen Wirkung er in der Nähe der Ladung und in größerer Entfernung messen kann. Das Resultat, so Einstein, sei eine elektromagnetische Welle. »Die schwingende Ladung gibt Energie ab, die mit einer bestimmten Geschwindigkeit den Raum durchmisst.«[351]

Eine solche elektromagnetische Welle kann sich von einem Ort zum anderen bewegen, etwa vom Radiosender zur Antenne. Wer heutzutage Radio hört, mit dem Handy telefoniert oder sich mit dem Computer ins World Wide Web einloggt, dürfte an der Realität elektromagnetischer Felder kaum Zweifel haben. Unter gewissen Bedingungen, wenn etwa die Ladung in dem obigen Beispiel aufhört zu schwingen, führen elektromagnetische Wellen sogar ein völliges Eigenleben. Denn dann breiten sich alle bis dahin erzeugten Wellen losgelöst von ihrer einstigen Quelle aus.

Maxwells Theorie des Elektromagnetismus liegen ganz andere Vorstellungen zugrunde als Newtons Theorie der Schwerkraft. Auf die Frage »Warum fällt ein Stein, den wir loslassen, zur Erde?« antworten wir in der Regel: »Weil er von der Erde angezogen wird.«[352] Denn in der newtonschen Physik wirken Kräfte direkt zwischen den Körpern, ohne jede Zeitverzögerung und über beliebige Distanzen hinweg.

Dagegen kann sich laut Relativitätstheorie keine Wirkung schneller entfalten als mit Lichtgeschwindigkeit. Für Einstein kam daher auch die Gravitationswirkung indirekt zustande, sprich: »Die Erde erzeugt in ihrer

Umgebung ein Gravitationsfeld. Dieses wirkt auf den Stein und veranlasst seine Fallbewegung.«[353]

Um die endliche Ausbreitungsgeschwindigkeit der Wechselwirkung sicherzustellen und seine bisherigen physikalischen Überlegungen auch auf beschleunigte Bewegungen ausdehnen zu können, wollte Einstein die Gravitation analog zum Elektromagnetismus verstanden wissen: als Feld. Hinter einem solchen Konzept lauerten jedoch völlig neue Fragestellungen. Ob es zum Beispiel den elektromagnetischen Wellen entsprechende Gravitationswellen gibt – eine Frage, die Wissenschaftler bis in die jüngste Vergangenheit bewegt und die wir an späterer Stelle diskutieren werden.

Zunächst ging es Einstein aber um scheinbar einfache, seit Jahrhunderten bekannte physikalische Zusammenhänge. Die Wirkung der Gravitation ist universell und, im Unterschied zu Elektrizität und Magnetismus, stets anziehend. Unter dem Einfluss der Gravitation tendieren sämtliche Körper dazu, sich zusammenzuballen. So fallen im Schwerefeld der Erde alle Gegenstände zu Boden. Und egal, ob es sich dabei um ein Stück Blei oder eine Plastikkugel handelt, sie fallen ungeachtet ihrer chemischen Zusammensetzung und Masse alle gleich schnell, wenn man den Luftwiderstand für einen Moment außer Acht lässt. Warum beschleunigt ein Gravitationsfeld alle Körper gleich? Einstein wunderte sich im höchsten Maße über diese Erfahrungstatsache und versuchte, ihre tiefere Bedeutung zu verstehen.

Er stellte sich einen Rollwagen auf glatter Ebene vor. Stößt man ihn an, bewegt er sich nach dem Trägheitsgesetz mit gleichbleibender Geschwindigkeit. Wird der Wagen beladen, setzt er dem nächsten Stoß ein größeres Beharrungsvermögen entgegen und rollt langsamer. Seine Geschwindigkeit nach dem Stoß hängt offensichtlich von seiner Masse ab, die Physiker als »träge Masse« bezeichnen, da sie seine Bewegung bremst.

Mit dem Rollwagen kann man die »träge Masse« auch quantitativ bestimmen. Das ist allerdings umständlich. Im Alltag legen wir einen Körper dazu auf eine Waage. Da das Wiegen mit einer Waage nur aufgrund des Schwerefeldes der Erde möglich ist, ermitteln wir auf diese Weise die »schwere Masse« des Körpers. Das Verblüffende: Beide Methoden laufen

Das Gravitationsfeld

auf dasselbe Ergebnis hinaus. Obschon das erste Verfahren nichts mit der Schwere zu tun hat, sind »träge Masse« und »schwere Masse« gleich.

Auf dieser Übereinstimmung beruht das bedeutende Fallgesetz: Wenn wir eine Bleikugel fallen lassen, also eine vergleichsweise große Kraft zwischen der Kugel und der Erde wirkt, sollte dies zwar zu einer rascheren Beschleunigung führen als beim Fall einer Plastikkugel. Andererseits vermindert das größere Beharrungsvermögen der Bleikugel aufgrund ihrer »trägen Masse« die Bewegung gerade so, dass sich beide Effekte exakt aufheben. Blei- und Plastikkugel fallen gleich schnell.

Die klassische Physik lieferte für diese seltsame Koinzidenz, die sich bis heute bei jeder noch so genauen Messung zeigt, keine Erklärung. Einstein hielt es für nahezu ausgeschlossen, dass es sich bei der Gleichheit von schwerer und träger Masse um einen Zufall handelt. »Ein Kriminalroman, in dem mysteriöse Begebenheiten als zufällig hingestellt werden, ist nicht viel wert.« Genauso sei eine Theorie, die für die Identität von schwerer und träger Masse eine Erklärung biete, einer anderen überlegen.[354] Und diese Erklärung wollte er finden.

Physik im Fahrstuhl

Einstein war ein Meister darin, einfache Fragen zu stellen und dann nicht mehr lockerzulassen, da Probleme zu sehen, wo aus Sicht der Zeitgenossen alles im Lot schien, und die großen Theorien daraufhin abzuklopfen, was aus ihrem Rahmen herausfällt. »Er hatte die Gabe, hinter unauffälligen, wohlbekannten Fakten eine Bedeutung zu sehen, die allen anderen entgangen war«, erzählt sein Physikerkollege und langjähriger Weggefährte Max Born rückblickend. »Es war dies unwahrscheinliche Einfühlungsvermögen in die Arbeitsweise der Natur und nicht seine mathematische Fähigkeiten, was ihn von uns allen unterschied.«[355]

Irgendwann, als er wieder einmal über die Fallgesetze nachdachte, beflügelte ein Bild seine Phantasie. Im Herbst 1907 kam ihm der bereits erwähnte »glücklichste Gedanke« seines Lebens: dass jemand, der frei nach unten fällt, kein Schwerefeld mehr spürt.[356]

Unsereins denkt bei einem Aufzug, der in die Tiefe saust, weil das Halteseil gerissen ist, allein an das dramatische Ende. Anders Einstein. Ihm fiel auf, dass eine herkömmliche Waage im freien Fall kein Gewicht mehr anzeigt. Wäre in dem Fahrstuhl eine Reckstange angebracht, dann wären Klimmzüge mit dem kleinen Finger plötzlich überhaupt kein Problem mehr. Aber Vorsicht! Man müsste die Bewegung nach oben abbremsen, um nicht über das Ziel hinauszuschießen. Welche Versuche man während des freien Falls auch anstellen würde, sie würden so verlaufen, als befände man sich weit entfernt von der Erde in einem gravitationsfreien Raum. Daher sollten in einem frei fallenden Bezugssystem dieselben physikalischen Gesetze gelten wie in einem kräftefreien System: die Gesetze der speziellen Relativitätstheorie.

In Einsteins Gedankenexperiment ist die Schwerelosigkeit allerdings auf einen kleinen Raumbereich begrenzt. Stellen wir uns vor, jemand platziert in dem fallenden Aufzug rechts und links von sich einen Ball. Die Bälle schweben und bewegen sich, von außen gesehen, mit nach unten, dem Masseschwerpunkt der Erde entgegen. Die Fallbeschleunigung wirkt bei genauer Betrachtung in Richtung Erdmittelpunkt. Daher sind die Bahnen der beiden Bälle, streng genommen, nicht parallel. Während des freien Falls bewegen sie sich ein wenig aufeinander zu. Völlige Schwerelosigkeit herrscht also nur in einem hinreichend kleinen Fahrstuhl und für einen kurzen Zeitraum.[357]

Einstein weitete diese entscheidende Einsicht nach und nach zu einer neuen Theorie der Gravitation aus. Ausgehend von seiner Fahrstuhlphysik, fasste er zunächst vergleichbare Situationen ins Auge, zum Beispiel eine rundum geschlossene Kabine irgendwo im Weltraum. Wenn Gegenstände wie Schlüssel oder Taschentücher, die in dieser Kabine losgelassen werden, nach unten fallen, dann kann dies mehrere Ursachen haben. Den Insassen kommt es so vor, als befänden sie sich im Schwerefeld eines Himmelskörpers. Es kann aber genauso sein, dass ihre Raumkapsel aufgrund irgendeines Antriebs wie ein anfahrender Fahrstuhl nach oben beschleunigt wird. Sie können nicht entscheiden, in welcher Situation sie sich gerade befinden. Beide Auffassungen sind physikalisch gleichermaßen vertretbar.

Das Gravitationsfeld

Denken wir uns zum Beispiel an der Kabinendecke eine Feder, an der ein Gewicht hängt. Wird die Feder in die Länge gezogen, dann kann dies entweder daran liegen, dass ein Schwerefeld die Masse nach unten zieht. Es ist aber genauso gut möglich, dass sich die Trägheit der Masse gegenüber einer Beschleunigung der Kabine bemerkbar macht, und zwar als Zug in die entgegengesetzte Richtung. Trägheit und Schwere, Beschleunigung und Gravitation, sind einander äquivalent.

Einstein bezeichnete diese Erkenntnis als »Äquivalenzprinzip«. Es bildet den Kristallisationskeim seiner neuen Gravitationstheorie. »Der heuristische Wert dieser Annahme liegt darin, dass sie ein homogenes Gravitationsfeld durch ein gleichförmig beschleunigtes Bezugssystem zu ersetzen gestattet, welch letzterer Fall bis zu einem gewissen Grade der theoretischen Behandlung zugänglich ist«, schrieb er zu Beginn seiner Studien im Jahr 1907.[358]

Einstein blieb nicht nur den einmal aufgeworfenen Fragen treu, sondern auch den physikalischen Bildern und Gedankenexperimenten, von denen er sich eine Klärung erhoffte. Der Kasten und die Kabine im All tauchen in seiner Vorstellungswelt immer wieder auf. Er konnte nicht ahnen, dass hundert Jahre später etwa 1000 »Kästen« im erdnahen Weltall kreisen, künstliche Satelliten, die für Kommunikationszwecke, die Meteorologie, Erdbeobachtung und Navigation eingesetzt werden. Mit diesen technischen Systemen hat die allgemeine Relativitätstheorie eine späte praktische Bedeutung erlangt. Einstein hingegen ging es bei seinen Gedankenexperimenten darum, eine neue Ordnung für die Naturphänomene zu finden.

Kehren wir mit diesem Bewusstsein in die Kabine zurück. Als Nächstes stellen wir uns eine Lichtquelle an ihrer Innenwand vor. Sie sendet einen Lichtstrahl waagerecht in den Raum. Solange sich die Kabine, von außen gesehen, mit gleichbleibendem Tempo bewegt, trifft der Lichtstrahl exakt gegenüber dem Einfallspunkt auf. Das ändert sich jedoch, wenn die Raumkapsel konstant nach oben beschleunigt. Dann biegt sich der Lichtstrahl nach unten weg. Er beschreibt eine leicht gekrümmte Bahn.

Ein Insasse kann diesen Sachverhalt jedoch auch anders interpretieren.

Ihm erscheint es so, als befände sich die Kabine in Ruhe, aber im Wirkungsbereich eines Schwerefelds. Wenn der Lichtstrahl also von seiner ansonsten geradlinigen Bahn abgelenkt wird, dann sollte die Ursache dafür in einem Schwerefeld zu suchen sein.

Ganz auf das »Äquivalenzprinzip« vertrauend, sagte Einstein schon 1907, also acht Jahre vor der Fertigstellung seiner allgemeinen Relativitätstheorie, voraus, dass Licht in einem Gravitationsfeld von seinem Kurs abkommt.[359] Für einen direkt an der Sonne vorbeigehenden Lichtstrahl errechnete er eine winzige Winkeländerung um 0,83 Bogensekunden: nicht einmal so viel wie der Durchmesser einer Erbse aus einem Kilometer Abstand betrachtet. Einstein räumte ein, dass die Voraussetzungen seiner Rechnungen, »wenn sie schon naheliegen, doch recht kühn sind«.[360] Trotzdem machte er sich Hoffnungen, dass Astronomen seine Vorhersage überprüfen würden. Und zwar bei einer totalen Sonnenfinsternis, wenn sich der Mond vor die Sonnenscheibe schiebt. Dann werden für eine kurze Zeitspanne auch jene Sterne in unmittelbarer Umgebung der Sonne sichtbar, deren Licht sonst von ihr überstrahlt wird. Während einer Finsternis kann man die Positionen dieser sonnennahen Fixsterne fotografieren und die Aufnahme anschließend mit einem Foto derselben Gruppe von Sternen vergleichen, das nachts gemacht wurde, wenn das Sternenlicht auf dem Weg zur Erde nicht nahe an der Sonne vorbeiläuft.

Der Astronom Erwin Freundlich war begeistert von dieser Idee. Seine lange vorbereitete Sonnenfinsternis-Expedition in die Krim scheiterte jedoch. Wie bereits erwähnt, gerieten er und sein Team vorübergehend in russische Kriegsgefangenschaft. Zurück in Berlin, schmiedete Freundlich sogleich neue Pläne und bekam zumindest vorübergehend Rückendeckung von namhaften Physikern, unter ihnen Arnold Sommerfeld, der an die Fachkollegen appellierte, Einsteins Vorhersage möglichst bald einem experimentellen Test zu unterziehen. »Sorgen Sie dafür, dass sich die deutsche Astronomie nicht blamiert! Sie hat seit Jahrzehnten keine Gelegenheit gehabt wie diese, um zu zeigen, dass sie auf der Höhe steht.«[361]

Das Gravitationsfeld

Die Entdeckung der Langsamkeit

Sommerfeld studierte in München den Aufbau der Atome und versuchte zu verstehen, warum Atome nur Licht bestimmter Wellenlängen aussenden. Daher interessierte er sich besonders für jene Aspekte der allgemeinen Relativitätstheorie, die das Licht betreffen. Sein Briefpartner Einstein wartete hier mit weiteren Überraschungen auf. Dazu zurück ins Innere unserer Raumkapsel:

Diesmal sind zwei Physiker an Bord, nennen wir sie Einstein und Planck. Sie sind mit baugleichen Instrumenten ausgestattet. Planck, am Boden der Kabine, schickt Lichtwellen nach oben in Richtung Decke, wo Einstein mit einem Detektor ausharrt. Nachdem Einstein die Lichtsignale empfangen hat, antwortet er mit entsprechenden Lichtpulsen, die er in Plancks Richtung aussendet.

Wir haben Licht in diesem Buch bereits als elektromagnetische Welle kennengelernt. Die Abfolge der Wellenspitzen und -täler ist charakteristisch für die jeweilige Lichtwelle. So unterscheiden sich etwa die Regenbogenfarben, aus denen sich das Lichtspektrum der Sonne zusammensetzt, dadurch voneinander, dass der Abstand zwischen den Wellenbergen von Violett, Blau, Grün und Gelb bis hin zu Rot immer größer wird. Wie kommen solche elektromagnetische Wellen bei Einstein und Planck an?

Wenn die Kabine konstant nach oben beschleunigt, bewegt sich Einstein an der Spitze der Raumkapsel mit seinem Detektor mit immer höherer Geschwindigkeit von den Lichtwellen weg, die von unten her kommend zu ihm gelangen. Der zeitliche Abstand zwischen den Wellenbergen vergrößert sich. Damit ändert sich auch die Farbe des Lichts. Sie verschiebt sich zum roten Ende des Spektrums hin.

Planck beobachtet den umgekehrten Effekt. Am Boden der Kabine bewegt er sich immer schneller auf den Ort zu, vom dem aus Einstein seine Lichtsignale ausgesendet hat. Die Wellenberge kommen daher in dichterer Folge auf ihn zu. Aus seiner Perspektive hat sich die Farbe zum blauen Ende des Spektrums hin verschoben. Etwas Ähnliches begegnet uns im

Alltag bei Schallwellen, wenn sich nämlich beim Vorbeifahren der Polizei oder Feuerwehr – »iiiIIIUUUuuu« – die Wellenlänge, also die Tonhöhe verändert.

Wir können nun wieder auf das »Äquivalenzprinzip« zurückgreifen: Einstein und Planck haben nämlich den Eindruck, als befände sich ihre Kabine in Ruhe in einem Gravitationsfeld, etwa auf der Oberfläche eines Himmelskörpers. Ihre Schlussfolgerung: Das Schwerefeld lässt jenes Licht, das sich von dem Himmelskörper entfernt, röter erscheinen. Diese Farbveränderung – Physiker sprechen von einer »Gravitationsrotverschiebung« – sollte insbesondere bei der Sonne auftreten.

Einstein griff sich markante Farben aus ihrem Lichtspektrum heraus, etwa jenes gelbe Licht einheitlicher Wellenlänge, das von glühenden Natriumatomen in der Sonnenatmosphäre ausgestrahlt wird. Wenn es sich entgegen dem solaren Schwerefeld fortpflanzt, sollte das Licht mit leichter Rötung zur Erde gelangen. In seinem Aufsatz »Über den Einfluss der Schwerkraft auf die Ausbreitung des Lichts« aus dem Jahr 1911 äußerte er sich allerdings noch skeptisch zu der Frage, ob man die geringfügige Verschiebung der Spektrallinien würde beobachten können.[362]

Der Direktor des Astrophysikalischen Observatoriums Potsdam, Karl Schwarzschild, war diesbezüglich optimistischer. Er hielt einen solchen Test nicht für aussichtslos und installierte zur Beobachtung des Sonnenlichts ein Spektrometer auf dem Turm eines alten Beamten-Wohnhauses. Doch die Auflösung des Instruments reichte nicht aus, um die hypothetische Rotverschiebung nachzuweisen.[363] Eine bessere apparative Ausstattung musste her, wofür nach Ausbruch des Kriegs die finanziellen Mittel fehlten. Zudem meldete sich Schwarzschild freiwillig zum Militärdienst und berechnete von da an die Flugbahnen von Geschossen. Einstein musste sich einmal mehr in Geduld üben.

An den Folgerungen aus dem »Äquivalenzprinzip« hielt er unbeirrt fest. Bei seinen Studien zur Gravitation spielte Licht als elektromagnetische Welle einmal mehr eine Schlüsselrolle. Einstein betrachtete die Lichtwelle als eine von vielen periodischen Erscheinungen. Sie war der sichtbare Ausdruck eines rhythmischen atomaren Vorgangs. Licht erzeugende Atome stellten für ihn winzige Uhren dar, »deren Gang durch die Wellenlänge des ausgestrahlten Lichtes angezeigt wird«.[364]

Kehren wir mit diesem Bild im Kopf noch einmal zu der oben geschilderten Situation ins Innere unserer Raumkapsel zurück, wo Lichtsignale von oben nach unten und in umgekehrte Richtung laufen. Die dabei gewonnenen Ergebnisse können wir nun auch anders interpretieren: Verglichen mit Einsteins höher gelegener »Uhr« geht Plancks »Uhr« am Boden der Raumkapsel nach. Unter dem Einfluss der Gravitation dehnt sich die Zeit.

Das klingt phantastisch! Wenn wir von einem Hochhaus auf das Geschehen auf der Straße hinunterschauen, entsteht überhaupt nicht der Eindruck, dass die Menschen dort unten nach einem langsameren Rhythmus leben. Tatsächlich ist die von Einstein berechnete gravitative Zeitdehnung im irdischen Schwerefeld klein. So klein, dass zu Einsteins Lebzeiten keine Aussichten bestanden, sie mit Uhren zu messen.

Inzwischen hat sich Einsteins Vorhersage jedoch bei physikalischen Messungen vielfach bestätigt. Dank der extremen Ganggenauigkeit heutiger optischer Atomuhren reicht es mittlerweile aus, eine Uhr auf dem Boden zu belassen und eine zweite, baugleiche Atomuhr in ein höheres Stockwerk zu hieven oder sie nur auf einen Tisch zu stellen, um zu erkennen, dass die Bodenuhr langsamer tickt. Zum Beispiel stellten Forscher bei einem Experiment in Boulder in den USA im Jahr 2010 fest, dass die Schwingungen zweier Atomuhren bei einem Höhenunterschied von 33 Zentimetern um den Faktor 0,000000000000000041 variierten.[365]

Sie werden nun vielleicht enttäuscht sagen: So viel Aufhebens um einen derart winzigen Betrag! Aber wie wir noch sehen werden, ist die Zeitverzögerung bei starken Gravitationsfeldern im Universum erheblich größer. Im Extremfall kann Zeit sogar zum Stillstand kommen.

Vor allem führt uns der Vergleich zweier Atomuhren in einem modernen Forschungslabor vor Augen, wie eng Zeit, Raum und Materie miteinander verknüpft sind. Eine moderne Atomuhr ist nur dann ein besonders zuverlässiger Zeitmesser, wenn Wissenschaftler einkalkulieren, in welcher Höhe sich die Uhr im Vergleich zu einer bestimmten Referenzfläche im

Schwerefeld der Erde befindet. Umgekehrt können präzise Atomuhren den Forschern dazu dienen, kleine Höhendifferenzen zu ermitteln. Und drittens haben sie die Möglichkeit, mit denselben Atomuhren das Schwerefeld der Erde zu vermessen – wiederum unter gewissen theoretischen Annahmen und experimentellen Voraussetzungen. Denn Zeitmessung, Längenmessung und Schwerefeldmessung bedingen sich wechselseitig.

In der newtonschen Physik sind Raum und Zeit absolute Realitäten. Sie bilden eine Art Behältnis für alle physikalischen Ereignisse. Sämtliche Prozesse spielen sich in einem absoluten Raum und in einer absoluten Zeit ab, die selbst unbeeinflusst von jeglichem Geschehen bleiben.

In seiner speziellen Relativitätstheorie korrigierte Einstein dieses Bild, indem er darlegte, warum Raum und Zeit nicht voneinander zu trennen sind: Da die Gleichzeitigkeit keine absolute Bedeutung hat, verschmelzen Raum und Zeit miteinander zu einer Raumzeit. In schnell gegeneinander bewegten Systemen unterscheiden sich die Zeit- und Längenmaßstäbe.

Nach der allgemeinen Relativitätstheorie dagegen haben wir es auch nicht mehr mit einem festen raumzeitlichen Ordnungsrahmen zu tun. Zusammen mit der Materie bilden Raum und Zeit ein dynamisches Gefüge. Die Gravitation wird darin zum Bestandteil der Raum-Zeit-Struktur.

Heutzutage wirkt die geringfügige gravitationsbedingte Zeitdehnung bis in unseren Alltag hinein, vor allem bei der Navigation mit GPS-Geräten. Um die aktuelle Position auf der Erde zu ermitteln, stellt das Navigationsgerät einen Kontakt zu mehreren Satelliten in der Erdumlaufbahn her. Die Distanzen zu den Satelliten werden letztlich aus der Laufzeit der Signale ermittelt. Da aber die Satelliten weit über uns am Himmel kreisen, wo die Zeit, salopp gesprochen, nicht so langsam verstreicht wie hier unten auf der Erde, muss der Einfluss des Schwerefelds der Erde ständig berücksichtigt werden, um die Fehler bei der Navigation in Grenzen zu halten.

Der Vollständigkeit halber sei noch angemerkt, dass bei der satellitengestützten Navigation auch die spezielle Relativitätstheorie nicht außer Acht gelassen werden darf. Denn die Uhren der GPS-Satelliten bewegen sich gegenüber dem Erdboden. Sie gehen daher aus irdischer Perspektive langsamer. Der Unterschied, der aus dieser Relativbewegung resultiert, ist allerdings deutlich kleiner als der oben beschriebene Effekt aufgrund des Erdschwerefelds.

Gekrümmte Raumzeit

Wir haben in diesem Kapitel eine ganze Reihe physikalischer Phänomene kennengelernt, die Einstein ohne viel Mathematik aus dem »Äquivalenzprinzip« ableitete: In der Nähe eines massereichen Himmelskörpers verrinnt die Uhrzeit langsamer als in größerer Entfernung; ein Lichtstrahl ändert unter dem Einfluss eines Schwerefeldes seine Farbe und folgt darüber hinaus einer gekrümmten Bahn.

Von der Ablenkung des Lichts in einem Gravitationsfeld wie dem der Sonne war bereits an anderer Stelle die Rede. Das Wort »Ablenkung« veranschaulicht den Sachverhalt zwar, verschleiert aber einen wesentlichen Aspekt der allgemeinen Relativitätstheorie: dass nämlich die Gravitation die geometrische Struktur von Raum und Zeit erst bestimmt und damit auch, was unter einer »Ablenkung« oder einem »geraden« Verlauf zu verstehen sein soll. Selbst das ist nicht gesichert.

Isaac Newton knüpfte unmittelbar an den uns vertrauten Begriff der »Geraden« an, um seine physikalischen Grundgesetze zu definieren: Ein Körper, auf den keine äußeren Kräfte wirken, bewegt sich geradlinig und gleichförmig. Die kräftefreie Trägheitsbewegung erfolgt entlang einer Geraden. Dagegen behandelte Newton die Schwerkraft als äußere Krafteinwirkung, sprich: Die Schwerkraft bringt einen geworfenen Ball von seiner ansonsten geradlinigen Bahn ab, indem sie diese Wurfbahn zu einer Parabel umbiegt. Dieselbe Kraft bindet auch den Mond an die Erde und zwingt die Planeten auf ellipsenförmige Umlaufbahnen um die Sonne.

Einstein hingegen sah die Gravitation nicht als äußere Kraft an. Da die Schwerkraft im frei fallenden Aufzug aufgehoben ist, bewegt sich ein Körper auch in einem Gravitationsfeld kräftefrei. Gemäß der einsteinschen Theorie ist seine Bewegung infolge von Trägheit *und* Gravitation so geradlinig und so gleichförmig wie eben möglich. Diese geradestmöglichen

Weltlinien, »Geodäten« genannt, spielen in der allgemeinen Relativitätstheorie eine ähnliche Rolle wie Geraden in der klassischen Physik.*

Man könnte natürlich trotzdem sagen, dass ein Lichtstrahl im Schwerefeld »abgelenkt« wird, um bei der uns vertrauten euklidischen Geometrie zu bleiben. Einstein entschloss sich aus physikalischen Gründen dazu, die Gravitation in die geometrische Struktur von Raum und Zeit einzubinden. Er wollte Naturgesetze finden, die für alle Beobachter dieselbe, möglichst einfache Form haben, auch für solche, die sich beschleunigt zueinander bewegen. Das war ihm nur möglich, wenn er sich an einer durch die Materieverhältnisse bedingten physikalischen Geometrie orientierte. Folglich nahm er an, dass die Geometrie des Raumes in einem starken Schwerefeld unseren herkömmlichen Vorstellungen nicht mehr entspricht, also nicht mehr euklidisch ist. Insbesondere betrachtete er den Lichtweg als verallgemeinerte Gerade, als »Geodäte«.

Was hat man sich darunter vorzustellen? Schauen wir uns dazu die gekrümmte Oberfläche der Erde an. Auf einem Globus können wir »Geodäten« ohne viel Mühe finden. Wir wählen zwei beliebige Punkte aus, zum Beispiel Berlin und New York, und verbinden sie auf dem Weg miteinander, den auch ein Flugzeug wählen würde. Wenn wir auf dieser geradestmöglichen Linie mit dem Finger immer weiter um den Globus herumfahren, kommen wir irgendwann wieder am Ausgangspunkt an. Auf einer Kugeloberfläche ist die »Geodäte« stets Teil eines Großkreises.

Auch die Längengrade, die vom Nordpol zum Südpol verlaufen, sind geodätische Linien. Sie schneiden den Äquator jeweils im rechten Winkel. Ziehen wir nun ein Dreieck vom Nordpol zum Äquator, ein Stück auf dem Äquator entlang und wieder zurück über einen Längengrad zum Nordpol, dann ist die Winkelsumme in diesem Dreieck größer als 180 Grad.

---

* Das lässt sich am Beispiel der Lichtstrahlen erläutern: Bis zu Einsteins Vorhersage der Lichtkrümmung im Schwerefeld gingen Forscher davon aus, dass sich Lichtstrahlen im leeren Raum stets geradlinig ausbreiten. Im Vermessungswesen waren und sind Lichtstrahlen das Mittel der Wahl, um »gerade« Strecken zu definieren und die Entfernung von A nach B zu messen. Ein Maler, den Sie zu sich ins Haus bestellen, hat heutzutage in der Regel ein handliches Laser-Distanzmessgerät dabei, das ihm die Abstände von Wand zu Wand millimetergenau anzeigt.

Das Gravitationsfeld

Schon daran erkennt man, dass es sich um eine gekrümmte Fläche handeln muss. Denn in einer ebenen Fläche beträgt die Winkelsumme eines Dreiecks immer genau 180 Grad.

Von dieser Krümmung der Erdoberfläche bekommen wir im Allgemeinen nichts mit. Setzen wir uns in einen Pkw und fahren los, haben wir nicht den Eindruck, uns auf einer Kugeloberfläche zu bewegen. Lokal gesehen, ist die Erde flach. Daher kann man von einem kleinen Ausschnitt der Erdoberfläche ohne Weiteres eine zweidimensionale Landkarte zeichnen, bei der der Maßstab für das gesamte Gebiet gleich ist. Auf einer maßstabsgetreuen Karte des Berliner Umlands entspricht ein Zentimeter zum Beispiel überall vier Kilometern in Wirklichkeit.

Dagegen lässt sich die Erdoberfläche als Ganze nicht maßstabsgetreu auf einem Blatt Papier abbilden. Vermutlich kennen Sie Weltkarten, die den ganzen Globus darstellen. Darauf sind die Polarregionen in der Regel ganz breit. Für solche Karten gilt: Je weiter man sich vom Äquator in Richtung Süden oder Norden wegbewegt, umso kleiner ist die wirkliche Strecke, die einem Zentimeter auf der Karte entspricht.

Wollen Sie aus einer solchen Karte die tatsächlichen Verhältnisse herauslesen, dann können Sie nicht mehr auf einen festen Maßstab zurückgreifen. Stattdessen müssen Sie über den entsprechenden mathematischen Zusammenhang für jeden Punkt der Weltkarte Bescheid wissen. Der Mathematiker sagt: Sie benötigen die Kenntnis der Metrik. Erst die Metrik erlaubt es, den wirklichen Abstand zwischen zwei beliebigen Punkten zu berechnen. Gekrümmte Flächen erfordern eine variable Metrik. Bei der Berliner Umlandkarte ist die Metrik konstant.

Auch in der klassischen Theorie Newtons liegt die Metrik fest. Der Raum ist ein absoluter, seine geometrische Struktur und die Maßbestimmungen sind überall gleich. Daher sind die »Geodäten« der klassischen Physik die uns bekannten geraden Linien, und ein von drei Lichtstrahlen aufgespanntes Dreieck hat stets eine Winkelsumme von 180 Grad.

Schon in seiner speziellen Relativitätstheorie hatte es Einstein mit vier Dimensionen zu tun: mit drei Raumrichtungen und der Zeit. Raum und Zeit bildeten für ihn eine Einheit. In der speziellen Relativitätstheorie ging er noch davon aus, dass sich die physikalischen Phänomene am einfachsten durch eine vierdimensionale Raumzeit mit fester Metrik beschreiben lassen. Das änderte sich jedoch, sobald er anfing, die Schwere in seine Überlegungen mit einzubeziehen.

Plötzlich sah er sich mit der Krümmung der Lichtstrahlen, einer Dehnung der Zeit im Schwerefeld und anderen überraschenden physikalischen Effekten konfrontiert. Wie Einstein all dies zu einer neuen Theorie der Gravitation verband, zeugt von der einzigartigen Tiefe seines Denkens. Sein kühner Schluss: Ein vernünftiges Ordnungsschema von Raum und Zeit ergibt sich erst aus den zu ordnenden Körpern selbst. Erst die vorhandenen Massen legen die metrische Struktur der vierdimensionalen Raumzeit fest.

Die Verteilung der Materie und Energie geht mit einem Gravitationsfeld einher, das darüber entscheidet, wie die »Geodäten« aussehen. Lichtstrahlen breiten sich entlang dieser geradestmöglichen Linien aus. Aber auch Planeten bewegen sich auf »Geodäten«. Sie verhalten sich ähnlich wie Kugeln, die über eine unebene Oberfläche rollen und in eine Kurve gelenkt werden, sobald sie in eine Mulde geraten. In dieser gedachten Oberfläche erzeugt die Sonne eine besonders weiträumige Vertiefung. Darin verfangen sich die Planetenkugeln. Ihre Bahnen sind durch das Gravitationsfeld der Sonne vorgegeben.

Für uns sehen die Umlaufbahnen der Planeten, Asteroiden und Kometen zwar nicht so aus, als handele es sich dabei um die geradestmöglichen Wege. Aber wir sind außerstande, uns ihre Wege als Kurven in einem gekrümmten vierdimensionalen Raum vorzustellen. Unsere ganze Wahrnehmung ist an eine dreidimensionale Welt gebunden. Daher hatten es selbst Mathematiker über Jahrhunderte hinweg als sinnlos erachtet, sich einer Geometrie zu widmen, die eine potenzielle vierte oder fünfte Dimension mit einschließt.

Erst im 19. Jahrhundert setzte eine intensive Debatte über n-dimensionale Geometrien ein, an die Einstein anknüpfen konnte, als er die Bewegung von Körpern entlang gekrümmter Fläche beschreiben wollte. Die Brücke von hüben nach drüben musste er allerdings selbst bauen. »Es waren mathematische Hilfsmittel erforderlich, deren sich noch kein Physiker je bedient hatte, und die auch in der mathematischen Literatur ein ziemlich verborgenes Dasein führten«, umriss der mit Einstein befreundete Physik-Nobelpreisträger Max von Laue seine Lage.[366]

Im Dickicht der Mathematik

Wie also weiterkommen? In seiner Not wandte sich Einstein im Jahr 1912 an einen ehemaligen Kommilitonen, der mittlerweile Mathematikprofessor in Zürich war. »Grossmann, du musst mir helfen, sonst werd' ich verrückt!«[367] Zwar war Marcel Grossmann kein Experte für gekrümmte Flächen und Räume, doch er kannte die im 19. Jahrhundert entwickelten mathematischen Werkzeuge. Wichtiger noch: Grossmann nahm sich viel Zeit, um sich zusammen mit Einstein in die moderne Geometrie einzuarbeiten.

Von da an wuchs Einsteins Hochachtung vor der Mathematik von Woche zu Woche. Er habe sich in seinem Leben noch nicht annähernd so geplagt wie mit der Geometrisierung der Gravitation, ließ er seine Physikerkollegen wissen. »Gegen dies Problem ist die ursprüngliche Relativitätstheorie eine Kinderei.«[368]

Am schwierigsten war es für ihn, das Gravitationsfeld aus der vorhandenen Materie und Energie zu berechnen. Dabei orientierte er sich an der Theorie Maxwells. Wie aber sollte er das Feld aus einer vierdimensionalen, variablen Metrik ableiten, die die Krümmung der Raumzeit beschreibt? Er hatte es mit einer Rechengröße mit zehn unabhängigen Komponenten zu tun. Den Umgang mit solch komplexen mathematischen Objekten musste Einstein mühsam erlernen.

Seine Notizen aus dieser Zeit verweisen auf Exerzitien, die gerne zugunsten von »Geistesblitzen« und »plötzlichen Eingebungen« unterschlagen werden. Einsteins Meisterwerk fußt auf fortwährenden Übungen. Der Wiederholungscharakter seiner Arbeit tritt überall in der Mathematik zutage, da Einstein hier, mehr als bei physikalischen Betrachtungen, auf Papier angewiesen war. Zu Übungszwecken bekritzelte er neben Notizbüchern auch Stullenpapier oder seine Manschetten.

Um die passende Gussform für seine physikalischen Gedanken zu finden, legte er sich ein mathematisches Handwerkszeug zu, das er stufenweise anreicherte. Auf der Suche nach allgemeinen Feldgleichungen widmete er sich zunächst einfachen Problemen wie schwachen und homogenen Gravitationsfeldern. Immer wieder kehrte er zu solchen Spezialfällen zurück, bei denen sich die klassische Physik bewährt hatte und für die er die Lösungen schon zu kennen glaubte.

Wie Einsteins Notizhefte verraten, trug seine Zusammenarbeit mit Grossmann schnell Früchte. Das Forscherduo übersprang die größten mathematischen Hürden binnen Monaten und hatte die korrekte Lösung schon vor Augen. »Zwei Jahre vor der Publikation der allgemeinen Relativitätstheorie hatten wir bereits die richtigen Feldgleichungen der Gravitation in Betracht gezogen«, erzählt Einstein rückblickend. »Aber wir vermochten ihnen ihre physikalische Brauchbarkeit nicht anzusehen.«[369] Die gesuchten Gleichungen standen schon auf dem Papier, doch der Physiker erkannte sie nicht als solche, sondern verwarf sie wieder.

Anderen herausragenden Theoretikern vor ihm war es nicht besser ergangen. Einsteins berühmter Vordenker Johannes Kepler hatte 300 Jahre vor ihm die Ellipsengleichung für die Marsbahn gefunden, jedoch zunächst nichts damit anzufangen gewusst. Während er zwischen Mathematik und Physik hin und her gesprungen war, hatte sich ihm die herausragende Bedeutung der Formel nicht erschlossen, solange er in alten Denkmustern gefangen gewesen war. Erst nach Monaten war er sich seiner Blindheit bewusst geworden: »Oh, ich närrischer Kauz!«[370]

Einstein besaß eine ähnliche Selbstironie. Auch er lachte über eigene Fehler. Wie Kepler fühlte er sich den Beobachtungen und Messergebnissen streng verpflichtet, aber zugleich frei in der Wahl seiner Forschungsmethoden. Beide Wissenschaftler näherten sich denselben Phänomenen in immer neuen Anläufen aus unterschiedlichen Blickwinkeln und vor dem Hintergrund neuer Erkenntnisse. Keplers Abkehr von der Geometrie der Kreise war in der Geschichte der Astronomie ebenso ohne Beispiel wie der spätere Bruch mit der euklidischen Geometrie.

Wie Einstein seine mathematischen Berechnungen physikalisch zu deuten

Das Gravitationsfeld

hatte, lag nicht einmal in den einfachsten Fällen auf der Hand. So dachte er, die Feldgleichung der allgemeinen Relativitätstheorie mit ihren zehn Komponenten müsste sich beim Übergang zur newtonschen Theorie ohne Umschweife in eine Gleichung mit nur noch einer einzigen Komponente verwandeln. Da dies nicht geschah, hielt er die richtige Lösung für falsch.

Stattdessen arbeiteten er und Grossmann 1913 einen Entwurf aus, der zwar auf die erhoffte Weise in die newtonsche Physik mündete. Entgegen seinem verallgemeinerten Relativitätsprinzip hatte die Feldgleichung nun aber nicht mehr für alle Beobachter dieselbe Form. Das brachte ihn in ziemliche Verlegenheit. Doch möglicherweise gab es physikalische Gründe für die eingeschränkte Gültigkeit des Relativitätsprinzips. Einstein zog sich vorerst damit aus der Affäre, dass die neue Gravitationstheorie einigen übergeordneten, eingrenzenden physikalischen Prinzipien genügen müsse, zum Beispiel dem Gesetz von der Erhaltung der Energie oder dem Kausalitätsprinzip. Es sollte ihn zwei weitere Jahre der Reflexion kosten, seine Ansichten diesbezüglich zu korrigieren und zu seinem allgemeinen Relativitätsprinzip zurückzukehren.

Mathematik oder Wirklichkeit

In diesen zwei Jahren betrachtet er seinen Theorieentwurf mal mehr, mal weniger skeptisch, spricht völlig offen über gedankliche Hürden und Fortschritte und veröffentlicht einige Arbeiten über seine Gravitationsphysik. So bleibt es nicht aus, dass andere Forscher auf den Zug aufspringen, unter ihnen David Hilbert. Der 53-jährige Mathematikprofessor lädt Einstein im Sommer 1915 zu einer Vorlesungsreihe nach Göttingen ein und entpuppt sich wenige Monate später als Mitstreiter um die Vollendung der allgemeinen Relativitätstheorie.

Hilbert ist einer der bedeutendsten zeitgenössischen Mathematiker, berühmt geworden unter anderem durch die 23 »Hausaufgaben«, die er seinen Fachkollegen für das 20. Jahrhundert vorlegte. Er selbst sucht nach einer axiomatischen Grundlegung der gesamten Mathematik. Was darunter zu verstehen ist, lässt sich am Beispiel der Geometrie erläutern:

Jahrtausendelang waren Mathematiker davon ausgegangen, dass sich sämtliche Sätze der Geometrie auf einige wenige Aussagen zurückführen lassen. Aus diesen Axiomen, die Euklid an den Anfang seiner Geometrie gesetzt hatte, konnte durch logische Schlussfolgerungen alles Weitere abgeleitet werden. Zwar war die Gültigkeit der Axiome nicht gesichert. Sie galten jedoch als evident oder, mit Hilberts Worten gesagt, »als Extrakt von Erfahrungskomplexen«.[371]

Erst im 19. Jahrhundert stellte sich heraus, dass man diese Basissätze variieren und so zu anderen in sich schlüssigen Theorien gelangen kann, den nicht-euklidischen Geometrien. Für Hilbert sind solche Geometrien genauso »wahr« wie die euklidische Geometrie. Denn er betrachtet die Mathematik als rein formales Spiel mit Symbolen nach festgelegten Regeln. Anstatt auf die Evidenz der Ausgangsaxiome zu verweisen, behandelt er sie als Hypothesen, um dann zu prüfen, ob sie zu einer in sich widerspruchsfreien Theorie führen. Für die euklidische Geometrie hat Hilbert diesen formalen Beweis bereits erbracht.

Einstein zollt Hilberts mathematischen Forschungen einigen Respekt. Der dadurch erzielte Fortschritt bestehe darin, das Logisch-Formale vom anschaulichen Gehalt sauber zu trennen. Gemäß der Axiomatik bildet nur das Logisch-Formale den Gegenstand der Mathematik. Sie beruht auf Denken, nicht auf Erfahrung. »Eine solche gereinigte Darstellung macht es aber auch evident, dass die Mathematik als solche weder über Gegenstände der anschaulichen Vorstellung noch über Gegenstände der Wirklichkeit etwas auszusagen vermag«, unterstreicht Einstein.[372] Noch stärker zugespitzt: »Insofern sich die Sätze der Mathematik auf die Wirklichkeit beziehen, sind sie nicht sicher, und insofern sie sicher sind, beziehen sie sich nicht auf die Wirklichkeit.«[373]

Nun klingt aber schon in der Bezeichnung »Geometrie« oder »Erdmessung« an, dass Menschen seit jeher durch besondere Strukturen in der physikalischen Welt zum mathematischen Denken veranlasst wurden. Einstein macht in der historischen Entwicklung der Mathematik einen Zweig aus, den er »praktische Geometrie« nennt. Sie handele von der relativen Lagerung gewisser Naturkörper zueinander, zum Beispiel einer Mess-

Das Gravitationsfeld

latte relativ zu Teilen der Erde, und ordne den mathematischen Begriffen erlebbare Gegenstände zu. Alle Längenmessungen in der Physik oder Astronomie seien dieser Art der Geometrie zuzurechnen.

Aus diesem Blickwinkel gesehen, bedingen sich Geometrie und Physik wechselseitig. Die Erfahrung lehrt nämlich, dass es in der Natur gar keine starren, unveränderlichen Körper gibt. Jede Messlatte etwa ist deformierbar und ändert bei Temperaturerhöhung ihre Länge. Für den richtigen Gebrauch einer Messlatte bedarf es also physikalischer Kenntnisse, die ihrerseits auf den Begriffen der Geometrie fußen. Der Zusammenhang zwischen Geometrie und Erfahrung offenbart sich demnach erst im Rahmen einer umfassenden Betrachtung. Und in diesem Kontext, so Einstein, habe auch die Frage, ob die »praktische Geometrie« der Welt euklidisch sei oder nicht, einen deutlichen Sinn.[374]

Das Spannungsverhältnis zwischen dem grundsätzlich unsicheren erfahrungsgestützten Wissen und dem deduktiv gewonnenen Wissen der axiomatischen Mathematik prägt Einsteins Beziehung zu Hilbert. Denn der Göttinger Mathematiker möchte seine axiomatische Methode in die Physik übertragen. »Ich glaube: Alles, was Gegenstand des wissenschaftlichen Denkens überhaupt sein kann, verfällt, sobald es zur Bildung einer Theorie reif ist, der axiomatischen Methode und damit mittelbar der Mathematik.«[375]

Hilbert hält die Physik für viel zu schwierig, um sie allein den Physikern zu überlassen. Seit einigen Jahren setzt er sich mit aktuellen physikalischen Forschungsthemen auseinander, die ihm »reif« für eine axiomatische Behandlung erscheinen. Eigens dazu angestellte Physik-Tutoren lesen ihm die neuesten Aufsätze zur Festkörperphysik oder Strahlungstheorie vor und besprechen sie mit ihm. Außerdem lädt der Göttinger Mathematiker Koryphäen des Fachs, von Planck bis Sommerfeld, zu Gastvorlesungen ein. Denn langfristig möchte er die Physik auf ein ähnlich sicheres gedankliches Fundament stellen wie die Mathematik.

Eine Kostprobe seines Könnens hat er 1912 gegeben, als er aus einigen wenigen Grundannahmen ein physikalisches Strahlungsgesetz ableitete. Auch Nichtmathematiker staunten über seine Lösungsstrategie. Sie enthielt allerdings weder irgendwelche Hinweise auf Experimente noch eine plausible Erklärung dafür, warum das Gesetz gelten soll. Die Kritik an seiner Vorgehensweise vonseiten der physikalischen Fachwelt war absehbar. Der allgemeine Tenor: In Hilberts Axiomen stecke schon drin, was man doch erst zeigen wolle.[376]

Als Einstein nach Göttingen kommt, kann er nicht ahnen, dass seinem Gegenüber mit der Gravitationstheorie etwas Ähnliches vorschwebt: sie aus wenigen Axiomen herzuleiten. Vom 29. Juni 1915 an ist Einstein eine Woche lang in Göttingen, logiert im Hotel Gebhards und hält sechs zweistündige Vorlesungen an der Universität. Dabei stützt er sich vor allem auf seine im Herbst 1914 gedruckte Abhandlung über »Die formale Grundlage der allgemeinen Relativitätstheorie«, die in Göttingen bereits Gegenstand der Diskussion war.[377] Einstein fühlt sich von den Gelehrten bis ins Einzelne verstanden, vor allem von jenem Wissenschaftler, der seinen kahlen Kopf gerne unter einem Panama-Hut verbirgt. »Von Hilbert bin ich ganz begeistert«, schwärmt er. »Ein bedeutender Mann!«[378]

Seine Anerkennung gilt nicht nur dem Mathematiker, sondern auch dem politisch liberalen Denker. Zwar hat sich Hilbert zu Beginn des Krieges von der allgemeinen Kriegsbegeisterung mitreißen lassen und zusammen mit über 3000 Professoren die nationalistische »Erklärung der Hochschullehrer des Deutschen Reiches« unterzeichnet.[379] Seither hat sich seine Haltung zum Krieg jedoch gewandelt, was sich etwa in der Kriegszieldebatte zeigt, die im Sommer 1915 einen neuen Höhepunkt erreicht.

Während Einstein in Göttingen weilt, wirbt der Berliner Theologe Reinhold Seeberg an den Universitäten um Unterstützung für eine deutsche Expansionspolitik. Mit ihm fordern 1347 Unterzeichner, darunter 352 deutsche Hochschullehrer, ganz Belgien, die französische Kanalküste und im Osten das Baltikum im Falle eines Friedensschlusses einzubehalten. Vor allem gegen die nach Westen gerichteten Annexionen, die mit einem Verteidigungskrieg nichts mehr zu tun haben, wendet sich der Historiker Hans Delbrück mit einer moderaten Denkschrift. Sie findet nur 141 Befürworter aus unterschiedlichen politischen Lagern, unter ihnen Einstein, Planck und Hilbert.[380]

Das Gravitationsfeld

Im engen Göttinger Wissenschaftsmilieu hat sich Hilbert einen geistigen Freiraum geschaffen, der auch politisch ins Abseits geratenen Kollegen einen gewissen Schutz bietet. In seinem Mitarbeiterkreis spricht Einstein offenbar über sein eigenes pazifistisches Engagement im »Bund Neues Vaterland« und weckt damit das Interesse des Privatdozenten Paul Hertz, dem er schon in der Schweiz begegnet ist.[381] Der anschließende Briefwechsel mit Hertz macht deutlich, was in den Kriegsjahren in ihm gärt:

Zwischen August und Oktober 1915 korrespondieren die beiden Physiker darüber, wie einige Schwierigkeiten in der bisherigen Gravitationstheorie möglicherweise überwunden werden könnten. Nebenbei informiert sich Hertz über die Aktivitäten des »Bundes«, kann sich aber wohl nicht zu einer Mitgliedschaft entschließen, sondern erwägt, dessen regelmäßige Mitteilungen über einen Strohmann zu beziehen. Nach einigem Hin und Her rät Einstein dem Bedenkenträger dringend von einer Mitgliedschaft ab:

»Sie haben jene Art tapfere Gesinnung, die die Machthaber an dem Deutschen so lieben.« Derart feingebildete Menschen wie er bildeten die beste Gewähr für die Aufrechterhaltung des politischen Sumpfes. »Seien Sie versichert, dass ich Ihren Geist liebe, wenn ich auch die Schwäche Ihres Rückgrates bedaure.«[382] Letztere hält Einstein allerdings nicht für angeboren, sondern für ein Resultat der Erziehung.

Noch ein halbes Jahr zuvor hätte Einstein einen derart schneidenden Brief wohl kaum geschrieben. Das Dokument weist auf möglicherweise ähnliche Kontroversen mit Berliner Wissenschaftlern hin. Bei Einsteins Temperament ist es schlicht nicht vorstellbar, dass er den »Maulkorb« nicht auch in der Hauptstadt hin und wieder ablegt. Doch so scharf sein Urteil ist, den wesentlichen Grund dafür, dass sich Hertz und andere Deutsche dem Druck der öffentlichen Meinung nicht entziehen können, sucht Einstein im Erziehungssystem. Alle handelten gemäß der ihnen zuteilgewordenen Dressur, hielten sich für gut, nützlich und unersetzlich.[383]

Hertz bricht den Kontakt nach diesem Schreiben sofort ab, obschon sich Einstein postwendend für seine Grobheit entschuldigt und ihm versichert, ihm gegenüber auch in Zukunft eine freundliche Gesinnung zu wahren. Sieben Jahre später, als Hertz, ein Wissenschaftler jüdischer Herkunft, im Nachkriegsdeutschland in materielle Not gerät, wird Einstein ein Empfehlungsschreiben für ihn aufsetzen.[384] Einer von vielen Belegen für seine Toleranz und Humanität bei aller gedanklichen Schärfe.

Das Zerwürfnis mit Hertz, der kurz darauf zur Fliegertruppe eingezogen wird, beeinträchtigt sein Verhältnis zu Hilbert offenbar nicht. Allerdings verliert Hilbert mit Hertz einen engagierten Interpreten der neuen Gravitationsphysik, und zwar ausgerechnet in einer Phase, in der er sich mehr denn je in Einsteins Physik vertieft. Dass Einstein den Weg hin zu einer Theorie beschritten hat, die auf nicht-euklidischen Geometrien aufbaut, überrascht ihn nicht. Denn warum sollte für mathematische Werkzeuge nicht dasselbe gelten wie für technische Instrumente: dass nämlich der Bereich der möglichen Anwendungen stets größer ist als der spezifische Zweck, zu dem sie ersonnen wurden. Die Physik müsse die moderne Geometrie in ihre Untersuchungen einbeziehen. »Jede Wissenschaft wächst wie ein Baum, nicht nur die Zweige greifen weiter aus, sondern auch die Wurzeln dringen tiefer«, so Hilbert.[385]

Dem Mathematiker leuchten die Grundgedanken der allgemeinen Relativitätstheorie sofort ein, etwa die Unabhängigkeit der physikalischen Sätze von dem gewählten Koordinatensystem.[386] Lediglich ihr Aufbau erscheint ihm umständlich und unnötig kompliziert. So stößt Hilbert erst im hinteren Teil der »Formalen Grundlage der allgemeinen Relativitätstheorie« auf jenes Verfahren, das für ihn der Schlüssel zur Umarbeitung der gesamten Theorie wird: den so genannten »Lagrange-Formalismus«. Hilbert stellt ihn an den Anfang seiner eigenen Arbeit und die einsteinsche Vorgehensweise damit auf den Kopf.

Allerdings hat der Mathematiker nicht nur vor, die Gravitationsphysik axiomatisch aufzubauen. Er hat darüber hinaus strukturelle Ähnlichkeiten zwischen Einsteins Theorie und einer neuen Theorie der Materie erkannt, die auf den deutschen Physiker Gustav Mie zurückgeht. Das bringt ihn auf den originellen Gedanken, beide unter einem Dach zu vereinen: zu einer »Weltfunktion«.

Das Gravitationsfeld

»Der wertvollste Fund meines Lebens«

Während Hilbert vom Sommer 1915 an nach dieser »Weltfunktion« sucht, macht Einstein Urlaub. Die erste Hälfte der Sommerferien verbringt er zusammen mit seiner Freundin Elsa und ihren Töchtern auf der Insel Rügen. Die Ferien am Meer mit seinem »kleinen Harem« machen ihn glücklich. Erst kürzlich hat er seinem Freund Besso von dem äußerst wohltuenden, hübschen Verhältnis zu seiner Cousine vorgeschwärmt. Der Dauercharakter ihrer Beziehung sei allerdings nur durch die Unterlassung einer Ehe garantiert.[387]

Die anschließende Reise in die Schweiz verspricht vor allem ein Wiedersehen mit seinen Kindern nach mehr als einem Jahr. Schon im Vorfeld hatte Einstein seinem ältesten Sohn von einer Sommerreise »von 14 Tagen oder drei Wochen ganz allein mit Dir« vorgeschwärmt. Vielleicht eine Wanderung in Italien. »Da werd ich Dir auch viel Schönes und Interessantes erzählen von Wissenschaft und vielem andern.«[388]

In Zürich löste diese Ankündigung keine besondere Freude aus. Stattdessen setzte ein Gezerre und Gezanke der Eltern ein. Einstein warf seiner Frau Mileva vor, die Kinder gegen ihn einzunehmen. Rachsüchtig, wie sie sei, habe sie ihrem Sohn die Zeilen »Solange Du mit Mama nicht freundlicher bist, mag ich nicht mit Dir gehen ...« vermutlich diktiert. Inzwischen bekomme er überhaupt keine Antwort mehr, wenn er an Hans Albert schreibe.[389]

Die Briefe, die Einstein seit der Trennung an seine Frau geschrieben hat, sind kühl, vorwurfsvoll, kleinlich, dann wieder einvernehmlicher im Ton und um Klärung bemüht. Oft geht es um finanzielle Fragen, meist um seinen Kontakt zu den Kindern. Von Milevas Seite ist nur ein einziger Brief aus dem Jahr 1915 erhalten. Einsteins Korrespondenz mit Michele Besso und Heinrich Zangger vermittelt dennoch einen Eindruck davon, wie schwierig die Trennung vom Vater insbesondere für die beiden Söhne ist. Besso und Zangger werfen ihm wiederholt mangelndes Einfühlungsvermögen vor.

Als er im September 1915 in Zürich ankommt, ist er selbst verunsichert, die Söhne entziehen sich ihm. Er sieht sie lediglich zwei Mal. »Darauf Stockung. Ursache: Angst der Mutter vor zu großer Anlehnung der Kleinen an mich.«[390] Und seine eigene Angst? Belegen die seltenen Briefe an seine Kinder nicht auch, wie unbeständig und flüchtig seine väterlichen Gefühle sind?

So fremd ihm die eigenen Kinder sind, das Zusammensein mit seinen alten Freunden tut ihm gut, ebenso gut wie die Begegnung mit dem Pazifisten Rolland. Der Franzose hat die europäischen Gelehrten auch dazu aufgefordert, in Zeiten des Krieges nicht starr auf das stumpfsinnige Gemetzel an der Front zu schauen. »Seid wie Archimedes, setzt eure Arbeit in der belagerten Stadt fort. Glaubt ihr nicht, dass ein Gelehrter, der mitten im menschlichen Ungewitter ein Problem löst, der Welt mehr nützt als alle Erklärungen der 93 Intellektuellen? Lasst uns an den ewigen Dingen arbeiten ... Ebenso wie das Rote Kreuz in der Schlacht die Wunden des Leibes verbindet, haben wir dem Geist zu Hilfe zu eilen und ihn zu retten.«[391]

Kaum ist Einstein nach Berlin zurückgekehrt, gerät er in einen Schaffensrausch. Nachdem er auf Fehler in seiner bisherigen Gravitationstheorie aufmerksam gemacht worden ist, hat er zuerst wenig Hoffnung, die Sache selbst richtigzustellen. Nur ein »Nebenmensch mit unverdorbener Gehirnmasse« könne dies vielleicht leisten.[392] Bald darauf erfährt er, dass dieser »Nebenmensch« in Göttingen schon eifrig bei der Sache ist. Der Gedanke, dass Hilbert ebenfalls ein Haar in der Suppe gefunden hat, lässt ihm keine Ruhe mehr. Plötzlich gibt der Mathematiker ein Tempo vor, mit dem er selbst kaum Schritt halten kann.

Nachdem Einstein die alten Fäden wieder aufgenommen hat, verbringt er Tage und Nächte mit der fieberhaften Berechnung jener Gleichungen, von denen er »vor drei Jahren, als ich zusammen mit meinem Freund Grossmann arbeitete, nur mit schwerem Herzen abgegangen war«.[393] Er vergisst das Mittagessen und den Schlaf und spielt in einer ungeheuren Energieleistung noch einmal alle möglichen Rechenoptionen durch, um endlich herauszufinden, in welcher Weise die Anwesenheit von Materie und Energie die Struktur von Raum und Zeit festlegt. In den drei zurück-

Das Gravitationsfeld

liegenden Jahren hat er dazu mit allerlei Beispielen hantiert. Dieser Erfahrungsschatz eröffnet ihm im Herbst 1915 neue Interpretationsspielräume.

Am 4. November 1915 legt er der Preußischen Akademie der Wissenschaften die vermeintliche Lösung seines Problems vor. Zunächst gesteht er ein, er habe das Vertrauen in die zuvor von ihm aufgestellten Feldgleichungen vollständig verloren.[394] Anschließend preist er sein neues Werk an: »Dem Zauber dieser Theorie wird sich kaum jemand entziehen können, der sie wirklich erfasst hat; sie bedeutet einen wahren Triumph ... des allgemeinen Differentialkalküls.«[395] Neugierig auf Hilberts Urteil, schickt er seine Berechnungen umgehend nach Göttingen.

In der Woche darauf erscheint Einstein erneut vor der Akademie, diesmal mit einem Nachtrag, den er mit einem »noch strafferen, logischen Aufbau der Theorie« begründet.[396] Auch darüber informiert er Hilbert, von dem er im Gegenzug eine Einladung erhält, sogleich nach Göttingen zu kommen. Hilbert kündigt an, am 16. November seine eigene axiomatische Lösung zum Besten zu geben. »Ich halte sie für mathematisch ideal schön.« Und für absolut zwingend. Zu Einsteins Abhandlung vom 4. November bemerkt er nur kurz, sie sei von seiner eigenen Lösung »völlig verschieden«, zumal er, Hilbert, Gravitation und Elektrodynamik in einem behandele.[397]

Einstein ist nun erst recht neugierig. Hilberts Feldgleichungen interessierten ihn »gewaltig«, schreibt er zurück, denn er selbst habe sich das Gehirn zermartert, um eine Brücke zwischen Gravitation und Elektrodynamik zu schlagen.[398] Die kurzfristige Einladung nach Göttingen lehnt er jedoch aus gesundheitlichen Gründen ab. Ihn plagen, wie so oft, Magenschmerzen.

Außerdem ist er ziemlich übermüdet. Seine halsbrecherischen Berechnungen haben ihn inzwischen tief in die Astronomie hinein geführt. Zielsicher hat er sich einen Aspekt aus seiner Theorie herausgegriffen, der in seinen Augen die Probe aufs Exempel ist. Am 18. November hat er den Mitgliedern der Preußischen Akademie wesentlich Neues zu berichten. Angesichts der Bedeutung seiner Ergebnisse trägt er sie diesmal mündlich vor.

Es geht um das Verhalten des Planeten Merkur, der der Sonne von allen Planeten am nächsten kommt. Der kleine, eher unscheinbare Planet wird im Herbst 1915 zum vorerst wichtigsten Prüfstein der allgemeinen Relativitätstheorie. Wäre Merkur allein der Schwerkraft der Sonne ausgesetzt, sollte er sich, laut Newtons Physik, auf einer elliptischen Bahn bewegen und nach jedem Umlauf zu seinem Ausgangsort zurückkehren. Merkurs Bahn ist allerdings keine in sich geschlossene Ellipse. Der Planet läuft auf einer komplizierten Rosettenbahn um die Sonne.

Das allein wäre noch kein Grund an der klassischen Physik zu zweifeln. Schon Newton wusste, dass bei einem präzisen Vergleich der Theorie mit den astronomischen Beobachtungsdaten nicht nur die Schwerkraft der Sonne zu berücksichtigen ist, sondern auch die der Nachbarplaneten. Vor allem die Planeten Venus und Jupiter beeinflussen Merkurs Bahn. Doch selbst wenn man dies nach allen Regeln der Rechenkunst einkalkuliert, bleibt eine Diskrepanz zu den Beobachtungsergebnissen bestehen. Sie beträgt, Einstein zufolge, etwa 45 Bogensekunden pro Jahrhundert.

Woher rührt dieser Unterschied? Ist die Sonne vielleicht nicht ganz rund und ihr Gravitationsfeld daher unsymmetrisch? Läuft in Merkurs Nachbarschaft noch ein weiterer, bis dahin unentdeckter Planet um die Sonne? Im 19. Jahrhundert hielten viele Astronomen Ausschau nach diesem hypothetischen Himmelskörper. Von Entdeckerfreude getrieben, reisten sie von einer Sonnenfinsternis zur nächsten, um den Planeten »Vulkan« zu finden. Vergeblich.

Einstein sucht die Erklärung auf einer ganz anderen Ebene. Seit 1907 hegt er die Hoffnung, die Ursache für die seltsame Merkurbahn in einer neuen Theorie der Gravitation zu finden. Denn falls es überhaupt möglich sein sollte, bei den Umlaufbahnen im Sonnensystem Abweichungen von Newtons Theorie festzustellen, dann für den sonnennächsten Planeten Merkur.

Mit den neuen Feldgleichungen vom 11. November hat er sich erneut an die kniffligen Berechnungen herangewagt. Auf einmal schließt sich die Erklärungslücke. Im Rahmen der neuen Gravitationstheorie drehen sich

Das Gravitationsfeld

Planetenellipsen gerade so, dass Einstein am Ende seines Kalküls ziemlich genau den noch fehlenden Betrag erhält: 43 Bogensekunden pro Jahrhundert. Er ist für einige Tage fassungslos vor Erregung. Zum ersten Mal erweist sich seine eigene Theorie der Physik Newtons auch auf empirischem Gebiet als überlegen. Vor der Akademie spricht er am 18. November von einer vollen Übereinstimmung der Theorie mit der Erfahrung und einer wichtigen Bestätigung »dieser radikalsten Relativitätstheorie«.[399] Hilbert gratuliert ihm schon am Tag darauf zu seinen Merkurberechnungen und hofft, auch weiter von ihm auf dem Laufenden gehalten zu werden.[400]

Einstein muss in der Zwischenzeit einen weiteren Brief aus Göttingen erhalten haben. Über den Inhalt können wir nur spekulieren. Vermutlich hat ihm Hilbert unmittelbar nach seinem Vortrag am 16. November sein Redemanuskript oder etwas Vergleichbares zugeschickt, denn Einstein antwortet ihm: »Das von Ihnen gegebene System stimmt – soweit ich sehe – genau mit dem überein, was ich in den letzten Wochen gefunden und der Akademie überreicht habe.«[401]

Was für eine Übereinstimmung ist hier gemeint? Einsteins Formulierung gibt Rätsel auf, denn er selbst ist zu diesem Zeitpunkt immer noch nicht am Ziel. Trotz seiner Aufsehen erregenden Erklärung für Merkurs Rosettenbahn wird er der Akademie seine endgültigen Feldgleichungen erst am 25. November vorlegen.

Und Hilbert? Der Mathematiker reicht seine »Grundgleichungen der Physik« schon am 20. November in Göttingen zur Veröffentlichung ein. Die später gedruckte Fassung dieser Abhandlung enthält die richtigen Gravitationsgleichungen. Ist Hilbert Einstein also um fünf Tage zuvorgekommen? Übernimmt Einstein die korrekten Feldgleichungen sogar von Hilbert, da doch beide Forscher während dieser hektischen Novemberwochen über verschiedene Kommunikationskanäle miteinander in Verbindung stehen?

Zumindest für Letzteres gibt es keine überzeugenden Anhaltspunkte. Einstein setzt seine Feldgleichungen in diesen Wochen Stück für Stück aus den ihm bereits bekannten mathematischen Bausteinen zusammen. In der ersten Fassung vom 4. November 1915 ist die Lösung noch unvollständig. Eine Woche darauf rechnet Einstein bereits mit der fast vollständigen Feldgleichung. Vierzehn Tage später ergänzt er diese um das letzte noch fehlende Glied, und zwar in genau derselben Weise wie drei Jahre zuvor.[402] Und obschon sich der entscheidende Akt der Kreativität einer direkten Beobachtung entzieht, folgt gerade Einsteins letzter Schritt zur Lösung des Gravitationsproblems einer inneren Logik.[403]

Jürgen Renn vom Max-Planck-Institut für Wissenschaftsgeschichte in Berlin und andere Wissenschaftshistoriker haben seine physikalischen Überlegungen und seine mathematische Vorgehensweise anhand seiner früheren Notizen nachvollziehen können. Aufzeichnungen in Einsteins »Züricher Notizbuch« verraten nicht nur, dass er am 25. November 1915 dieselben Gleichungen vor sich hat wie schon im Winter 1912/13. Die Notizen legen auch nahe, warum er den noch fehlenden mathematischen Term zu seinen Gleichungen hinzufügte: unter anderem, um dem Prinzip der Energieerhaltung Rechnung zu tragen.

Durch dieses Zusatzglied ändert sich nichts mehr an dem sensationellen Ergebnis für die Drehung der Merkurellipse. Daher stellt ihn die Rechnung vollends zufrieden. Anders als im Winter 1912/13, erkennt er jetzt den physikalischen Gehalt der Gleichungen. Lediglich ein früheres Ergebnis muss er nun korrigieren: Für die Krümmung eines nahe an der Sonne vorbeigehenden Lichtstrahls erhält er nun einen doppelt so großen Wert wie zuvor.

»Damit ist endlich die allgemeine Relativitätstheorie als logisches Gebäude abgeschlossen«, unterstreicht Einstein am 25. November 1915. »Das Relativitätspostulat in seiner allgemeinsten Fassung, welches die Raumzeitkoordinaten zu physikalisch bedeutungslosen Parametern macht, führt mit zwingender Notwendigkeit zu einer ganz bestimmten Theorie der Gravitation.«[404] Er hat eine Formel vor sich, die in ihrer dichtesten Schreibweise in eine einzige Zeile passt und mit der er und andere Forscher in Kürze das ganze Universum beschreiben werden. »Es ist der wertvollste Fund, den ich in meinem Leben gemacht habe«, schreibt er dem Physiker Arnold Sommerfeld.[405]

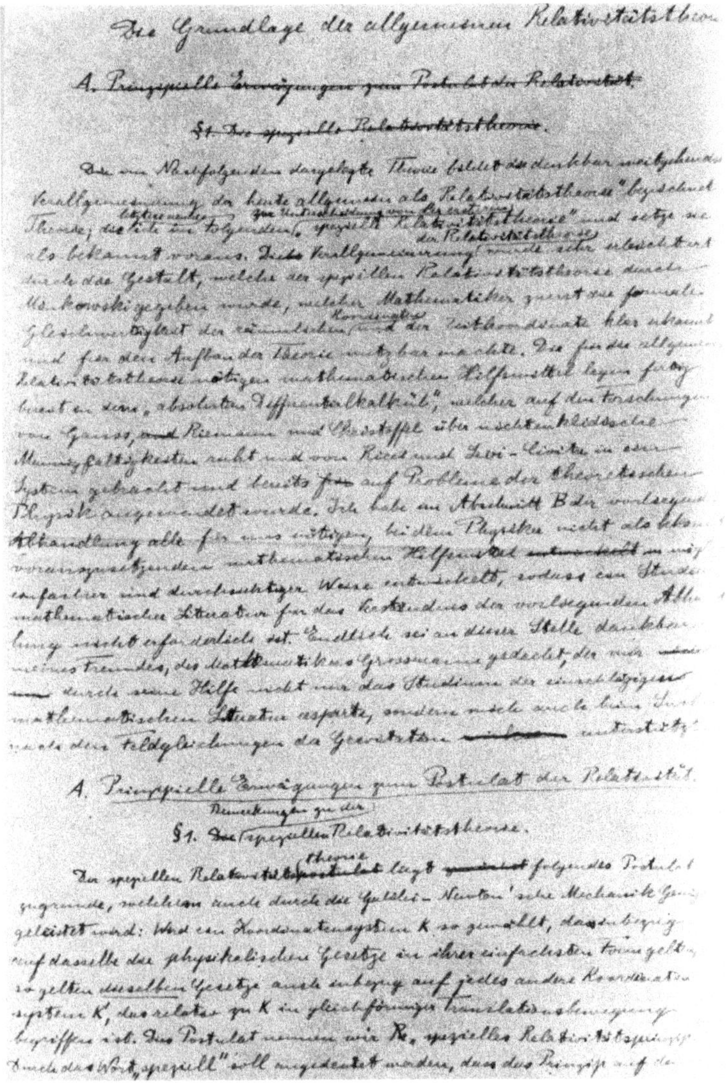
Die Grundlage der allgemeinen Relativitätstheorie

A. Prinzipielle Erwägungen zum Postulat der Relativität.

§1. Bemerkungen zu der speziellen Relativitätstheorie.

Abb. 11: Der Anfang von Einsteins Manuskript zur ersten zusammenfassenden Darstellung der allgemeinen Relativitätstheorie in den »Annalen der Physik« im Mai 1916.

Dass Einstein nach seiner achtjährigen Odyssee von »zwingender Notwendigkeit« spricht, entbehrt nicht einer gewissen Komik. Später wird er diese Aussage relativieren: Im Lichte bereits erlangter Erkenntnis erscheine das glücklich Erreichte beinahe selbstverständlich. »Aber das ahnungsvolle, Jahre währende Suchen im Dunkeln mit seiner gespannten Sehnsucht, seiner Abwechslung von Zuversicht und Ermattung und seinem endlichen Durchbrechen zur Wahrheit, das kennt nur, wer er selbst erlebt hat.«[406]

Zwei wirkliche Kerle

Zurück nach Göttingen. Dort hat Hilbert fünf Tage vor Einsteins Triumph eine noch weiter ausgreifende Theorie zur Veröffentlichung eingereicht. Sie umfasst sowohl die Gravitation als auch die Elektrodynamik. Der axiomatische Aufbau seiner Abhandlung ist typisch für die Göttinger Schule, die es auf diesem Gebiet zu einer wahren Meisterschaft gebracht hat. Sein mathematischer Weg erlaubte ihm einen sehr direkten Weg zu den Feldgleichungen. Aber war Einsteins allgemeine Relativitätstheorie schon vor ihrer Vollendung »reif« für eine derartige axiomatische Behandlung?

Für Mies Theorie der Materie galt dies jedenfalls nicht. Schon deshalb hat Hilbert sein Ziel, Gravitation und Elektrodynamik miteinander zu vereinen, verfehlt, auch wenn seine Idee wegweisend ist. Einstein selber wird wenige Jahre später in seine Fußstapfen treten und – ebenfalls vergeblich – nach einer übergeordneten Feldtheorie suchen.

Was die Gravitation anbelangt, war Hilbert erfolgreicher. Das mathematische Schlussverfahren, das er verwendete und das aus der modernen theoretischen Physik kaum wegzudenken ist, hat ihn jedenfalls sehr nahe an Einsteins Lösung herangeführt. Bis in die 1990er-Jahre hinein hatten Wissenschaftshistoriker kaum Zweifel daran, dass seine Abhandlung bereits die korrekten Gravitationsgleichungen enthielt. 1997 aber tauchte eine Abschrift von Hilberts Korrekturfahnen vom 6. Dezember 1915 im Göttinger Universitätsarchiv auf. Ein spektakulärer Fund!

Hilbert überarbeitete sein Manuskript nach dem 20. November noch einmal an etlichen Stellen. Unter anderem rückte er von Annahmen ab,

Das Gravitationsfeld

die zwar mit Einsteins früherer Abhandlung über »Die formale Grundlage der allgemeinen Relativitätstheorie« in Einklang standen, nicht aber mit dessen abschließender Theorie. Die größte Überraschung war, dass die Feldgleichungen fehlten. Hilbert führte die Rechnungen zwar bis zu einer Formel aus, von der aus die Gravitationsgleichungen greifbar nahe scheinen. Aber sie waren nicht explizit in den Fahnen enthalten.

Oder vielleicht doch? Darüber ist man sich bis heute uneins. An der – vielleicht – entscheidenden Stelle fehlt nämlich ein Ausschnitt in den Korrekturbögen. Der Streifen wurde mit einer Schere aus dem Papier herausgeschnitten. Was stand auf diesem Schnipsel?

Die heftige Kontroverse, die kurzfristig darüber entbrannte, wies gewisse Parallelen zu dem berühmt-berüchtigten Prioritätsstreit zwischen Isaac Newton und Gottfried Wilhelm Leibniz über die Erfindung der Differentialrechnung auf. Auch damals waren es nicht die Forscher selbst, sondern ihre Bewunderer, die den Streit vom Zaun brachen. So wurden Newton und Leibniz mehrere Jahrzehnte nach ihren Pionierleistungen in einen schäbigen Konflikt hineingezogen, an dem sie sich dann nicht weniger unrühmlich beteiligten.[407]

Einstein und Hilbert blieb Derartiges erspart. Der Physiker Einstein zeigte sich nur im ersten Moment etwas verschnupft. Am 26. November 1915, einen Tag nach seinem Triumph, schrieb er an Heinrich Zangger, seine neue Gravitationstheorie sei von unvergleichlicher Schönheit. Nur ein Kollege habe sie wirklich verstanden. »Und der eine sucht sie auf geschickte Weise zu ›nostrifizieren‹.«[408]

Die Zeilen entstammen allerdings einem Brief an einen Freund in Zürich, der außerhalb der Wissenschaftsgemeinschaft stand. Die Forscher selbst gingen rasch wieder aufeinander zu. Hilbert wies in seinen Druckschriften korrekt auf Einsteins Akademie-Arbeiten hin. Anscheinend waren ihm seine übergeordnete Herangehensweise und das mathematische Schlussverfahren wichtiger als die ausgeschriebenen Feldgleichungen. Ungeachtet dessen, was in dem heute fehlenden Absatz stand, sah auch er in Einstein den alleinigen Urheber der allgemeinen Relativitätstheorie.

Noch im Dezember 1915 schlug Hilbert den Berliner Kollegen für eine

Mitgliedschaft in der Akademie der Wissenschaften in Göttingen vor. Einstein bedankte sich und wies nur auf eine »gewisse Verstimmung« hin, die zuletzt zwischen ihnen geherrscht habe. Gegen das damit verbundene Gefühl der Bitterkeit habe er mit vollem Erfolg gekämpft. »Ich gedenke Ihrer wieder in ungetrübter Freundlichkeit und bitte Sie, dasselbe bei mir zu versuchen.« Es sei doch objektiv schade, wenn sich zwei »wirkliche Kerle«, die sich aus dieser schäbigen Welt etwas herausgearbeitet hätten, nicht gegenseitig zur Freude gereichten.[409]

Große Gesten, große Geister, die weiterhin einen offenen und humorvollen Umgang miteinander pflegten. Bei seiner nächsten Reise nach Göttingen wohnte Einstein bei Hilbert, dessen Frau sich schon im Vorhinein auf den Besucher gefreut hatte. Sie sei ganz erfüllt von Einsteins Anspruchslosigkeit, werde sich aber bemühen, diese nicht auf eine zu harte Probe zu stellen, teilte der Ehemann dem Gast aus Berlin mit.[410]

Ihre inhaltlichen Differenzen blieben trotz gegenseitiger Wertschätzung bestehen. Sie rieben sich gerne daran. Während Hilbert an seinem axiomatischen Zugang festhielt und die Vereinigung der allgemeinen Relativitätstheorie mit Mies Elektrodynamik noch mehrfach überarbeitete, konnte sich Einstein weder für das eine noch für andere erwärmen. In einer seiner zahlreichen Akademieschriften befasste er sich ausführlich mit Hilberts Ansatz.[411] An anderer Stelle nannte er dessen Herangehensweise jedoch kindisch, »im Sinne des Kindes, das keine Tücken der Außenwelt kennt«.[412]

Einstein suchte in Hilberts Axiomatik vergeblich nach physikalischen Anhaltspunkten. Außerdem ärgerte er sich darüber, in welcher Weise der Mathematiker seine Gravitationsphysik mit gewagten Annahmen über den Aufbau der Materie verquickt hatte. Für Einstein war die Physik jedenfalls zu schwierig, um sie den Mathematikern zu überlassen.

8. Beben der Raumzeit

Unmittelbar nach Vollendung der allgemeinen Relativitätstheorie sagt Einstein die Existenz von Gravitationswellen voraus, nach denen Forscher noch hundert Jahre später suchen werden. Sein Renommee wächst, pazifistische Organisationen werden verboten, der Krieg wird total.

Kein Platz für schwarze Löcher

Nach den aufregenden Wochen im Herbst 1915 kommt Einstein nicht zur Ruhe. Als hätte er mit den Feldgleichungen der Gravitation einen neuen Kontinent des Denkens betreten, begibt er sich wieder auf Entdeckungsreise. Die gewonnenen Erkenntnisse ziehen sofort neue Fragen nach sich. Außerdem darf er sich darüber freuen, wie mitten im Krieg das Interesse tonangebender Fachkollegen im In- und Ausland an der allgemeinen Relativitätstheorie aufflammt.

Selbst von der russischen Front erreicht ihn Post: Karl Schwarzschild setzt sich »trotz heftigen Geschützfeuers« sogleich mit Einsteins Publikationen auseinander. Der Potsdamer Astrophysiker hat die größten Hürden im Umgang mit nichteuklidischen Geometrien schon vor fünfzehn Jahren gemeistert. Damals stellte er bei einer Tagung der Astronomischen Gesellschaft in Heidelberg die These auf, der Kosmos wäre nicht flach, sondern gekrümmt. Im Unterschied zu Einstein dachte er dabei allerdings an einen gekrümmten dreidimensionalen Raum und nicht an eine gekrümmte vierdimensionale Raumzeit.

Das Gravitationsfeld

Die mathematische Konsistenz der allgemeinen Relativitätstheorie, das Sich-Zusammenfügen einer kaum überschaubaren Zahl von Puzzleteilen zu einem Satz von Formeln, übt eine ungeheure Faszination auf Schwarzschild aus. Um eine Lösung der Feldgleichungen zu finden, stutzt er sie erst einmal auf einen physikalisch einfachen Fall zurecht: Wie sieht das Gravitationsfeld eines im Weltraum isolierten, kugelrunden, sonnenähnlichen Gestirns aus?

Schwarzschild nimmt an, dass der Stern nicht rotiert und dass sich seine Dichte unter dem Einfluss der Schwere nicht verändert, dass es sich also um eine Art inkompressible Flüssigkeitskugel handelt. Für diesen idealisierten Fall kann er das äußere und innere Gravitationsfeld tatsächlich berechnen. Sein Ergebnis, die noch heute in jedem Seminar über Relativitätstheorie behandelte »Schwarzschild-Geometrie«, entspricht einer gekrümmten Raum-Zeit-Struktur, in der ein Planet wie Merkur einer Bahn folgt, die mit der von Einstein bereits ermittelten Näherung übereinstimmt. Ein Glücksgefühl für den Astrophysiker. Es sei eine ganz wunderbare Sache, »dass von einer so abstrakten Theorie aus die Erklärung der Merkuranomalie so zwingend herauskommt«.[413]

Einstein beglückwünscht den Kollegen zu dieser ersten geschlossenen Lösung der Feldgleichungen und stellt sie an seiner statt Anfang 1916 in der Akademie vor. Schwarzschild reicht unterdessen seine Berechnungen für das Gravitationsfeld im Innern des Sterns nach. Die Sache hat jedoch einen Haken: Innerhalb eines bestimmten Radius ist eine Lösung der Gleichungen unmöglich. Ob ihm Einstein etwas zur physikalischen Interpretation dieser Grenze sagen kann?

Während Schwarzschild auf eine Antwort wartet, verlässt er die Front wegen einer als Blasensucht bezeichneten Hautkrankheit. Sein Gesundheitszustand verschlechtert sich trotz ärztlicher Behandlung dramatisch. Am 19. Mai 1916, in seiner allerersten Amtshandlung als neuer Vorsitzender der Deutschen Physikalischen Gesellschaft, muss Einstein den Tod des Astrophysikers bekannt geben, der im Alter von nur 42 Jahren gestorben ist.[414]

Da weder Einstein noch andere Physiker etwas mit dessen Formel anzufangen wissen, vergehen gut zwanzig Jahre, ehe die ersten Forscher beginnen, dem »Schwarzschild-Radius« eine physikalische Bedeutung beizumessen: Würde ein Himmelskörper unter dem Einfluss der Schwere auf diesen Radius komprimiert, wäre also zum Beispiel die gesamte Masse der Sonne im Innern einer Kugel von sechs Kilometern Durchmesser zusammengeballt, dann würde die Raumkrümmung so groß, dass kein einziger Lichtstrahl mehr nach außen gelangen könnte. Was sich innerhalb dieses Horizonts abspielt, würde jedem äußeren Beobachter verborgen bleiben. Gerade so, als hätte sich eine Membran um eine Stelle im Universum gelegt, durch die Licht und materielle Objekte zwar eindringen können, aber nichts mehr entweichen kann.

Physiker sprechen heute völlig selbstverständlich von »schwarzen Löchern« und teilen sie mittlerweile sogar in verschiedenen Klassen ein. Die Leichtgewichte darunter sind »stellare« schwarze Löcher, die maximal ein paar Dutzend Sonnenmassen in sich bergen. Den ersten Anwärter für ein solches schwarzes Loch entdeckten Astronomen im Sternbild Schwan. Dort, mehr als 6000 Lichtjahre von der Erde entfernt, dreht sich ein blauer Riesenstern um eine kompakte, unsichtbare Masse. Dabei verliert der Riesenstern kontinuierlich Materie, die sich auf das schwarze Loch zubewegt, sich dabei enorm erhitzt und eine auffällige Röntgenstrahlung aussendet. Als starke Röntgenquelle war Forschern das Objekt mit der Bezeichnung Cygnus X1 schon in den 1960er-Jahren aufgefallen. Doch erst nach langer Beobachtung mit unterschiedlichen Instrumenten kamen sie dahinter, dass der Riesenstern um ein unsichtbares Objekt von etwa fünfzehn Sonnenmassen rotiert.

Schwarze Löcher dieser Art bilden sich in einem späten Entwicklungsstadium aus massereichen Sternen, die ihren nuklearen Brennstoff aufgezehrt haben. Darüber hinaus haben Astronomen auch in den Zentren der Milchstraße und anderer Galaxien schwarze Löcher nachgewiesen. Hier verdichten sich Millionen, vielleicht sogar Milliarden Sonnenmassen auf engstem Raum, was sich kaum anders als durch ein allmähliches Wachstum im Zuge einer Verschmelzung von Galaxien und ihren Kernen verstehen lässt. Im frühen Universum waren massive schwarze Löcher wohl die Kristallisationskeime der Galaxienentwicklung.

Das Gravitationsfeld

Solche Überlegungen liegen im Jahr 1916 in weiter Ferne. Am Beginn der modernen Kosmologie und lange vor der Entstehung der Kernphysik, auf der unser heutiges Verständnis der Sternentwicklung beruht, weist allein die Mathematik auf derart exotische Materiezustände hin.

Die Komplexität der Feldgleichungen macht es selbst dem Schöpfer der allgemeinen Relativitätstheorie schwer, das physikalisch Mögliche vom Unmöglichen zu unterscheiden. Mit der Zeit findet er Bilder, um sich gewisse Vorgänge zu veranschaulichen. »Den Raum vergleiche ich mit einem in der Luft schwebenden (ruhenden) Tuche«, schreibt er seinem holländischen Kollegen Willem de Sitter.[415] Stellt man sich die Himmelskörper als Kugeln vor, die auf diesem gespannten Tuch rollen, so dellen sie das elastische Tuch in ihrer Umgebung ein, krümmen also den Raum. Die mitlaufenden Dellen beeinflussen auch die Bahnen benachbarter Körper.

Was würde passieren, wenn man einen Himmelskörper mit einem Mal ins Universum hineinsetzen würde? Einsteins einfaches Tuch-Modell legt nahe, dass die Gravitationswirkung nicht sogleich im ganzen Universum spürbar wäre. Die durch die Masse hervorgerufene Erschütterung des Raum-Zeit-Gefüges könnte sich nur mit endlicher Geschwindigkeit in Form einer Gravitationswelle in dem Tuch ausbreiten, Einstein zufolge mit Lichtgeschwindigkeit. Nachdem er die Existenz solcher Wellen in der Korrespondenz mit Schwarzschild zunächst noch ausgeschlossen hat, ist sich Einstein wenige Monate später sicher, dass Gravitationswellen ein notwendiger Bestandteil seiner Theorie sind. Er versteht sie als Pendant zu elektromagnetischen Wellen.

Elektromagnetische Wellen werden von beschleunigten elektrischen Ladungen ausgesandt. Seinerzeit können solche Wellen mithilfe von Antennen bereits über Kontinente hinweg übertragen werden. So halten zum Beispiel die großen Antennenanlagen in Nauen bei Berlin eine Funkverbindung nach Sayville in den USA aufrecht. Ihre Sendeleistung reicht 1916 aus, um im Schnellbetrieb 250 Buchstaben pro Minute über den Atlantik zu schicken.

Einstein kommt zu dem Schluss, dass an Orten im Universum, wo Massen beschleunigt werden, ebenfalls Energie frei wird, und zwar in Form von Gravitationswellen. Solche wandernden Verzerrungen in der Geometrie von Raum und Zeit sollten sich wie elektromagnetische Wellen mit Lichtgeschwindigkeit fortpflanzen und periodische Dehnungen und Stauchungen der Abstände zwischen den Körpern hervorrufen. Wenn zum Beispiel eine Gravitationswelle zufällig beim Lesen des Buches, das Sie gerade in den Händen halten, vorbeikäme, dann würde sich Ihr Abstand zu den Buchseiten ein klein wenig ändern.

Im Universum wird allenthalben Materie beschleunigt. Zugespitzt formuliert: Überall, wo etwas geschieht, entstehen Gravitationswellen. Das ganze Weltall sollte von solchen Wellen durchdrungen sein.

Verglichen mit dem Elektromagnetismus ist die Wirkung der Gravitation allerdings ungemein schwach. Während sich elektromagnetische Wellen künstlich erzeugen und für die Informationsübertragung nutzen lassen, ist dies mit Gravitationswellen nicht möglich. Es wäre völlig aussichtslos, die von irgendeiner Apparatur ausgesandten Gravitationswellen empfangen zu wollen. Selbst jene Raumzeitschwingungen, die unsere Erde bei ihrem Jahreslauf um die Sonne hervorruft, sind winzig.

Wie alle Himmelskörper, die einander umkreisen, strahlen Erde und Sonne permanent Gravitationswellen ab. Glücklicherweise nur mit der geringen Leistung von 200 Watt. So hat die Erde seit der Geburt des Planetensystems vor etwa viereinhalb Milliarden Jahren kaum Bewegungsenergie eingebüßt. Erst über einen Zeitraum von Trilliarden Jahren gerechnet würde sich dieser Energieverlust bemerkbar machen, bis die Erde schließlich in die Sonne stürzen würde.

Planeten wie unsere Erde sind kosmische Leichtgewichte. Der Effekt wird größer, wenn sich zwei Sterne umeinander drehen. Je massereicher die Himmelskörper sind, umso mehr Energie geht durch Gravitationswellen verloren.

Bereits seit Mitte der 1970er-Jahre beobachten Astronomen Doppelsterne, die Gravitationswellen aussenden. Damals entdeckten Russell Hulse und Joseph Taylor ein Pärchen sehr kompakter Neutronensterne, die mit einer Periode von etwa acht Stunden umeinander rotieren. Die beiden amerikanischen Wissenschaftler konnten diese Umlaufperiode mit

Das Gravitationsfeld

einem Radioteleskop in Arecibo in Puerto Rico präzise bestimmen. Im Laufe der Jahre stellten sie fest, dass die Periode nicht gleich bleibt, sondern kürzer wird.

Die einzig schlüssige Erklärung hierfür: Das Doppelsternsystem strahlt Gravitationswellen ab und verliert dadurch kontinuierlich Energie, sodass die beiden Sterne enger zusammenrücken und sich schneller umeinander bewegen. Sämtliche Beobachtungsergebnisse stützen diese These. Die gemessene Abnahme der Umlaufperiode deckt sich erstaunlich genau mit dem aus der allgemeinen Relativitätstheorie ermittelten Wert. Pro Jahr schrumpft der riesige Abstand zwischen den beiden Neutronensternen um dreieinhalb Meter. In zirka 200 Millionen Jahren werden sie miteinander zu einem schwarzen Loch verschmelzen.

Hulse und Taylor wurden für diese großartige Bestätigung der einsteinschen Theorie mit dem Physik-Nobelpreis geehrt. Allerdings handelt es sich dabei um einen indirekten Nachweis der Gravitationswellen. Können die geheimnisvollen Raumzeitschwingungen auf irgendeine Weise sichtbar gemacht werden?

Nehmen wir einmal an, in unserer unmittelbaren kosmischen Nachbarschaft käme es zu einer Sternexplosion. Dann würde die dadurch erzeugte Gravitationswelle beim Durchgang durch unser Sonnensystem winzige periodische Längenänderungen hervorrufen. Modellrechnungen zeigen, dass der riesige Abstand zwischen Erde und Sonne dabei kurzfristig nur um einen Betrag variieren würde, der lediglich dem Durchmesser eines Wasserstoffatoms entspricht.

Das schreckt Physiker nicht ab. Über Jahrzehnte hinweg haben Forschergruppen aus aller Welt immer neue Mittel und Wege ersonnen, die winzigen Kräuselungen der Raumzeit festzustellen, die von Supernova-Explosionen in unserer Galaxis oder von anderen kosmischen Erschütterungen ausgehen. Inzwischen stehen an unterschiedlichen Orten auf der Erde riesige Gravitationswellen-Antennen. Wenn sich beim Durchgang einer Gravitationswelle die Länge der Antennenarme geringfügig ändert, sollen sensible Laserapparaturen diese winzige Differenz registrieren.

Inzwischen ist ihnen die messtechnische Meisterleistung geglückt. Genau hundert Jahre nachdem Einstein seine Theorie begründete, hat eine Gravitationswelle erstmals eine sichtbare Spur in einem Detektor hinterlassen:

Am 15. September 2015 starrt Marco Drago ungläubig auf seinen Monitor im Max-Planck-Institut für Gravitationsphysik in Hannover, nachdem er die neusten Messwerte auf seinen Computer übertragen hat. Der Wissenschaftler aus Padua in Italien traut seinen Augen nicht. Wenn das Signal, das er vor sich sieht, kein Artefakt ist, sondern einen physikalischen Hintergrund hat, dann handelt es sich um die gewaltigste Explosion, die Astronomen jemals beobachtet haben. Noch im Rückblick schüttelt er den Kopf: »Ich dachte, das kann gar nicht sein.«

Auch bei den Kollegen in Hannover und in den Vereinigten Staaten, die er zu Rate zog, überwog anfangs die Skepsis. Ihre Messgeräte waren immer noch in der Testphase. Doch das niederfrequente Signal entsprach genau dem, was Theoretiker erwarten würden, wenn zwei schwarze Löcher miteinander verschmelzen: ein kurzes »Chirp«, vergleichbar dem Trillern eines Vögleins.

Zwei Laseranlagen mit knapp vier Kilometer langen Armen, die eine in Hanford im US-Bundesstaat Washington und die andere in Livingston in Louisiana, hatten die Gravitationswelle unabhängig voneinander empfangen. Nur war das Signal in Hanford sieben Millisekunden später eingetroffen als in Livingston, was sich aus der Entfernung der beiden Antennen von 3000 Kilometern erklärt. Eine epochale Entdeckung, auch wenn längst niemand mehr an der Existenz der Wellen gezweifelt hatte.

Erst Monate später traten die Forscher mit ihren Ergebnissen an die Öffentlichkeit. Die eingehende Datenanalyse hatte sie zum Schluss geführt, dass sie die Verschmelzung zweier schwarzer Löcher beobachtet hatten, das eine 29 Sonnenmassen schwer, das andere 36. Nach kurzem Kreistanz waren sie zu einem einzigen schwarzen Loch von 62 Sonnenmassen fusioniert. Und die restlichen drei Sonnenmassen? Sie wurden gemäß Einsteins berühmter Formel $E = mc^2$ in Bruchteilen einer Sekunde in reine Energie umgewandelt. Eine unvorstellbare Energiefreisetzung! Kurzzeitig übertraf das Feuerwerk die Strahlungsleistung sämtlicher Sterne des sichtbaren Universums.

Mit denselben Antennen in Hanford und Livingston registrierten die Forscher zu Weihnachten 2015 eine weitere Verschmelzung zweier schwarzer Löcher. Die hartnäckige Suche nach den von Einstein vorhergesagten Gravitationswellen hat sich für sie gelohnt. Mit ihren in Jahrzehnten mühevoller Kleinarbeit aufgebauten Messgeräten können sie nun Vorgänge im Kosmos studieren, für die herkömmliche Teleskopspiegel blind sind. So müssen auch beim Urknall Gravitationswellen entstanden sein, die einen einzigartigen Einblick in die Frühphase des Universums ermöglichen könnten.

Nicht ohne seine Geige

Einsteins allgemeine Relativitätstheorie hat einmal mehr ein neues Fenster zum Universum geöffnet. Seinem Physikerkollegen Max Born erschien die Aufstellung der Theorie als »größte Leistung menschlichen Denkens über die Natur, die erstaunlichste Vereinigung von philosophischer Tiefe, physikalischer Intuition und mathematischer Kunst«. Zum Ärger seiner Frau Hedwig nahm er die einsteinschen Gravitationsarbeiten sogar mit auf Hochzeitsreise. Seither sieht er sie an »wie ein Kunstwerk, an dem man sich ergötzt und das man bewundert – aus gehöriger Entfernung«.[416]

Auch Hedwig Born hat den Begründer der Relativitätstheorie nach ihrem Umzug nach Berlin rasch in ihr Herz geschlossen. Von 1916 an steht Einstein regelmäßig mit seiner Geige vor der Tür, um mit ihrem Mann zu musizieren. Nach Betreten der Wohnung habe Einstein seine »Röllchen« abgezogen – die losen Manschetten des sparsamen Mannes – und sie in irgendeine Ecke geschmissen, so die Gastgeberin. Dann wurde Haydn gespielt. »Warmes Wohlwollen ging von ihm aus.« Einstein habe ihr geholfen, sich unter den »objektiven« Naturwissenschaftlern nicht mehr wie in eine eisige Mondlandschaft verschlagen zu fühlen.[417]

Max Born, wegen Asthmas als untauglich für den Dienst an der Front eingestuft, ist als außerordentlicher Professor nach Berlin gekommen, um Planck zu entlasten. Sein erstes Hochschulsemester an der Friedrich-Wilhelms-Universität hat er mangels Studenten vorzeitig abbrechen müssen und sich daraufhin freiwillig zum Militärdienst gemeldet. Nun erforscht er bei der Artillerie-Prüfungskommission, die recht nahe an Einsteins Wohnung gelegen ist, die Schallortung der gegnerischen Artillerie.

Für Born beginnt damit eine Zeit, in der er seinen Kollegen »sehr häufig, manchmal fast täglich« sieht und seine Geistesarbeit beobachten darf.[418] Anfang 1916 schreibt er selbst einen Zeitschriftenaufsatz über die allgemeine Relativitätstheorie, später ein ganzes Lehrbuch dazu, fasst aber den Entschluss, niemals selbst auf diesem Gebiet zu arbeiten. Angesichts der Komplexität der Feldgleichungen zieht er es vor, die Theorie »aus gehöriger Entfernung« zu betrachten.

Das gilt auch für Planck, der Einstein noch vor wenigen Jahren eindringlich davor gewarnt hatte, die bewährten Gesetze der Schwerkraft auf eine völlig neue begriffliche Grundlage stellen zu wollen – ein aus seiner Sicht hoffnungsloses Unterfangen. Schon wenige Tage nach Vollendung seiner allgemeinen Relativitätstheorie notierte Einstein jedoch hoch erfreut, Planck habe als einer der Ersten angefangen, die Sache ernster zu nehmen. »Er wehrt sich allerdings noch etwas. Aber er ist ein prächtiger Mensch.«[419]

Born und Planck sind nicht nur der sehr seltenen Spezies der theoretischen Physiker zuzurechnen. Mit Einstein verbindet sie außerdem eine große Liebe zur Musik. Planck, der den Ruf eines ausgezeichneten Klavierspielers genießt, lädt Freunde und Bekannte regelmäßig zu Hauskonzerten in seine Villa im Grunewald ein. Einstein mag diese Art der Geselligkeit. In den Kompositionen von Mozart oder Bach begegnet ihm eine ähnliche Harmonie und Einheit wie in den Werken von Maxwell und Newton. Mit dem Geigenkoffer in der Hand spaziert er durch die Stadt, musiziert mit Born und Planck, manchmal auch mit Nernst oder Freundlich.

Haber spielt weder ein Musikinstrument, noch hätte er während des Kriegs die Muße für solche Zusammenkünfte. Mit den Einsätzen an der Front, der Rüstungsdynamik des chemischen Kriegs und der Sprengstoffherstellung stellt er sich unter permanenten Zeitdruck. Ununterbrochen ist er auf Reisen und versucht, drei Leben in einem zu leben. Selbst wenn er in Berlin weilt, bewältigt er viele Aufgaben simultan, spielt nach der

Arbeit allenfalls eine Partie Schach – ein kompetitives Spiel, das Einstein nicht mag –, liest noch einen Kriminalroman oder ernste Literatur, um in den Schlaf zu finden.[420]

Wann immer es ihm möglich ist, lässt er sich jedoch bei der »Deutschen Gesellschaft 1914« sehen, einem prominenten Club in der Hauptstadt, in dem die Industriellen Walther Rathenau und Robert Bosch oder die Schriftsteller Thomas Mann und Gerhart Hauptmann verkehren. Haber zieht es noch aus einem anderen Grund in das im venezianischen Stil errichtete Pringsheimsche Palais: Er hat Charlotte Nathan kennengelernt, die Sekretärin der Gesellschaft, die er im Herbst 1917 heiraten wird.

Im Vergleich mit Habers gehetztem Dasein lebt Einstein auf einer Insel der Ruhe. Bei ihm wechseln Phasen intensiver geistiger Anspannung mit Mußestunden, langen Pausen und Urlaubsreisen. »Wenn es der Stolz vieler Menschen ist, nie Zeit zu haben, so war es Einsteins Stolz, immer Zeit zu haben«, bemerkt sein Physikerkollege Philipp Frank, ein Eindruck, der sich beim Lesen der einsteinschen Briefe und der Schilderungen derer, die ihm in den Kriegsjahren begegnen, verstärkt.[421]

Frank erzählt etwa von einer Verabredung mit Einstein auf der Potsdamer Brücke, um von dort aus gemeinsam das astrophysikalische Observatorium zu besuchen. »Da ich in Berlin ziemlich fremd war, konnte ich nicht versprechen, zu einem genau bestimmten Zeitpunkt dort zu sein.« Einsteins Erwiderung: Dann werde er eben auf der Brücke warten. Frank befürchtete, das könnte sehr viel Zeit kosten. »Oh nein«, habe Einstein geantwortet, »die Arbeit, die ich mache, die kann ich an jeder beliebigen Stelle verrichten. Warum sollte ich auf der Potsdamer Brücke weniger über meine Probleme nachdenken können als zu Hause?«[422]

Ob Einstein auf der Brücke steht, ob er im Grunewald spazieren geht oder auf dem Wannsee segelt – dies alles verrät wenig darüber, wo er wirklich ist. Wenn er sich der angenehmen Tätigkeit des Denkens hingeben möchte, ist er weder an einen bestimmten Ort noch an Zeiten gebunden. Sobald er sich im Gravitationsfeld der eigenen Gedanken bewegt, verlieren die Kategorien Raum und Zeit ihre herkömmliche Bedeutung. »Im wirklichen Denken gehören die Gedanken enger zu ihren Mitgedanken als der

Denker zu seiner Mitwelt«, so der Philosoph Peter Sloterdijk. Daher sei es unmöglich, den Ort des Denkens mit den Angaben der Alltagstopologie zu bestimmen.[423]

Abb. 12: Ganz in seinem Element: Einstein als Vortragsredner.

Von sich selbst sagt Einstein, er liebe das Denken um seiner selbst willen wie die Musik. Die Triebfeder wissenschaftlichen Denkens sei nicht ein äußeres Ziel, das man erstrebe, sondern die Freude am Denken. »Wenn ich kein Problem zum Nachdenken habe, dann leite ich mit Vorliebe mathematische und physikalische Sätze wieder ab, die mir längst bekannt sind«, schreibt er an Heinrich Zangger.[424] Nur um weiter zu denken.

Wenn Einstein sagt, es gehe ihm ausgesprochen gut, dann heißt das: »Ich lebe ganz zurückgezogen, arbeite und – schweige.«[425] Von daher wird es verständlich, wie sehr es ihm innerlich widerstrebt, dass ihn seine wieder genesene Mutter und die restliche Verwandtschaft weiterhin zu einer Ehe

Das Gravitationsfeld

mit Elsa drängen, deren Ruf ihrer Meinung nach genauso auf dem Spiel steht wie der ihrer beiden Töchter. Warum soll er seine so lieb gewonnene Freiheit erneut aufs Spiel setzen? Sich jeden Tag um des ungestörten Denkens willen abgrenzen müssen, wo er doch mit der Ehe, aus seiner Sicht eine Art Sklaverei in kulturellem Gewand, schon einmal gescheitert ist?

Dennoch gibt er nach. Aus Pflichtgefühl gegenüber den Töchtern habe er sich zu der »Formalität der Ehe« mit der Cousine entschlossen. An seinem Leben werde sich dabei gar nichts ändern.[426] Damit muss sich Elsa abfinden.

Im Februar schreibt er Mileva, dass er sich nun scheiden lassen wolle. Er ahnt nicht, was er damit auslöst: einen Nervenzusammenbruch seiner Frau, für den er keinerlei Verständnis aufbringt. Zwischen Berlin und Zürich gehen in den kommenden Monaten erboste Briefe hin und her, die ihn noch weiter von seinen Kindern entfernen. Einsteins schöpferische Phase bleibt davon unbeeinträchtigt. Auch in dieser angespannten Situation bleibt er im Fluss seiner Gedanken.

Wie wenig Beachtung er den äußeren Umständen mitunter beimisst, zeigt sich bei vielen alltäglichen Begebenheiten. Zum Beispiel besucht ihn während des Kriegs der Student Rudolf Jakob Humm in seiner Wohnung in Berlin-Wilmersdorf und trägt danach in sein Tagebuch ein: »War heute morgen bei Einstein. Er war in Strümpfen und zog dann während des Sprechens Sandalen an.« Zunächst habe Einstein einen Brief zu Ende gelesen und einen Professor angerufen und anschließend nach den drei physikalischen Arbeiten gesucht, um die Humm ihn gebeten hatte. Einstein sei mit ihm von Zimmer zu Zimmer durch eine ziemlich kahle Wohnung gegangen, habe erst nicht so recht aus sich heraus gewollt, dann aber nicht mehr aufgehört zu reden. Der Student bewundert die Klarheit und das Alldurchdringende seiner Gedanken. Einstein sei nie im Zweifel, und wo er Zweifel habe, seien es klare Zweifel. »Ich blieb anderthalb Stunden, unverschämt lange, und dann begleitete ich ihn noch zu einem Tabakladen und von da bis zur Tür eines Bekannten.«[427]

Mit großer Gelassenheit erzählt Einstein von seiner Physik, weiht ahnungslose Studenten und Nachbarn, Journalisten und Mitglieder der

»Literarischen Gesellschaft« in die Grundlagen der Kosmologie ein. Lieber jedoch hält er sich in der Gesellschaft von Mit-Denkenden auf. Das Philosophieren mit Planck und Born über Relativitäts- und Quantenphysik tröstet ihn wie das gemeinsame Musizieren über die Miseren des Kriegs hinweg und lässt ihn ihre konträren politischen Ansichten bisweilen vergessen.

Einstein hält es seinem Mentor Planck zugute, dass er mäßigend auf andere Gelehrte einwirkt und die Verbindungen zu Wissenschaftlern im Ausland nicht abreißen lässt. So ist es nicht zuletzt Plancks Überzeugungskraft zu verdanken, dass die Preußische Akademie ihre Mitglieder aus »feindlichen« Ländern nicht ausgeschlossen hat. Vom Aufruf »An die Kulturwelt« hat sich Planck inzwischen so weit distanziert, dass er bereit ist, eine für die holländische Presse gedachte Erklärung dazu abzugeben. Im Briefwechsel mit dem Physiker Hendrik Antoon Lorentz und in Rücksprache mit einigen Kollegen ringt er wochenlang darum, die richtigen Worte zu finden. Gerade sein ehrliches Bemühen zeigt, wie schwer es selbst gemäßigten, vaterlandstreuen Gelehrten fällt, auch nur einen kleinen Schritt auf die andere Seite zuzugehen.

Annexionisten versus Gemäßigte

Seit Aufflammen der Kriegszieldiskussion ist die deutsche Professorenschaft im Wesentlichen in zwei Lager gespalten: auf der einen Seite die starke Fraktion der Annexionisten, die ständig neue Aufrufe an den Universitäten verbreitet und deren Expansionswünsche im Verlauf des Krieges größer statt kleiner geworden sind; auf der anderen Seite die »Gemäßigten«, denen Planck zuzurechnen ist. Sie stehen zwar ebenfalls auf »entschieden nationalem Boden«, weisen aber – zumindest was den Westen Europas betrifft – aggressive Gebietsforderungen zurück.[428] Als es im Sommer 1915 zu einem Zweckbündnis der »Gemäßigten« mit der Randgruppe der Pazifisten kam, votierten Planck und Einstein gemeinsam gegen einen illustren Kreis reaktionärer Professoren.

Vor der Akademie verkündet Planck weiterhin, der Krieg sei dem deutschen Volk, das sich »niemals einmütiger, niemals aufrichtiger, niemals freudiger« zum Kaiser bekannte, in verhängnisvoller Stunde von einer Mehrzahl eifersüchtiger Feinde aufgezwungen worden.[429] Warum erkennt er die Verantwortung der Deutschen für den Krieg nicht an? Anders als Einstein stellt Planck auch weder den preußischen Macht- und Obrigkeitsstaat in Frage noch die damit einhergehenden konservativ-nationalen Wertvorstellungen. Für ihn kommen allenfalls behutsame Reformen von oben in Betracht. Eine demokratische Erneuerung Deutschlands, wie von Einstein und anderen Mitglieder des »Bundes Neues Vaterland« gefordert, geht ihm entschieden zu weit.

Im Februar 1916 wird der »Bund« verboten, seine Geschäftsführerin, die Journalistin Lilli Jannasch, im Monat darauf unter dem Verdacht des schweren Landesverrats in »Schutzhaft« genommen. Zwei Wochen später lässt man sie nur unter der Auflage frei, sich während des Kriegs nicht mehr politisch zu betätigen.[430] Bei anderen Mitgliedern der Organisation ist es schon im Vorfeld zu Hausdurchsuchungen und Reiseverboten gekommen.

Von Einstein ist nichts dergleichen bekannt. Aber auch auf ihn haben die Militärbehörden längst ein Auge geworfen. Im Dezember 1915 wurde ein polizeilicher Ermittlungsbericht über seine pazifistische Tätigkeit angefordert und am 5. Januar 1916 vorgelegt. Darin heißt es, er sei »agitatorisch bisher« nicht aufgefallen.[431] Im März beschwert sich der Kommandant der Residenz Berlin dann bei der Preußischen Akademie darüber, dass Einstein innerhalb Deutschlands verreise, ohne sich polizeilich an- und abzumelden.[432]

Die Auflösung der organisierten Opposition, die Pressezensur und die immer häufigeren Zeitungsverbote bringen die kriegskritischen Stimmen im Reich allerdings nicht zum Verstummen, sondern führen zur Radikalisierung politischer Konflikte. Am 25. März zum Beispiel wird der SPD-Politiker Hugo Haase zum Rücktritt vom Parteivorsitz gezwungen, nachdem er tags zuvor mit seinem Widerstand gegen weitere Kriegskredite und der Mahnung, der Krieg werde nur Besiegte, aber keine Sieger hinterlassen, einen Tumult im Reichstag ausgelöst hat. Zusammen mit anderen Kriegsgegnern wird Haase später eine neue, weiter links stehende Partei gründen, die USPD. Wenige Wochen später, am 1. Mai, verhaftet die Polizei den Antimilitaristen Karl Liebknecht bei einer Demonstration auf dem Potsdamer Platz. Als im Frühsommer der Prozess gegen den Politiker eröffnet wird, gehen in Berlin über 50 000 Arbeiter auf die Straße – der Auftakt zu politisch motivierten Massenstreiks in der Reichshauptstadt.

Einstein hat die politischen Verhältnisse seit Kriegsbeginn vor allem aus einer moralischen Warte heraus kritisiert. Er tritt keiner Partei bei. Schon seiner Schweizer Staatsbürgerschaft wegen hält er sich von der großen Politik fern.[433] Aus seinen pazifistischen Überzeugungen macht er aber auch nach dem Verbot des »Bundes Neues Vaterland« kein Hehl. Zum Beispiel lobt er im April 1916 in einem Nachruf auf den Philosophen Ernst Mach dessen menschenfreundliche Gesinnung und sein Eintreten für eine Verständigung der Völker. »Diese Gesinnung schützte ihn auch vor der Zeitkrankheit, von der heute wenige verschont sind, vor dem nationalen Fanatismus«, schreibt Einstein in der »Physikalischen Zeitschrift«.[434]

Einen Monat später mischt er sich – in Plancks Gefolge – erstmals in die Wissenschaftspolitik ein und übernimmt von ihm den Vorsitz der Deutschen Physikalischen Gesellschaft. Noch im selben Jahr wird er »mittels allerhöchsten Erlasses« durch Wilhelm II. ins Kuratorium der Physikalisch-Technischen Reichsanstalt berufen, dem auch Planck und Nernst angehören. Seinem Freund Zangger schreibt er: »Hier habe ich es zwar schön und schwimme ganz ›oben‹, aber allein, wie ein Tropfen Öl auf dem Wasser, isoliert durch die Gesinnung und Lebensauffassung.«[435] So freut er sich »unsagbar« auf jede Reise in die Schweiz oder nach Holland, die zu beantragen ihn erhebliche Mühen kostet.

In den Berliner Wissenschaftszirkeln wird seine Einstellung zum Krieg gerne als »naiv« bezeichnet. Die Physikerin Lise Meitner etwa schreibt nach einem Besuch im Hause Plancks: »Es wurden zwei herrliche Trios (Schubert und Beethoven) gespielt. Einstein spielte Violine und gab nebstbei so köstlich naive und eigenartige politische und kriegerische Ansichten zum besten. Schon dass es einen gebildeten Menschen gibt, der in dieser

Zeit überhaupt keine Zeitung in die Hand nimmt, ist doch sicher ein Curiosum.«[436]

Abgesehen davon, dass Einstein vermutlich Abonnent des liberalen »Berliner Tageblatts« ist – das ist zumindest seiner Polizeiakte zu entnehmen[437] –, liegt die Physikerin wohl richtig damit, dass er den Nachrichten der zensierten Presse vergleichsweise wenig Aufmerksamkeit schenkt. Oft genüge ein flüchtiger Blick in eine Zeitung, um ihm »die Mitwelt zu verekeln«, sagt Einstein.[438] Lieber macht er sich mit den Perspektiven des Auslands vertraut, liest verbotene Werke wie die Schrift »J'accuse« von Richard Grelling über den deutschen Anteil an der Kriegsschuld, die er auch anderen zur Lektüre weiterempfiehlt, den »Untertan« von Heinrich Mann oder die Schriften des preußischen Hofhistorikers und Antisemiten Heinrich von Treitschke.[439] Der Berliner Universitätsprofessor Treitschke hat Ende des 19. Jahrhunderts eine öffentliche Debatte über die Stellung der Juden in der deutschen Gesellschaft entfacht, sie als Gegner der nationalen Einigung und als Deutschlands »Unglück« stigmatisiert. »Es ist der Name, den man der hiesigen Oberschicht als Etikette aufkleben könnte«, so Einstein.[440]

Seine »köstlich naiven und eigenartigen politischen Ansichten« resultieren aus seiner Überzeugung, dass das Schicksal der zivilisierten Welt von den moralischen Kräften abhängt, »die sie aufzubringen imstande ist«.[441] In der deutschen Reichshauptstadt sorgen »seine Verzweiflung über den Krieg und seine extrem pazifistische Grundgesinnung« immerhin für Gesprächsstoff.[442] Neben Wissenschaftlern und Ingenieuren zählen Politiker und Philosophen, Künstler und Journalisten zum wachsenden Bekanntenkreis des Physikers, den eine Aura des Genialischen umgibt. Er selbst registriert mit einiger Verwunderung, wie rasch sich die Kunde von seiner revolutionären Weltsicht in Berlin über die Grenzen des Fachgebiets hinaus verbreitet. Dank seines Renommees fänden seine Mitmenschen alles an ihm gut und schön, stellt er im Sommer 1916 fest. »Dies Renommee verträgt tüchtige Belastungsproben. Aber wehe, wenn es umgeschlagen ist.«[443]

Auch Walther Rathenau ist neugierig auf seine Relativitätstheorie geworden. Als ehemaliger Leiter der Kriegsrohstoffabteilung hat Rathenau die deutsche Kriegswirtschaft straff organisiert, um eine deutsche Vormachtstellung in Europa zu erzwingen. Einstein konfrontiert den Industriechef und Politiker sofort mit seinen eigenen demokratisch-republikanischen Idealen. In einem kurzen Schreiben, in dem er eine Abendeinladung Rathenaus annimmt, hält er ihm auf unkonventionelle Art entgegen, seiner Ansicht nach könne man Staaten, die die Größe der Provinz Brandenburg übertreffen, keinerlei Existenzberechtigung zuschreiben. Einstein hat hier offensichtlich die kleine Schweiz mit ihren zudem souveränen Kantonen als Modell vor Augen. Der Staat sei nur als Träger gemeinnütziger Institutionen wie Krankenhäuser, Universitäten oder Polizei vonnöten.[444]

Die »Hölle von Verdun«

Das Deutsche Reich unterhält Feldlazarette, militärische Ausbildungslager und Armeen. Es führt einen Krieg, der im Jahr 1916 so viele Opfer fordert wie nie zuvor in der europäischen Geschichte. Denn die Oberste Heeresleitung hat den verhängnisvollen Plan gefasst, die französischen Streitkräfte »auszubluten«, sie an einem militärischen Vorposten, den sie unmöglich aufgeben können, so lange mit schwerer Artillerie zu bekämpfen, bis ihr Kampfeswille gebrochen ist. Das gescheiterte Vorhaben wird als »Hölle von Verdun« in die Weltgeschichte eingehen. An diesem Ort des Grauens verschießt die deutsche Artillerie innerhalb der ersten drei Kampfwochen etwa drei Millionen Granaten, eine unglaubliche Verdichtung der Gewalt auf engstem Raum.[445] Um die Höhe 304 vor Verdun, eine strategisch wichtige Erhebung, zu nehmen, seien 37 Eisenbahnzüge zu 14 Waggons voll mit Munition aufgefahren worden, so der Publizist Arthur Holitscher vom »Bund Neues Vaterland«. »Diese Einzelheit sollte dem Volk als Heilmittel gegen Flaumacherei dienen, Ernst und Tüchtigkeit des Volkes beweisen.«[446]

Für Frankreich wird die Schlacht zu einem Überlebenskampf, der Kommandeur Philippe Pétain zum »Retter der Nation«. Er setzt auf eine defensive Verteidigung, bei der sich die Truppenkontingente in einem Rotationssystem ständig ablösen. Auf diese Weise nehmen nahezu 80 Prozent aller französischen Regimenter an der Schlacht von Verdun teil, was den kollektiven Verteidigungswillen letztlich enorm stärkt.[447] Zwar können die Deutschen kurzzeitig die großen Festungen von Douaumont und Vaux erobern. Doch dank des gut organisierten erbitterten Widerstands führen die Angriffe auf weitere Sperrforts beiderseits zu enormen Verlusten. In Verdun werden 320 000 französische und 280 000 deutsche Soldaten getötet, verwundet, gefangen genommen oder vermisst. Hier fällt auch Plancks ältester Sohn Karl.

Eine noch blutigere Materialschlacht mit vertauschten Rollen beginnt im selben Sommer an der Somme, wo alliierte Streitkräfte die deutschen Stellungen unter pausenlosen Artilleriebeschuss setzen. Die Offensive führt auch hier nicht zum Zusammenbruch der Front. Einmal mehr ist die Verteidigung mit ihren befestigten Stellungen und Maschinengewehren gegenüber der vorrückenden Infanterie im Vorteil. Allein am 1. Juli beklagen die Briten 20 000 Tote und doppelt so viele Verwundete.

Als sich Max Born im Sommer 1916 an die Somme begibt, um Schallmessstationen zu inspizieren, gerät auch er in Geschützfeuer. Anders als seine Kameraden hält der Asthmatiker die schlechte Luft im Unterstand nicht lange aus. Er legt sich auf einen Hügel, von wo aus er das Kampfgeschehen kilometerweit überblicken kann, »eine schreckliche Mauer aus Rauch und Feuer, verbunden mit einem höllischen Lärm«, in dem die akustischen Messverfahren zusammenbrechen. Born beobachtet mehrere »aufregende Luftkämpfe« und hat das Gefühl, einem Schauspiel beizuwohnen, das er mit all seinen Sinnen aufnehmen muss. Erst später wird ihm klar, dass er »den grässlichen Massenmord, zu dem der Krieg degeneriert war, erlebt hatte«.[448]

Noch inmitten der schlimmsten Phase der Zerstörung vertieft sich Einstein in seine Physik. Vor der Deutschen Physikalischen Gesellschaft hält er einen Vortrag über das Fliegen und ist sich sicher, damit einen wichtigen Beitrag zur Aerodynamik geleistet zu haben.[449] Ungleich bedeutender sind seine Arbeiten zur Quantentheorie, die er im Sommer 1916 am selben Ort vorstellt. Erstmals erläutert er hier jene Prozesse, die für die spätere Entwicklung des Lasers grundlegend sind.[450] Nach diesem Ausflug in den Mikrokosmos kehrt er zurück zu den Feldgleichungen der Gravitation, mit denen er die großräumige Struktur des Universums beschreiben möchte. Über mehrere Monate hinweg denkt er intensiv über den Aufbau des Kosmos nach und bleibt doch wach für die Gräuel des Krieges und das Leid der Menschen.

Kaum ein Deutscher, der inzwischen nicht einen seiner nächsten Angehörigen verloren hätte. Durch das Ausmaß der Verluste an der Westfront, eine gleichzeitige russische Offensive, den Kriegseintritt Rumäniens und die immer bedrohlichere Lebensmittelknappheit wird die Siegeszuversicht der deutschen Bevölkerung tief erschüttert.[451] Vor dem Krieg war das Kaiserreich der weltweit größte Importeur von Weizen, Futtermitteln und anderen Agrarprodukten. Das änderte sich im August 1914 schlagartig. Die britische Handelsblockade hat die Einfuhrmöglichkeiten drastisch beschnitten. Den Landwirten fehlen aber auch Düngemittel, Zugpferde und Arbeitskräfte, wodurch sich die Verknappung der Lebensmittel noch verschärft. In den Berliner Hinterhäusern herrscht bittere Armut.

Brot war in der Hauptstadt schon im Januar 1915 nur noch mit Lebensmittelkarten zu bekommen. Um es zu strecken, greifen die Bäcker auf Kohlrüben, Kartoffel-, Mais- oder Sägemehl zurück. Butter, Zucker und Fleisch sind ebenfalls rationiert worden. Neben einer Reichshülsenfruchtstelle gibt es eine Reichsverteilungsstelle für Eier und einen Reichskommissar für Fischversorgung. Doch selbst dem übergeordneten Kriegsernährungsamt gelingt es nicht mehr, die Mindestversorgung der Bevölkerung mit den lebensnotwendigen Dingen sicherzustellen. Hunger und Mangel bestimmen den großstädtischen Alltag. Der Schwarzmarkt floriert, hat aber vor allem »desillusionierende Ersatzwaren« zu bieten.[452]

Privilegierte wie Walther Nernst können sich weiterhin mit Wild vom eigenen Gut versorgen, das der Chemiker in ein eigens dafür angemietetes Depot in einem Berliner Kühlhaus bringen lässt.[453] Max Born dagegen hat 1916 bereits einen schlimmen »Kohlrübenwinter« hinter sich. »Kohlrüben dienten zu allem, nicht nur als Gemüse, sondern auch als Ersatz für Marmelade, als Beimischung zu Mehl in Brot und Kuchen, und ich weiß nicht, wozu noch.«[454] Seine Frau Hedwig ist nach der Geburt einer Tochter wegen der schlechten Ernährung lange Zeit nicht mehr auf die Beine gekommen.

Einstein wird Freunde und Verwandte in den beiden letzten Kriegsjahren, in denen er ständig krank ist, immer häufiger um Hilfspakete bitten müssen. Zwischenzeitlich machen ihm die Schlangen vor den Lebensmittelläden jedoch eine gewisse Hoffnung auf baldige Waffenstillstandsverhandlungen. »Der Krieg wirkt hier wohltuend erzieherisch auf die Menschen oder besser gesagt der Nahrungsmangel«, bemerkt er im Juli 1916 gegenüber Zangger. »Wenn es systematisch so weitergeht ..., werden die Kerle noch ganz sympathisch.«[455]

Der totale Krieg

Einen Monat später wird Generalstabschef Erich von Falkenhayn abgelöst. Die neue Oberste Heeresleitung, angeführt vom glorifizierten »Befreier Ostpreußens« und »Sieger von Tannenberg« Paul von Hindenburg und dessen Stabschef, dem Militärtechnokraten Erich Ludendorff, legt zwei Tage nach Übernahme der Ämter ein neues Rüstungsprogramm auf. Bis zum Frühjahr 1917 soll die Produktion der Munition verdoppelt, die Herstellung von Geschützen und Maschinengewehren massiv erweitert werden.

An der Ostfront haben Hindenburg und Ludendorff einer zahlenmäßig über-, aber technisch unterlegenen russischen Streitmacht gegenübergestanden. Nun wollen sie die sinkende Zahl einsatzfähiger Soldaten durch weitere technische Mittel wettmachen. Sie setzen auf die Qualität deutscher Artilleriegeschütze und Flugzeuge, U-Boote und Giftgaswaffen.

In dieser Überschätzung der Technik sieht der Theologe und Philosoph Ernst Troeltsch, mit dem Einstein in Kontakt steht, eine wesentliche Ursache für die Verlängerung der Kämpfe. Durch den Einfluss der Technik sei der Krieg zu einer »Schraube ohne Ende« geworden.[456] Walther Nernst warnt mittlerweile davor, man dürfe von der Technik nichts Unmögliches verlangen: »Eine unmögliche Leistung aber scheint es mir, jetzt im Kriege, sozusagen über Nacht, eine Unterseebootflotte neben den dazugehörigen

Betriebsmitteln von dem gewaltigen Umfange zu schaffen, wie es erforderlich wäre, um umwälzend, aber auch wirklich umwälzend, in den Verlauf des Kriegs einzugreifen.«[457]

In der akademischen Welt führt die Diskussion um einen uneingeschränkten U-Boot-Krieg zu noch tieferen Rissen. Die Befürworter des verschärften U-Boot-Kriegs wollen das neue Waffensystem gegen britische Handelsschiffe einsetzen und die Verursacher der Handelsblockade treffen. Im Jahr 1915 hatte die deutsche Marine schon einmal einen solchen Wirtschaftskrieg begonnen, ihn aber nach wenigen Monaten wieder abgebrochen. Denn beim Beschuss der Schiffe waren zahlreiche amerikanische Passagiere ums Leben gekommen, woraufhin die USA damit gedroht hatten, in den Krieg einzutreten.

Wie ist dieses Risiko anderthalb Jahre später zu bewerten? Wären die USA in der Lage, binnen Monaten in das Kampfgeschehen auf dem europäischen Kontinent einzugreifen? Was können deutsche U-Boote gegen die britische Seemacht ausrichten? Inwieweit lassen sich die eigenen Versorgungsengpässe durch einen U-Boot-Krieg beseitigen?

Nernst hält es für geradezu gefährlich, in diesen politischen und militärischen Fragen ohne genügend fachmännisches Wissen Illusionen zu wecken.[458] Vor allem über das angebliche Bedrohungspotenzial der U-Boote kursieren wilde Gerüchte in der Bevölkerung. Einmal mehr werden die Geisteswissenschaftler zu Wortführern in einem Propagandafeldzug, der sich nicht zuletzt gegen den zögerlichen Reichskanzler Bethmann Hollweg richtet. Historiker und klassische Philologen, Ägyptologen oder Archivare sind der Meinung, alle zur Verfügung stehenden Kampfmittel müssten nun »rücksichtslos« eingesetzt werden. »Nicht durchzuhalten gilt es, es gilt zu siegen.«[459]

Einstein schließt sich im Herbst 1916 einer neuen pazifistischen Gruppierung an, der »Vereinigung Gleichgesinnter«, deren Treffen nur teilweise dokumentiert sind. Ihr Leitsatz: »dass der dem Geiste der Humanität entgegengesetzte Nationalismus überwunden werde«. Anstelle einer reinen Machtpolitik sollten ethische Erwägungen in der Weltpolitik zur Geltung kommen.[460] Der Organisation gehören einige seiner Genossen vom »Bund

Neues Vaterland« an. Sie wirkt im Stillen, möchte aber mit gezielten Aktionen die öffentliche Meinung beeinflussen.

Auch Max Born erhält eines Tages eine Einladung in die Villa am Tiergarten, wo sich die Mitglieder regelmäßig treffen. Dort begegnet er seinem Kollegen Einstein in einem Kreis von etwa zwanzig Intellektuellen. »Man teilte mir mit, dass der Zweck der Zusammenkunft war, mit einigen hohen Beamten des Außenministeriums über das U-Boot-Problem zu diskutieren.«[461] Nach einem einleitenden Vortrag entbrennt eine lebhafte Debatte. Obschon Born als Offizier dazu verpflichtet ist, sich von geheimen politischen Aktivitäten fernzuhalten, nimmt er in den Wochen darauf wiederholt an den Sitzungen teil. »Doch unser Versuch, mäßigenden Einfluss auszuüben, führte zu nichts.« Letztlich habe Ludendorff seinen Willen durchgesetzt.[462]

Die Dritte Oberste Heeresleitung erwartet auch auf dem Gebiet der chemischen Kampfstoffe zügige Fortschritte von deutschen Wissenschaftlern. Bereits in Verdun haben Feldhaubitzen und Kanonen im Juni in einer einzigen Nacht 116 000 Granaten verschossen, die mit dem Lungenkampfstoff Diphosgen gefüllt waren.[463]

Das massive Bombardement mit Gasgranaten verbreitet Angst und Schrecken vor einem langsamen, qualvollen Tod. Es trägt allerdings auch zur Entschlossenheit der französischen Bevölkerung bei, ihr Land gegen einen derart brutalen Gegner bis zum letzten Mann zu verteidigen.

Nun wird der Gaskrieg noch einmal verschärft, Fritz Habers Institut Ende 1916 ganz der militärischen Führung unterstellt. In Berlin-Dahlem wimmelt es von da an »von einer merkwürdigen Menge centaurenartiger Wesen«, halb Offizier, halb Chemiker.[464] Die Zahl der wissenschaftlichen Mitarbeiter und Hilfskräfte steigt auf mehr als 1500 an. Sie müssen in eigens dafür errichteten Baracken sowie in benachbarten Kaiser-Wilhelm-Instituten untergebracht werden.

Entsprechend groß ist die Palette der hier erforschten Kampfstoffe. Von 1916 an testen die Berliner Forscher allein hundert verschiedene chemische Verbindungen des bekanntesten aller Gifte: Arsen. Ein Ergebnis ihrer Studien ist ein als »Maskenbrecher« titulierter Nasen- und Rachenkampf-

Beben der Raumzeit

stoff, der Soldaten zum Herunterreißen ihrer Gasmasken zwingen soll. Danach sind die Betroffenen anderen Gasen beim so genannten »Buntschießen«, ein Begriff, der sich auf die farbliche Kennzeichnung der mit unterschiedlichen Kampfstoffen gefüllten Granaten bezieht, schutzlos ausgeliefert.

Abb. 13: Tödliche Gaswolke: Blasangriff an der Ostfront 1916.

»Der ständige Umgang mit diesen starken Giftstoffen hatte uns so weit abgestumpft, dass wir beim Einsatz an der Front keinerlei Skrupel hatten«, erzählt Otto Hahn in seiner in den 1960er-Jahren erschienenen Autobiografie, in der er – im Unterschied zu anderen Kollegen – über seine Rolle im Gaskrieg Rechenschaft ablegt.[465] Als Frontbeobachter habe er die unmittelbare Wirkung der chemischen Waffe nur selten gesehen. Der Anblick langsam sterbender Soldaten habe ihn jedoch tief beschämt und ihm die ganze Unsinnigkeit des Krieges bewusst gemacht. »Erst versucht man, den Unbekannten im feindlichen Graben auszuschalten, aber wenn man ihm Auge in Auge gegenübersteht, kann man den Anblick nicht ertragen und hilft ihm wieder.«[466]

Ob Haber beim Anblick von Gasvergifteten ähnliche Regungen verspürt? Weder in der Korrespondenz mit seiner zweiten Ehefrau, Charlotte Nathan, noch im Briefwechsel mit Forschern und Industriellen finden sich Hinweise darauf. Stattdessen wählt er im Schriftverkehr verschiedene Formen der Rationalisierung und Abstraktion, um sich die Schrecken der Schlachtfelder vom Leibe zu halten, darunter auch die Versform:

»Schön ist dem Vaterland mit Kraft zu dienen
Es ziert den Mann geschaffte Munition
Es ist ein Hochgefühl, dem Staat zu dienen
Und gute Tat trägt in sich ihren Lohn.«[467]

Den Millionen Kriegsgedichten, die in Deutschland seit August 1914 geschrieben worden sind, fügt Haber ein paar hinzu. Seine Kriegslyrik, von seinen Biografen unbeachtet geblieben, ist aber schon deshalb erwähnenswert, weil sie in die Organisation des Gaskriegs auf höchster administrativer Ebene einfließt. Beim Auffalten der Archivalien läuft es einem kalt den Rücken herunter – wenn man liest, wie Haber vom Kriegsamt aus den Industriellen Carl Duisberg noch Ende 1917 mit eitlen Poemen bei Laune hält.

Dennoch wäre es ein Irrtum zu glauben, dass Haber den Gaskrieg nur mit spitzer Feder vom Schreibtisch aus plant. Der Chemiker lotet alle Facetten des Chemiewaffeneinsatzes akribisch aus. Man begegnet ihm im Labor, wo er mithilfe von Tierversuchen die »Tödlichkeitskonzentrationen« der verschiedenen Gase ermittelt, bei deutschen Unternehmen, wo er die industriellen Abläufe auf ihre Effizienz hin abklopft, oder an der Front, wo die Blindgänger des Gegners direkt vor Ort analysiert werden, um die eigenen Soldaten besser gegen neue Giftstoffe zu wappnen.

Briten und Franzosen legen ähnlich große Forschungsprogramme zu Chemiewaffen auf. Vor allem wegen ihrer rückständigen chemischen Industrie bleiben sie den Deutschen im Wettlauf um Gaskampfstoffe und Gasschutz unterlegen. Direkt nach dem Angriff von Ypern mahnte der deutsche Generalstab aus Angst vor Vergeltungsmaßnahmen eine Verbesserung der Schutzmaßnahmen an. Noch im selben Jahr standen den deutschen Soldaten Gasmasken mit abschraubbaren, austauschbaren Filtern zur Verfügung. Während die alliierten Streitkräfte allzu lange auf Mullbinden, Helme, Kopfhauben und filterlose Masken setzen – ein völlig unzureichender Schutz gegen die immer giftigeren chemischen Kampfstoffe –, entwickelt Haber den Gasschutz konsequent fort. An Duisberg schreibt er:

»Noch ist im Heere der Gebrauch
Man atmet ohne Atemschlauch
Noch ist der Einsatz eingeschraubt
Und ein Ventil ist unerlaubt
Indes besteht die Möglichkeit
Man kommt vielleicht einmal so weit
Dies nötigt Vorkehr zu bedenken
Und Schläuchen Aufmerksamkeit zu schenken.«[468]

In diese Worte kleidet Haber einen Antrag für eine Forschungsarbeit zur Herstellung von synthetischem Gummi. Für Duisberg ist es selbstverständlich, »dass mit so wundervollen Reimen vorgetragene Wünsche sofortige Erfüllung finden«. Habers Gedichte würden »als Denk- und Sehenswürdigkeiten an die große Zeit des Kriegs im Kriegsmuseum der Leverkusener Farbenfabriken würdig aufbewahrt werden«.[469]

Infolge der »Aufmerksamkeit« und des Erfindungsreichtums der Chemiker entfaltet der progressive Terror eine wahnwitzige Dynamik. An der italienischen und russischen Front tragen die Giftgaseinsätze inzwischen maßgeblich zu den Siegen der Mittelmächte bei. Allein unter den russischen Soldaten sind im Laufe des Ersten Weltkriegs etwa eine halbe Million Gasopfer.[470]

Das Gravitationsfeld

Abb. 14: Gasmasken für Ross und Reiter.

Als besonders verheerend erweist sich von 1917 an der Einsatz von Senfgas. Weil die Tröpfchen überall haften, können bei großflächiger Ausbringung dieses Gifts unter Umständen ganze Frontabschnitte abgeriegelt werden. Es greift Haut und Augen so stark an, dass sich innerhalb kurzer Zeit schmerzhafte Blasen bilden und viele Vergiftete – schon nach den ersten drei Einsatzwochen mehr als 14 000 britische Soldaten – wie Blinde vom Schlachtfeld geführt werden müssen.[471]

Habers eigene Mitarbeiter erleiden ebenfalls Vergiftungen bei Tests mit Gasmasken oder beim Füllen von Giftgasgeschossen. Denn das Senfgas ist von deutscher Seite eingeführt worden, ohne dass hinreichende Schutzmaßnahmen zur Dekontamination zur Verfügung stehen. Von den mehr als 2000 Arbeiterinnen und Arbeitern etwa, die gegen Ende des Krieges in Berlin-Adlershof pro Tag 20 000 Granaten mit Senfgas füllen, erkranken viele schwer.

In den illustrierten Zeitungen begegnet man den durch Gasmasken ersetzten menschlichen Gesichtern nun immer häufiger. Die Gasmaske wird zu einem Symbol des Krieges. Doch im Unterschied zum uneingeschränkten U-Boot-Krieg bleiben öffentliche Debatten zum Gaskrieg aus. Auch von Einstein sind keine Stellungnahmen zum Chemiewaffenkrieg bekannt.

9. Einsteins Universum

Der Physiker entwirft das Bild eines in sich geschlossenen Weltalls auf der goldenen Mitte zwischen Expansion und Kollaps. Während er das kosmische Gleichgewicht mathematisch austariert, steigt auf dem militärischen Fluggelände in Berlin-Johannisthal eine Maschine Marke Einstein mit »Katzenbuckel-Flügeln« in die Luft. Die harmlose Erfindung eines Pazifisten?

Einsteins »größte Eselei«

Der Herrgott habe es nicht mehr nötig, Pech und Schwefel regnen zu lassen, schreibt Einstein am 4. Februar 1917 an Paul Ehrenfest. »Er hat sich modernisiert und diesen Betrieb automatisch eingerichtet.«[472] Man kann den latenten Sarkasmus in seiner Korrespondenz auch als Indiz dafür werten, dass er mit seinem Nachdenken über die täglichen Gräuel längst an ein Ende gekommen ist. Seine Kommentare zum Kriegsgeschehen beschränken sich in den meisten Briefen auf zwei oder drei Zeilen. Erst in ihrer Summe wird erkennbar, wie sehr die zerstörerischen Kräfte des Kriegs seine Gemütslage bestimmen.

Der wesentliche Teil seines Briefverkehrs bleibt der Forschung vorbehalten. In dem oben zitierten Brief an Ehrenfest kündigt Einstein die nächste wissenschaftliche Publikation an: »Ich habe auch wieder etwas verbrochen in der Gravitationstheorie, was mich ein wenig in Gefahr setzt, in einem Tollhaus interniert zu werden.«[473]

Was er verbrochen hat, eröffnet er der Preußischen Akademie vier Tage

Das Gravitationsfeld

später, am 8. Februar 1917. Genau eine Woche nach der Erklärung des uneingeschränkten U-Boot-Kriegs legt er der Akademie seine »Kosmologischen Betrachtungen zur allgemeinen Relativitätstheorie« vor.[474] Damit leitet er eine Debatte ein, die bis heute anhält. Denn über die Bedeutung der »kosmologischen Konstante«, die Einstein an jenem Tag in die Welt setzt, rätseln Forscher noch im 21. Jahrhundert. Handelt es sich bei dieser nachträglichen Erweiterung der Feldgleichungen um einen Geniestreich oder um seinen größten Irrtum?

Einsteins Bild vom Aufbau des Kosmos liegt ein einfacher Gedanke zugrunde: dass das Universum in jeder Himmelsrichtung gleich aussieht und dass dies auch für jeden anderen Beobachter im Weltall so sein muss. Ein für ihn typischer relativistischer Standpunkt. Zu den Erfahrungen der Sternengucker passt er nur bedingt. Denn wenn man fern der hell erleuchteten Städte in einer klaren Nacht zum Himmel schaut, sind hier vereinzelte Sterne, dort ganze Sternhaufen zu sehen – und darüber hinaus das leuchtende Band der Milchstraße. Sieht es nicht eher so aus, als wären alle Sterne in der Milchstraße, einer Art Welteninsel, konzentriert und darüber hinaus nichts weiter als leerer Raum?

Einstein zieht dies durchaus in Erwägung. Seiner Ansicht nach verlangt Newtons Theorie der Schwerkraft geradezu, dass die Welt eine Mitte hat, wo sich die meisten Sterne tummeln, während die Sternendichte nach außen hin abnimmt und einer unendlichen Leere Platz macht.[475] Ihm selbst behagt die Vorstellung einer Insel aus Sternen im unendlichen Ozean des Raumes nicht. Zum einen würde dies dem leeren Raum eine Bedeutung verleihen, die seiner eigenen Theorie widerspricht. Außerdem wäre eine solche Ordnung nicht von Dauer. Wie Einstein ausführt, würden nämlich sowohl das von den Sternen ausgesandte Licht als auch die Sterne selbst die Insel nach und nach verlassen und im Unendlichen verschwinden, ohne jemals wiederzukehren. Ein Stern nach dem anderen würde im gravitativen Spiel der Himmelskörper aus dem Zentrum hinausgeschleudert, und zwar nach den Gesetzen der statistischen Mechanik so lange, »als die gesamte Energie des Sternensystems genügend groß ist, um – auf einen einzigen Himmelskörper übertragen – diesem die Reise ins Unendliche zu gestatten, von welcher er nie wieder zurückkehren kann«.[476] Die Insel würde systematisch verarmen.

Einstein zufolge gibt es keine Anzeichen für eine solche Entwicklung. Den Spielraum für kosmologische Modelle sieht er unter anderem dadurch eingegrenzt, dass die relativen Geschwindigkeiten der Sterne gegeneinander ziemlich gering sind. So klein, dass die Sterne nicht auseinanderlaufen und viele Sternbilder schon seit Jahrtausenden bekannt sind.

Der Horizont der Astronomen ist zu Beginn des 20. Jahrhunderts noch mehr oder weniger auf die Milchstraße begrenzt. Die Forscher sind sich über die Natur der kosmischen Nebel noch nicht sicher und wissen noch nichts von anderen Galaxien. Um seine Feldgleichungen für das Weltall als Ganzes mathematisch zu lösen, müsste Einstein allerdings sehr viel weiter hinausschauen als die Astronomen mit ihren Teleskopen. Er müsste wissen, ob und wie sich die Verteilung der Materie mit immer größerem Abstand von der Erde verändert. Bis ins Unendliche.

Um diesem Dilemma zu entkommen, begibt er sich auf einen »holprigen Weg«. Einstein stellt zunächst einige theoretische Überlegungen für den hypothetischen Fall an, dass die Fixsterne gleichmäßig über den Raum verteilt sind.[477] Dabei geht er davon aus, »dass die Dichte der Materie zwar im einzelnen sehr verschieden, aber im großen Durchschnitt überall dieselbe ist«.[478] Ganz gleich, in welche Himmelsrichtung man schaut. »Anders ausgedrückt: Wie weit man auch durch den Weltraum reisen mag, überall findet sich ein loses Gewimmel von Fixsternen von etwa der gleichen Art und der gleichen Dichte.«[479]

»Das Auffallendste an seiner Denkweise war der Glaube an die Einfachheit der fundamentalen Gesetze«, so der Physiker Max Born.[480] Diese Einfachheit schließt alle möglichen Beobachter ein, weshalb er seine Überlegungen sogleich ausweitet. Der Standpunkt, von dem aus der Mensch das Universum betrachtet, ist in keiner Weise ausgezeichnet. Einstein verleiht dem kopernikanischen Gedanken eine neue Dimension: Der Mensch steht nicht im Zentrum der Welt, weil es eine solche Mitte gar nicht gibt. Ein Schlüsselgedanke der modernen Kosmologie.

Von hier aus fügen sich seine Gedanken unter Zuhilfenahme weniger

Das Gravitationsfeld

zusätzlicher Hypothesen zu einem neuen Weltmodell zusammen. Zunächst macht er eine weitreichende Annahme über die geometrische Struktur des Universums. »Der Krümmungscharakter des Raumes ist nach Maßgabe der Verteilung der Materie zeitlich und örtlich variabel.« Doch trotz dieser lokalen Unterschiede lasse sich die Geometrie im Großen »durch einen sphärischen Raum approximieren«. Jedenfalls sei diese Auffassung logisch widerspruchsfrei und vom Standpunkte der allgemeinen Relativitätstheorie naheliegend.[481]

Einstein nimmt an, dass der Kosmos so massereich ist, die vorhandene Materie den Raum also gerade so stark krümmt, dass er sich wie eine Kugel schließt. Ein solches Universum wäre in sich geschlossen und doch unbegrenzt. Zur Veranschaulichung mag eine Ameise herhalten, die auf einem Ball herumlaufen kann, ohne jemals an eine Grenze zu stoßen. Da sie immer nur ein kleines Stück der Oberfläche wahrnimmt, erscheint sie ihr, obschon gekrümmt, lokal flach.

Einsteins Modell-Universum ist mit dem astronomischen Wissen seiner Zeit vereinbar. Vor allem entgeht er damit dem oben genannten Dilemma. Wenn die Materie nämlich gleichmäßig über ein in sich geschlossenes Universum verteilt ist, dann bedarf es, um die Feldgleichungen zu lösen, keiner speziellen Kenntnisse über die Dichte der Sterne im Unendlichen. Stattdessen genügt es zu wissen, wie groß die mittlere Materiedichte ist.

Einer anderen Schwierigkeit entkommt Einstein jedoch nur durch einen Kunstgriff. Zu seiner eigenen Bestürzung muss er feststellen, dass seine im November 1915 veröffentlichten relativistischen Feldgleichungen gar kein unveränderliches Universum zulassen, dass der Kosmos also laut seiner eigenen Theorie gar nicht stabil sein kann. Einstein entschließt sich daher zu einem kühnen Schritt: Er wandelt die Feldgleichungen, an deren Herleitung er acht Jahre gearbeitet hat, noch einmal ab.

Wir sollten an dieser Stelle innehalten und uns Einsteins geistige Beweglichkeit vor Augen führen. Die allgemeine Relativitätstheorie, für die er bald in der ganzen Welt berühmt werden wird, ist gerade ein Jahr alt, da dreht er selbst sie schon wieder durch die Mangel. Seine Neugier treibt ihn nämlich nicht nur vorwärts von einem Gedanken zum nächsten, sondern auch von vorherigen Hypothesen zu ihren Gegenpositionen. Wir haben in diesem Buch mehrfach gesehen, wie er im inneren Diskurs nach dem sucht, was sich nicht in große Theorien einfügt. Diese Freiheit im Denken wendet er, ein Spötter vor dem Herrn, gerade auch gegen seine eigenen Theorien.

Vom Standpunkt der Mathematik aus betrachtet, ist die nachträgliche Modifikation der Theorie plausibel. Einstein fügt ein zusätzliches Glied in die Feldgleichungen ein: die »kosmologische Konstante«. Dieser Zusatzterm hat eine tiefere Bedeutung. »Er zeigt, dass Einstein 1915 im Gegensatz zu dem, was er schrieb, eben noch nicht die allgemeinsten Gleichungen, die mit seinen Forderungen vereinbar sind, gefunden hatte«, erläutert der Einstein-Experte Jürgen Renn, Direktor am Max-Planck-Institut für Wissenschaftsgeschichte in Berlin. In der modernen Wissenschaft falle dem Zusatzglied eine Schlüsselrolle zu. Es ist unabdingbar für die Erklärung eines beschleunigt expandierenden Universums.[482]

Allerdings ahnt Einstein zu Anfang des 20. Jahrhunderts noch nichts von einer Expansion des Universums, die heute durch astronomische Beobachtungen gesichert ist. Mit der Einführung der »kosmologischen Konstante« verfolgt er die umgekehrte Strategie: Er wirft sie in die Waagschale, um das kosmische Gleichgewicht mathematisch gerade so auszutarieren, dass das Universum weder expandiert noch kollabiert. Es soll stabil bleiben.

»Vom Standpunkt der Astronomie ist es natürlich ein geräumiges Luftschloss, das ich da gebaut habe«, entschuldigt er sich Anfang März, als er für mehrere Wochen krank im Bett liegt, bei seinem holländischen Kollegen Willem de Sitter. Als Theoretiker gehe es ihm vor allem darum, seine Relativitätstheorie zu Ende zu spinnen, ohne auf innere Widersprüche zu stoßen.[483] De Sitter hingegen hat Zweifel, ob der Modellkosmos tatsächlich so stabil ist, wie Einstein glaubt.

Mit dem kleinen Zusatzterm unterhöhlt Einstein nicht nur seine vorherige Theorie, sondern die gesamte Physik. Er schleust eine Art Anti-Gravitation in die naturwissenschaftliche Gedankenwelt ein. Die »kosmologische Konstante« entspricht einem Feld mit abstoßender Wirkung, das Einstein mit keinen bekannten physikalischen Phänomenen in Verbindung bringen kann. Dennoch vermutet er, diese abstoßende Tendenz sei irgendwie in die Textur des Raum-Zeit-Gewebes eingeflochten.

Jahre später wird er die »kosmologische Konstante« als seine »größte Eselei« bezeichnen und fallenlassen. In der modernen Kosmologie taucht sie über die astronomische Hintertreppe wieder auf, ohne dass sich Forscher über ihre physikalische Bedeutung klar geworden wären. Denn es hat sich gezeigt, dass das Universum expandiert und dass sich diese Ausdehnung sogar beschleunigt – mit der seltsamen Folge, dass die fernsten heute noch beobachtbaren Galaxien aus dem Blickfeld künftiger Beobachter verschwinden werden, falls diese beschleunigte Ausdehnung anhält. Rätselhaft bleibt, welche »dunkle Energie« das immer schnellere Aufblähen des Kosmos antreibt. Allem Anschein nach ist die »dunkle Energie« völlig gleichmäßig über das gesamte Weltall verteilt. Außerdem deuten die bisherigen Beobachtungen darauf hin, dass die »dunkle Energie« seit jeher dieselbe Dichte besitzt. Sollte es sich bestätigen, dass die Energiedichte seit 13,8 Milliarden Jahren konstant geblieben ist, dann wäre die »dunkle Energie« der »kosmologischen Konstante« Einsteins gleichzusetzen, obschon dieser etwas ganz anderes damit im Schilde führte.

Genie im Sinkflug

Als Einstein sein »geräumiges Luftschloss« errichtet, geht in Deutschland eine Ära der Luftschifffahrt zu Ende. In einem Krankenhaus in Berlin-Charlottenburg stirbt am 8. März 1917 Ferdinand Graf von Zeppelin, der die Menschen im ganzen Land mit seinen Luftschiffen begeistert hatte. Nicht einmal zehn Jahre zuvor hatte der Unfall eines 136 Meter langen Luftschiffs aus dem Hause Zeppelin die größte freiwillige Spendenaktion im Kaiserreich ausgelöst und den Grundstock für den Aufbau eines Unternehmens gelegt, das bis 1914 rund 35 000 Passagiere beförderte. Wer, außer einigen Militärs, hätte damals gedacht, dass Luftschiffe bald darauf Bomben über London abwerfen würden?

Galten die Zeppeline zu Beginn des Krieges noch als eine von mehreren deutschen »Wunderwaffen«, so haben sie diesen Nimbus mittlerweile eingebüßt. Sie bieten einem technisch hochgerüsteten Gegner eine zu große Angriffsfläche und sind nur schwer navigierbar. Zuletzt war Graf Zeppelin an der Entwicklung riesiger Flugzeuge mit über 40 Metern Spannweite beteiligt, die 2000 Kilogramm Bomben tragen können.

Im Kriegsgeschehen sind Flugzeuge, Luftschiffe und Ballons vor allem Aufklärungsflieger. Sie steigen über jenen Frontabschnitten auf, wo die Artillerie mit ihren Distanzwaffen das Kampfgeschehen bestimmt, und sollen die gegnerischen Stellungen ausspähen. Um ebendies zu verhindern, setzen die Militärs hüben wie drüben Jagdflieger auf die feindlichen Luftstreitkräfte an. Max Born wurde an der Somme Augenzeuge ihrer »aufregenden Luftkämpfe«.

Abb. 15: Moderner Luftkrieg: Schütze auf einem Gotha-V-Bomber.

Das Gravitationsfeld

In einem Krieg, der keinen Nahkampf mehr kennt und in dem die meisten Soldaten fallen, ohne den »Feind« je gesehen zu haben, nehmen Jagdflieger die Stelle der Helden ein. Die Armee dekoriert sie mit Orden, die Presse feiert sie als »Ritter der Lüfte« und lockt mit ihren Namen das Berliner Publikum in die große »Deutsche Luftkriegsbeute-Ausstellung«, die von Februar bis April 1917 am Zoologischen Garten zu sehen ist. Vor einem 450 Quadratmeter großen Wandbild, das die Flieger im Einsatz zeigt, haben die Ausstellungsmacher Schützengräben und Drahthindernisse aufgebaut.[484] Die hier gefeierten Piloten sind jedem Berliner Schuljungen bekannt: der kürzlich in einem Staatsbegräbnis beigesetzte Oswald Boelcke oder Manfred von Richthofen, der mittlerweile den 25. Luftkampf für sich entschieden hat. Mit ihren wendigen Maschinen, mit Doppel- und Eindeckern, vollführen die Jagdflieger Saltos, »als seien sie jeder ein Pégoud«.[485]

Der Name des Franzosen, der vor dem Krieg mit seinen Loopings Schlagzeilen machte, ist immer noch in aller Munde. Doch auch Adolphe Pégoud ist inzwischen tot. Er wurde 1915 in der Nähe von Petit-Croix im Alter von 26 Jahren von einem deutschen Piloten abgeschossen, dem Unteroffizier Walter Kandulski, der nach dem Gefecht zum Tatort zurückkehrte und über der Absturzstelle einen Kranz abwarf. Er hatte Pégoud seinerzeit zugejubelt und bei ihm das Fliegen gelernt.

Die Schwerkraft überwinden und über der Erde schweben – für einen Forscher wie Einstein ist das Fliegen nach wie vor eines der großen Rätsel der Physik. Mit der ihm eigenen Neugier näherte er sich dem Gleitflug der Maschinen und versuchte herauszufinden, worauf die Tragfähigkeit ihrer Flügel beruht. »Über diese Frage herrscht vielfach Unklarheit«, schrieb er im Sommer 1916 einleitend in einem populärwissenschaftlichen Zeitschriftenaufsatz. »Ja, ich muss sogar gestehen, dass ich ihrer einfachsten Beantwortung auch in der Fachliteratur nirgends begegnet bin.«[486]

Als sich Einstein anschickte, die vermeintliche Lücke zu schließen, konnte er sich der öffentlichen Aufmerksamkeit gewiss sein. Bald nach seinem Vortrag über Strömungsphysik und Aerodynamik vor der Deutschen Physikalischen Gesellschaft und einem entsprechenden Zeitschriftenartikel kam er in Kontakt zur Luft-Verkehrs-Gesellschaft (LVG), einem der großen Luftfahrtunternehmen in Berlin-Johannisthal. Womöglich stellte ihn ein Berliner Investor dem damaligen Geschäftsführer der LVG, Romeo Wankmüller, vor.[487] Im März 1917 ließ die Firma dann ein von Einstein entworfenes Tragflächenprofil testen. Dieser »Katzenbuckel-Flügel« wäre längst in Vergessenheit geraten, hätte sich nicht 37 Jahre später, nur wenige Monate vor Einsteins Tod, ein deutscher Pilot und Techniker an den Erfinder gewandt:

»Sehr verehrter Herr Professor,

mit diesem Brief will ich nichts anderes, als ein für mich unvergessliches, für Sie vielleicht vergessenes Erlebnis aufzuzeichnen«, beginnt Paul Georg Ehrhardt sein humorvolles Schreiben.[488] Das Erlebnis, an das sich auch Einstein gut erinnert, führt zurück in jene Zeit, da Ehrhardt als technischer Leiter an die Versuchsabteilung der LVG abkommandiert worden war, um Jagdeinsitzer zu bauen. Damit hatte er sich die »undankbare Aufgabe« eingehandelt, sich mit Angeboten von Erfindern befassen zu müssen, ein Job, den Einstein aus dem Berner Patentamt gut kannte.

»Ich war daher wenig erbaut, als ich eines Tages ein mehrseitiges Schriftstück dieser Art auf meinem Schreibtisch vorfand, das zudem noch mit der Hand geschrieben war«, setzt Ehrhardt seinen Brief fort. »Aber schon beim ersten Überfliegen des gewichtigen Elaborates wurde mir klar, dass dessen Verfasser über weit höhere Kenntnisse der theoretischen Physik verfügte als ich.«[489]

Es dürfte Einstein geschmeichelt haben, wie ernst man seine theoretische Abhandlung seinerzeit nahm. Das Unternehmen beschloss zu prüfen, ob sich seine Gedanken als tragfähig erweisen würden. Hatte Berlins bedeutendster Physiker tatsächlich ein Geheimnis des Fliegens gelüftet?

Im März 1917 schickte die LVG ein entsprechend seinen Vorgaben gefertigtes Flügelprofil nach Göttingen. Dort wurde der seltsam nach oben gewölbte »Katzenbuckel-Flügel« mit dem Vermerk »LVG D9v« im Windkanal der Modellversuchsanstalt für Aerodynamik getestet.[490] Wenige Wochen später ließ die Firma eine »Katzenbuckel-Tragfläche« an den Rumpf eines LVG-Doppeldeckers montieren.

»Ich stand vor der Aufgabe, sie im Flug zu erproben«, so Ehrhardt. Damals sei jeder Start mit einer neuen Type ein echtes Vabanque-Spiel gewesen. Schon deshalb habe er die Fertigstellung des Flügels mit steigender Skepsis überwacht. Seine Befürchtung, dass die Maschine den Erdboden in höchst labiler Fluglage verlassen und nach hinten durchhängen würde, weil den Tragflächen der Anstellwinkel fehlte, habe sich dann leider bestätigt. »Denn wie eine ›schwangere Ente‹ hing ich nach dem Start in der Luft und war heilfroh, als ich nach einem peinlichen Geradeausflug kurz vor dem Flugplatzende am Zaun von Adlershof die Räder wieder auf dem festen Boden hatte.«[491]

Ehrhardt blieb nicht der einzige Testpilot, der einen Aufstieg mit Einsteins »Katzenbuckel-Flügeln« riskierte. Nachdem man die Tragflächen so umgebaut hatte, dass sie einen Anstellwinkel bekamen, konnte es der zweite Pilot immerhin wagen, eine Kurve zu fliegen. Doch auch er brachte keinen ordentlichen Flug zustande. »Aus der schwangeren war nun eine lahme Ente geworden.«[492]

»So mag es einem gehen, der zwar viel denkt, aber wenig liest«, antwortete Einstein postwendend am 7. September 1954. In einem launigen Brief schilderte er noch einmal, wie er von der Bernoulli-Gleichung zum »Katzenbuckel-Flügel« gekommen war. Doch aus alledem folge nicht, dass es vernünftig sei, eine Tragfläche in solcher Weise zu formen. »Die Natur hat schon gewusst, warum sie die Vogelflügel vorne gerundet und hinten scharfkantig gemacht hat.« Er müsse gestehen, dass er sich seines damaligen Leichtsinns noch oft geschämt habe.[493]

Die LVG nahm den Misserfolg gelassen hin. Das Ganze endete mit einer kleinen Feier, bei der Einstein aus seiner Relativitätstheorie las. Zum Jahreswechsel schickte man dem Professor dann eine Fotodokumentation zu, für die er sich artig bedankte. Beim Anschauen des schönen Albums werde er seines Ausflugs ins Reich der Praxis noch oft mit Humor gedenken.[494]

Nur mit Humor? Weiß Einstein nicht, dass sein Besuch im Reich der Praxis während des Kriegs einem Ausflug ins Reich des Militärs gleichkommt?

In Berlin-Johannisthal ist in den Kriegsjahren »eine Stadt voll wimmelnden Lebens und mit sehr beträchtlichen Abmessungen entstanden«. Deren Gründung sehe ein wenig nach Wildwest aus, schreibt der Publizist Arthur Fürst. Ihm fällt gegen Ende des Kriegs auf, wie vielen bekannten, ja berühmten Gelehrten man in den Baracken begegne, die an der Wehrtüchtigkeit des Vaterlands still und bescheiden mitarbeiten.[495]

Wie alle in Johannistahl ansässigen Firmen lebt die LVG von Rüstungsaufträgen. Ihre Kriegsproduktion ist von 600 Flugzeugen im Jahr 1914 auf 1800 im Jahr 1918 gestiegen.[496] In dieser Zeit hat das Unternehmen zahlreiche neue Militärflugzeugtypen entwickelt. Bei dem Doppeldecker, der 1917 mit dem einsteinschen Tragflächenprofil versehen wurde, handelt es sich zwar um ein älteres Modell, aber um eines der ersten Flugzeuge, die nach den Zeppelinen Bomben auf die englische Hauptstadt abwarfen. Wie hätte Einstein wohl dazu gestanden, wenn im letzten Kriegsjahr ein verbesserter LVG-Doppeldecker mit »Katzenbuckel-Flügeln« und schwerer Bombenlast nach London geflogen wäre? Oder nach Paris, wo am 30. und 31. Januar 1918 beim Abwurf von mehr als 250 Bomben 65 Zivilsten ums Leben kommen?[497] Sieht er nicht oder will er nicht sehen, wohin eine Zusammenarbeit mit der Flugzeugindustrie in dieser Zeit führen kann?

Man mag ihm zugutehalten, dass es ihm vor allem darum ging, den Geheimnissen des Fliegens auf die Spur zu kommen und herauszufinden, ob seine Berechnungen dazu richtig sind. Doch die »schwangere Ente« ist nicht die einzige Eskapade dieser Art. Noch im selben Jahr wird Einstein »wissenschaftlicher Mitarbeiter« der »Mercur Flugzeugbau GmbH«.[498] Ihr Inhaber, der bei der LVG inzwischen ausgeschiedene Romeo Wankmüller, schmückt auch die neue Firma mit Einsteins Namen. Darüber hinaus erhofft er sich von dem Wissenschaftler Hinweise etwa für den Bau eines Hebeluftschiffs.[499]

Einstein zieht jedenfalls keine klare Grenze zwischen theoretischer und angewandter Forschung. Er ist Pazifist – aber nicht in letzter Konsequenz. Für radikale Pazifisten ist Berlin in diesen Jahren der denkbar schlechteste Ort, und Einstein will keiner von ihnen sein, sonst hätte er die Reichs-

Das Gravitationsfeld

hauptstadt längst verlassen. Um in Zeiten totaler Mobilmachung nicht in militärische Angelegenheiten verstrickt zu werden, hätte er sich nicht nur von jeglicher Industrie fernhalten müssen, sondern überhaupt vom öffentlichen Leben.

Stattdessen sitzt er im Kuratorium der Physikalisch-Technischen Reichsanstalt, die militärisch relevante Forschungen betreibt. Im Oktober 1917 übernimmt er die Leitung des nun doch ins Leben gerufenen Kaiser-Wilhelm-Instituts für Physik, dessen Direktorium auch Haber und Nernst angehören. Außerdem befasst er sich als Gutachter schon seit längerem mit dem Kreiselkompass, einem für einen theoretischen Physiker und ehemaligen Patentamtsangestellten äußerst interessanten Instrument, das allerdings auch für die Kriegsmarine von hoher Bedeutung ist. Für die Firma Anschütz, die solche Geräte baut, erstellt Einstein noch im letzten Kriegsjahr ein privates Gutachten.

Gewiss ist der Pazifismus eine für ihn wichtige Werteskala, allerdings nicht die einzige, an der er sich orientiert. Einstein bewegt sich in unterschiedlichen Sphären mit teils widerstreitenden Normen. Mit seiner Entscheidung, in Berlin zu bleiben, geht unweigerlich einher, dass er mit zahlreichen Widersprüchen leben und zwischen verschiedenen Übeln wählen muss. Denn weder ist er dazu bereit, seine wissenschaftliche Neugier, sein eigentliches Lebensinteresse, wesentlich zu beschneiden, noch will er jenen Forscherkreisen den Rücken kehren, derentwegen er hierher gekommen ist. Der Pazifismus ist eine Tragfläche für seine wissenschaftlichen Erkundungsflüge, allerdings eine Tragfläche mit Buckeln.

Seine Freiheit im Denken verträgt sich nicht mit starren Wertesystemen. Wie wäre seine Freundschaft zu Born sonst zu verstehen, der sich wie zahllose andere Physiker direkt an der Kriegsforschung beteiligt? Wie seine enge Beziehung zu Planck, der den Krieg in seinen Reden rechtfertigt? Wie seine Verbindung zu Nernst? Wie sein Verhältnis zu Haber, zu dem er vor dem Krieg eine geradezu familiäre Beziehung pflegte und über dessen Schreibtisch nun die Forschungsanträge des KWI für Physik laufen?

Zu Beginn des Jahres 1917 hat sich Haber ein paar Mal in der Akademie blicken lassen – offensichtlich nicht der Wissenschaft wegen, sondern um die Verleihung der goldenen Leibnizmedaille an Leopold Koppel, seinen wichtigsten Industriepartner, zu beantragen und durchzusetzen.[500] Nach diesem Zwischenspiel werden ihn Einstein und Planck, die Woche für Woche zu den Sitzungen erscheinen, bis Kriegsende nicht mehr in der Akademie sehen. Im Oktober 1917 gratuliert ihm Einstein zur Hochzeit. Das Glückwunschschreiben ist nicht erhalten, doch Charlotte Haber informiert ihren Gatten darüber, der vier Tage nach der Eheschließung schon wieder auf Reisen ist: »Einstein hat sehr hübsch geschrieben. Er freut sich, dass ich eine Tochter Israels und keine langbeinige, aristokratische Germanin bin.«[501] Ob Haber diese Zeilen »hübsch« findet, darf bezweifelt werden. Denn Charlotte Nathan, »Tochter Israels«, hat sich einzig und allein auf sein Drängen hin protestantisch taufen lassen, was ihr ein Leben lang nachhängen wird, um ihm dann in der Kaiser-Wilhelm-Gedächtniskirche – »Darunter tat er es nicht!«, so die Ehefrau – das Ja-Wort zu geben.[502]

Stachelig nach außen und doch wohlwollend – so erscheint Einstein vielen seiner Mitmenschen. Bei aller Schärfe im Urteil verurteilt er niemanden. Er sei während des Kriegs viel toleranter geworden, ohne im Prinzipiellen seine Ansichten auch nur im Geringsten zu ändern, schreibt er nach Holland, nachdem er erfahren hat, dass auch Nernsts zweiter Sohn als Flieger ums Leben gekommen ist.[503] Vom Hass der anderen möchte er sich weder anstecken noch irgendwie beeinflussen lassen. In einer vom militärischen Geist völlig durchdrungenen Gesellschaft geht er der Wissenschaft weiterhin nach, nicht immer frei von Zynismus, aber mit viel Besonnenheit und ohne sich von anderen vereinnahmen zu lassen.

Diesen militärischen Geist klagt er in erster Linie an, nicht seine Kollegen. So pocht er unter anderem auf eine Änderung des Erziehungssystems. In einem bemerkenswerten Beitrag im »Berliner Tageblatt« fordert Einstein Ende 1917 eine Abschaffung der Reifeprüfung, in der er eine Abrichtung der Schüler auf ein Examen hin sieht, welche die Qualität des Unterrichts herabsetze.[504] Jegliche »Dressur« oder soldatische Erziehung widerstrebt ihm. Sie halte die Menschen in dem Irrglauben, sie seien für den Staat da und dessen Macht sei ein Selbstzweck, schreibt er an Romain Rolland.[505]

Außer dem Erziehungssystem müssen sich seiner Ansicht nach die politischen Strukturen ändern, um das zerstörerische Werk hochgerüsteter Nationalstaaten aufzuhalten. Und sie würden sich ändern, wenn auch nur erzwungen durch die Härte der Tatsachen – diese Hoffnung gibt Einstein nicht auf. »Es liegt eine epidemische Wahnidee vor, die, nachdem sie unendliche Leiden erzeugt hat, wieder verschwinden wird, um dann von der übernächsten Generation als etwas ganz Monströses und Unbegreifliches angestaunt zu werden.«[506]

10. »9. XI. – fiel aus wegen Revolution« – Einstein, der Aktivist

Als der Große Krieg im November 1918 endet und in Berlin die Republik ausgerufen wird, schlägt die Stunde des überzeugten Demokraten. In den Revolutionstagen steht Einstein als politischer Redner auf dem Podium, sein Name wird aber auch von dem Industriellen Walther Rathenau und anderen für Parteiaufrufe missbraucht.

Generalprobe verpasst

»Heute beginnen die Verhandlungen mit Trotzki wieder und 300 000 Arbeiter streiken in Berlin«, trägt der Chronist und Diplomat Harry Graf Kessler am Dienstag, den 29. Januar 1918, in sein Tagebuch ein. »Wir stehen vielleicht vor einer der furchtbarsten Stunden der deutschen Geschichte; es kann nichts, es kann aber auch der Beginn der deutschen Revolution sein.«[507]

Die Streikenden haben ihre Arbeit in Munitionsfabriken, Maschinenbauunternehmen und in der Flugzeugbranche niedergelegt und tragen Schilder mit der Aufschrift: »Frieden! Freiheit! Brot!« Es sind mehr als je zuvor. Und anders als im Vorjahr gehen sie nicht vorrangig wegen Hunger und Not auf die Straße. Diesmal verfolgen die Arbeiterinnen und Arbeiter politische Ziele. Ihre Protestaktion richtet sich gegen den Krieg und das herrschende Regime.

Die Demonstrationen in Berlin und in anderen deutschen Städten stehen in engem Zusammenhang mit der Revolution in Russland. Dort ist das Zarenreich zusammengebrochen. Die Bolschewiki haben die Macht übernommen und einen Friedensappell an alle kriegführenden Nationen gerichtet. Seit Dezember führt ihr Abgesandter Leo Trotzki in Brest-Litowsk Friedensverhandlungen mit einer deutsch-österreichischen Delegation, die schier unannehmbare Forderungen stellt. Trotzki zögert die Gespräche hinaus. Er rechnet mit einem Übergreifen der russischen Revolution auf Mitteleuropa.

Die Massenstreiks in Deutschland scheinen ihm Recht zu geben. Die Unabhängigen Sozialdemokraten (USPD), die zu den bis dato größten Antikriegsdemonstrationen aufgerufen haben, nehmen in ihren Flugblättern direkt Bezug auf die Vorgänge in Russland: Der deutsche Militarismus habe bei den Verhandlungen in Brest-Litowsk endlich die Maske gelüftet. »Raub fremder Länder ... und die Herrschaft des deutschen Säbels in der Welt: das sind die Kriegsziele der deutschen Regierung.«[508] Dagegen fordert die linke Arbeiterschaft »eine schleunige Herbeiführung des Friedens ohne Annexionen«, eine Demokratisierung der Verfassung und bessere Lebensbedingungen.

Jugendliche, die das Einberufungsalter noch nicht ganz erreicht haben und bei Fortdauer des Kriegs um ihr Leben fürchten müssen, verweigern den Gehorsam. Frauen, die in manchen Rüstungsbetrieben das Gros der Arbeiterschaft ausmachen, haben sich der Protestbewegung in großer Zahl angeschlossen. Auch Mitglieder des verbotenen »Bundes Neues Vaterland« beteiligen sich an den Demonstrationen und verteilen Flugblätter.[509]

Harry Graf Kessler erwartet, dass die deutsche Regierung mit den nach russischem Vorbild gewählten Arbeiterräten verhandeln wird. Doch die Politiker und Militärs, mit denen er an diesem 29. Januar diskutiert, halten nichts von Gesprächen. Sie werfen den Streikenden Verrat an der deutschen Sache vor. Wenn die Arbeiter Krawall machten, solle man schießen. 10 000 Mann zuverlässige Truppen seien in der Hauptstadt.[510]

Eine an diesem 29. Januar angefertigte Liste namhafter Pazifisten im Landespolizeibezirk Berlin und Umgebung umfasst 31 Personen – unter ihnen, auf Platz 9, Albert Einstein.[511] Ihm werden »Bestrebungen internationalen Charakters« vorgeworfen, was mit strengeren Ausreisebestimmungen geahndet wird.[512] Allerdings ist der »namhafte Pazifist« während der Streiks weder auf der Straße, noch trifft er sich mit seinen Genossen. Es sei ihm gegenwärtig unmöglich, sich politisch zu betätigen, antwortet er dem Philosophen Ernst Troeltsch, als dieser sich über die fehlende Unterstützung der Streikenden von Seiten der Intellektuellen beklagt.[513] Einstein pflichtet ihm bei. Doch kann er das Geschehen nur vom Krankenlager aus verfolgen.

Sein Gesundheitszustand hat sich im Verlauf des letzten Jahres zunehmend verschlechtert. Nicht zuletzt der Krieg mit seinen unverdaulichen Nachrichten hat ihn krank gemacht. Schon vor einem Jahr verwandelten sich seine chronischen Magen- und Gallenbeschwerden in schmerzhafte Anfälle. Wochenlang musste er das Bett hüten. Die Ärzte hatten ihm eine strenge Diät verschrieben, die angesichts der Lebensmittelknappheit in der Hauptstadt und der minderwertigen Nahrungsmittel kaum einzuhalten war. Sein Freund Zangger und die süddeutsche Verwandtschaft versorgen ihn seither mit Hilfspaketen, schicken Zwieback und Makkaroni, Reis und Grieß nach Berlin. Doch nach kurzen Phasen der Erholung erleidet er immer wieder Rückfälle.

»Nun ist es gerade ein Monat, dass ich im Bett liege«, schreibt er seinem ältesten Sohn Hans Albert Ende Januar 1918 nach Zürich. Ihn plage ein hartnäckiges Geschwür am Magenausgang, weshalb er womöglich für den Rest seines Lebens eine Art Kindernahrung zu sich nehmen müsse. Aber das bekümmere ihn nicht. »Ich kann ja im Bett sehr gut meine Arbeit pflegen, und meine Cousine sorgt ausgezeichnet für mein ›Vogelfutter‹.«[514]

Seine Cousine Elsa Löwenthal hat auf eigene Faust eine Wohnung in Berlin-Schöneberg für ihn angemietet. In dem modernen Eckgebäude in der Haberlandstraße 5 mit Portier und Fahrstuhl und eigenem Aufgang für Dienstpersonal wohnen ihre Eltern im dritten Geschoss, sie selbst logiert mit ihren beiden Töchtern Ilse und Margot ein Stockwerk darüber in einer äußerst großzügigen Siebenzimmerwohnung mit Speisesaal, Salon und Bibliothek.[515] Als die daran angrenzende Wohnung plötzlich frei wurde, richtete sie im vergangenen Herbst auf derselben Etage eine Kran-

Das Gravitationsfeld

kenstation für den anspruchslosen, aber schwierigen Patienten ein. Eine Übergangslösung, wie der 38-Jährige zunächst glaubte.

Doch seine Liegekur dauert seit Wochen an. Da ihm der Arzt strenge Ruhe verordnet hat, lässt er sich von Elsa umsorgen. Die Energie, mit der sie seine Pflege in die Hand nimmt, imponiert ihm.

Wie sich ihre Tochter Margot später erinnern wird, ist es ohnehin das Schicksal ihrer Mutter, dass sie bei Albert mit allen Dingen aufpassen muss – vom Essen bis zum heimlichen Rauchen, das ihm verboten ist. »Er war, wenn ich das so formulieren darf, ein Kind geblieben.«[516] Dass er die Haarbürste ungern verwendet, die Zahnbürste gar nicht, hat er seiner Geliebten schon vor Jahren gestanden. Aus »ächt wissenschaftlichen Erwägungen« habe er die Zahnbürste in den Ruhestand versetzt, denn: »Schweinsborste bohrt Diamanten durch; wie sollten also meine Zähne ihr widerstehen?«[517]

Elsa lässt ihm vieles durchgehen. Sie genießt seine Schlagfertigkeit und seinen Humor. Beinahe täglich bringt sie ihm Briefe ans Bett und empfängt Besucher wie die Professoren Planck, Born oder Emil Warburg in ihrem Salon. Einsteins ganzes Mittagessen bestehe »in einer winzigen Schale Reis mit Milch und Zucker gekocht«, unterrichtet Planck die Physikergemeinde. Aber seine Stimmung sei in der Regel gut, seine Arbeitsfreude ungemindert.[518]

Im Krankbett beantwortet Einstein Anfragen aus dem In- und Ausland zu seinen kosmologischen Betrachtungen, überdenkt seine Gravitationswellentheorie noch einmal, bügelt Fehler aus und gießt sie in eine neue Form, schreibt ein paar kleinere Arbeiten, aber nichts von besonderer Bedeutung, wie er selbst sagt. Wirklich Neues finde man ohnehin nur in der Jugend. »Der Geist wird lahm, die Kraft schwindet, aber das Renommee hängt glitzernd um die verkalkte Schale.«[519]

Nachdem er die allgemeine Relativitätstheorie zu einem vorläufigen Abschluss gebracht hat, schlägt sich Einstein mit administrativen Aufgaben herum. Seit Oktober sind sie erheblich gewachsen. Denn mit seinem Umzug ist die Haberlandstraße 5 Sitz des Kaiser-Wilhelm-Instituts für Physik geworden.

Es ist ein höchst eigenwilliges Forschungsinstitut, das weder über ein eigenes Gebäude verfügt noch über Labors, allerdings über einen ansehnlichen Etat. Einstein darf Forschungsstipendien an jüngere Physiker verteilen und etablierten Wissenschaftlern bei der apparativen Ausstattung ihrer Labors unter die Arme greifen. Die Rolle gefällt ihm. Im Vorfeld hat er sich jedoch wenig Gedanken darüber gemacht, was für ein bürokratischer Aufwand damit einhergeht.

Im preußischen Verwaltungsapparat gibt es für jedes Fördervorhaben und jede Ausgabe genaue Verfahrensregeln, weshalb Einstein im Dezember 1917 eine Sekretärin für sich beantragt hat. Als die Stelle genehmigt wird, besetzt er sie mit Elsas ältester Tochter Ilse. Drei Mal in der Woche halbtags erledigt die kesse 20-Jährige das Geschäftliche für ihn und sitzt bei »Seiner Hochwohlgeboren, dem Direktor des Kaiser-Wilhelm-Instituts für Physik, Herrn Professor Einstein hierselbst« zum Diktat.[520]

Ilse schwärmt für den Arzt und Pazifisten Georg Friedrich Nicolai, der nach Eilenburg bei Leipzig strafversetzt wurde, wo sie ihn mehrfach besucht. Vor mehr als drei Jahren formulierte Nicolai gemeinsam mit Einstein den Aufruf »An die Europäer«, der nun endlich in der Schweiz veröffentlicht worden ist. Und zwar als Einleitung zu dem Buch »Die Biologie des Krieges«, einer naturwissenschaftlich fundierten Abrechnung mit dem Krieg, in der Nicolai dem aggressiven »Kampf ums Dasein« die Strategie der Kooperation und gegenseitigen Hilfe entgegenstellt.

Einstein sagt, er selbst sei in den zurückliegenden Jahren immer mehr dazu gekommen, im Vergleich zu Nächstenliebe und Menschenfreundlichkeit alles andere gering zu schätzen. Wenn er das neue ekelhafte Wort »Ertüchtigung« und ähnliche Ausdrücke höre, drehten sich ihm »die Gedärme herum«.[521] Er bedauert es zutiefst, dass die Sprache der Gewalt und des Militärs überall Einzug hält. Von den aktuellen Streiks bekommt er im Westen Berlins nicht viel mit, doch die »rote Ilse« – so nennt er seine Sekretärin – hält ihn auf dem Laufenden:

Am 30. Januar 1918 gehen Polizei und Militär auf dem Berliner Alexanderplatz mit aller Härte gegen die Demonstranten vor. Das Oberkommando der Marken, eine Kommandobehörde der preußischen Armee, hat

Das Gravitationsfeld

den verschärften Belagerungszustand über die Hauptstadt verhängt. Die von den Protesten betroffenen Rüstungsfirmen stehen von jetzt an unter strenger militärischer Kontrolle. Massenweise werden streikende Arbeiter zum Dienst an der Front einberufen, so genannte »Rädelsführer« festgenommen. Aufgebacht über das Verhalten der Obrigkeit, kehren die Arbeiterinnen und Arbeiter nach und nach in ihre Fabriken zurück. Um weiteres Blutvergießen zu verhindern, setzt auch die Streikleitung den Protesten ein Ende.

Parallel zur Machtdemonstration im eigenen Land lässt die Oberste Heeresleitung die Truppen an der Ostfront vormarschieren. Die deutschen Soldaten treffen auf keinen nennenswerten russischen Widerstand mehr. Erst Ende Februar tritt ihnen die neu geschaffene Rote Armee entgegen, die schnell die Waffen streckt. Die Bolschewiki müssen ein erdrückendes Friedensabkommen annehmen und die Besetzung Weißrusslands, die Unabhängigkeit der Ukraine, Polens, der baltischen Staaten und Finnlands anerkennen. Damit büßt Russland einen Großteil seines Territoriums, seiner Industrie und Rohstoffquellen ein, darunter drei Viertel der Eisenerz- und Kohlebergwerke. Das Deutsche Reich hingegen vergrößert seine politische Einflusssphäre mit den neuen Satellitenstaaten erheblich.[522]

Die Hoffnungen der deutschen Arbeiterschaft auf einen dauerhaften Frieden ohne Annexionen erfüllen sich nicht. Im Gegenteil. Ludendorff zieht nun alle verfügbaren Kräfte für eine Entscheidungsschlacht gegen Frankreich und seine Verbündeten zusammen. Er ist fest entschlossen, alles auf eine Karte zu setzen, um das zu erreichen, was an der Westfront keiner der beiden Seiten seit September 1914 gelungen ist: den Durchbruch durch die gegnerischen Linien.

Solange man ein wirtschaftlich starkes und gesichertes Vaterland erstrebe, sei eine große Offensive im Westen alternativlos, erklärt Ludendorff im Februar 1918.[523] Nach dem Ausscheiden Russlands aus dem Krieg schätzt er die militärische Lage als ausgesprochen günstig ein. Denn trotz Kriegseintritt der USA und der Landung der ersten amerikanischen Soldaten in Europa haben sich die Kräfteverhältnisse an der Westfront zu Beginn des Jahres 1918 noch nicht tiefgreifend verändert.

Bei Rüstungsfirmen wie Krupp und der AEG läuft die Produktion von Geschützen und Geschossen nach Ende der Streiks wieder auf Hochtouren. Mehr als 2500 Aufklärungsflugzeuge und Jagdbomber sind einsatzbereit. Sorge bereitet den Militärs allerdings die schlechte Versorgung der deutschen Truppen. Zudem hat Ludendorff die Siegesaussichten im Westen soeben durch seine militante Ostpolitik getrübt. Zur Sicherung des riesigen Areals vom Baltikum bis zur Ukraine müssen etwa eine Million Soldaten zurückgelassen werden. Warum schreiten weder der Kaiser noch Hindenburg ein, ihn in seinem Größenwahn zu stoppen?

Die Verirrung der Geister und die Härte der Tatsachen

Als im März 1918 der Befehl zum Angriff gegeben wird, ähneln die Schlagzeilen im »Berliner Tageblatt« kurzfristig wieder denen vom August und September 1914: »Sieg an der Westfront«, »Glänzender Fortgang der großen Schlacht in Frankreich«, »Bisher 30000 Gefangene«, »Beschießung von Paris durch weittragende Geschütze« – alles unter unbeschreiblichen Opfern.[524] Einstein vermeidet es peinlich, deutsche Zeitungen aufzuschlagen. Wenige Tage nach Beginn der Offensive schreibt er nach Zürich: »Mir hat sich die Politik in den Magen gesetzt und rumort dort.«[525]

Er hat Deutschland nie geliebt. Aber dass er sich in Anbetracht der »allgemeinen nationalen Verblendung« eine militärische Niederlage Deutschlands herbeiwünschen würde, hätte er vor vier Jahren bei seinem Wechsel nach Berlin wohl nicht für möglich gehalten. »Ich bin fest überzeugt, dass diese Verirrung der Geister nur durch die Härte der Tatsachen gesteuert werden kann.«[526]

Gesundheitlich geht es ihm inzwischen »gottlob entschieden besser«, wie Planck zu berichten weiß.[527] Zum ersten Mal nach dreieinhalb Monaten nimmt Einstein Anfang April wieder an einer Sitzung der Akademie teil, wo die Gelehrten über die Unterwerfung der Ostgebiete und die Verbreitung des »deutschen Geistes« in Europa triumphieren. Einstein reagiert allergisch auf diese Deutschtümelei. »Ihr unter germanischer Flagge segelndes Kraftmeiertum geht mir gar sehr gegen den Strich«, antwortet er einem Professorenkollegen. Ihm selbst sei es lieber zu leiden, als Gewalt zu üben.[528]

Das sind ähnliche Formulierungen wie zu Beginn des Krieges, nur ist sein Ton nach all dem Leid und den Millionen Kriegsopfern verbitterter. Einstein kann es einfach nicht fassen, »dass in ihrem persönlichen Verhalten grundanständige Menschen in Bezug auf die allgemeinen Angelegenheiten einen so ganz anderen Standpunkt einnehmen«. Nur ganz seltene Charaktere könnten sich dem Druck der herrschenden Meinungen entziehen. »In der Akademie scheint kein solcher zu sein.«[529]

Dieser Kommentar zielt nicht zuletzt auf Max Planck ab, den Einstein in dem hier zitierten Brief an den holländischen Physiker Hendrik Antoon Lorentz ausdrücklich erwähnt. Plancks wenn auch gemäßigte politische Haltung muss ihn besonders schmerzen, denn kaum einen Forscher schätzt Einstein so sehr wie ihn. Aus einem jener Briefe, die sie in diesen Monaten miteinander wechseln, geht hervor, dass Einstein seinen Kollegen umzustimmen und von den pazifistischen und demokratischen Idealen zu überzeugen versucht. Vergeblich. Plancks Pflichtgefühl und seine Treue zum deutschen Kaiser sind stärker als Einsteins Argumente. Bis zum bitteren Ende.

Trotzdem bleiben sie einander verbunden: als Forscher und auch menschlich. Wechselseitig schlagen sie sich für den Nobelpreis vor, liebevoll bereitet Einstein die Feier zu Plancks 60. Geburtstag vor, korrespondiert mit dessen Frau und lädt Physiker aus ganz Deutschland zu einer Festveranstaltung am 26. April ein, mit der er Plancks Lebenswerk würdigen und auf die gedanklichen Umbrüche der Physik zu Beginn des 20. Jahrhunderts zurückblicken möchte.

Planck entdeckte zur Jahrhundertwende, dass die Energie, die ein erhitzter Körper abstrahlt, nicht als kontinuierlicher Energiefluss, sondern in Portionen entweicht: in Energiequanten. Die Tragweite dieser Entdeckung erkannte er zunächst nicht. Das lag unter anderem daran, dass er die Fundamente der Physik trotz allem Wandel für gesichert hielt.

Der »Vater der Quantentheorie« ist auch als Wissenschaftler konservativ. Mehr als alles andere fasziniert ihn die Geschlossenheit der Physik.

Der »Revolutionär wider Willen« verkörpert in vieler Hinsicht das, was Wissenschaft in ihrem Wortsinn ausmacht: Wissen anzuhäufen und zu ordnen, neue Erkenntnisse kritisch zu bewerten und ihre Konsequenzen für den bestehenden Wissenskanon zu prüfen. An seiner Skepsis und seinem Widerstand gegen alles ungeordnete Wissen hat sich schon manch einer die Zähne ausgebissen.

Einsteins Freiheit besteht darin, die großen physikalischen Theorien – und seien es seine eigenen – an ihren offenen Enden aufzurollen. Mit Vorliebe holt er jene Fragen ans Licht, welche die bestehenden Theorien aussparen oder zurücklassen. Plancks Formel für die Wärmestrahlung eines erhitzten Körpers ist beispielhaft hierfür:

Einstein nimmt das Resultat ernst. Er hält die darin enthaltenen Energiequanten nicht für mathematische Artefakte. So kommt er zu dem Schluss, dass das Licht selbst aus einer Ansammlung von Lichtquanten oder Lichtteilchen mit einer bestimmten Energie und Farbe besteht. Diese Lichtquantenhypothese verträgt sich jedoch schlecht mit jenen physikalischen Experimenten, die die Wellennatur des Lichts offenbaren. Infolgedessen hat sich Einstein zu der Einsicht durchgerungen, dass die Wärmestrahlung eines erhitzten Körpers sowohl Anteile mit Wellencharakter hat als auch solche mit Teilchencharakter. Seine Überlegungen hierzu markieren den Beginn des »Welle-Teilchen-Dualismus«, der viele Debatten der Quantenphysik bis in die heutige Zeit hinein prägt.

Planck, der Einsteins Argumenten nicht folgen mochte, sagte vor der versammelten Akademie, Einstein sei mit seiner Lichtquantenhypothese über das Ziel hinausgeschossen. Diese offene Kritik spornte Einstein dazu an, seine Gedanken zu vertiefen. Im Sommer 1916 überraschte er Planck mit einer neuen hochkarätigen Forschungsarbeit über die Absorption und Emission der Strahlung, die die Grundlage für das moderne Verständnis des Lasers bildet. »Eine verblüffend einfache Ableitung der Planckschen Formel, ich möchte sagen, *die* Ableitung. Alles ganz quantisch.«[530]

Einstein lebt mit offenen Fragen, nicht mit geschlossenen Systemen. Wie kaum ein anderer Wissenschaftler steht er für das, was dem akademischen Betrieb leicht verloren geht: die Dimension des Geheimnisvollen.

Das Gravitationsfeld

»Das Schönste, was wir erleben können, ist das Geheimnisvolle«, wird er später einmal sagen. »Es ist das Grundgefühl, das an der Wiege von wahrer Kunst und Wissenschaft steht.«[531]

Mit seiner freien, spielerischen, virtuosen Form des Denkens lockt er seinen Kollegen Planck ein ums andere Mal aus der Reserve. Im Frühjahr 1918 gibt Planck der Wellentheorie des Lichts zwar immer noch den Vorzug vor der Lichtquantenhypothese.[532] Doch lässt ihm der Welle-Teilchen-Dualismus keine Ruhe mehr. Nach seiner Geburtstagsfeier schreibt er an Lorentz: »Ich möchte nur noch erleben, nach welcher Seite sich die Quantentheorie schließlich auswachsen wird.«[533]

Dagegen kann Planck der speziellen und inzwischen auch der allgemeinen Relativitätstheorie entschieden mehr abgewinnen. Er, Born und Hilbert haben maßgeblich dazu beigetragen, dass Einsteins revolutionäre Erkenntnisse internationale Anerkennung gefunden haben.

Es gehört zu den vielen Einstein-Mythen, kaum ein anderer Physiker hätte diese Theorie je verstanden, weder im Krieg noch später. Dazu folgende Anekdote in einer ihrer vielen Varianten: Ein Journalist befragt den britischen Astronomen Arthur Stanley Eddington zu Einsteins Werk. Er habe gehört, nur drei Menschen hätten die allgemeine Relativitätstheorie wirklich verstanden. Eddington, der seit 1916 mit Einsteins Arbeit vertraut ist, antwortet ihm: »Ich überlege, wer der Dritte sein könnte.«

Doch in Berlin, Göttingen, Leiden und anderswo sind Forscher längst in Einsteins neues Forschungsgebiet vorgestoßen. Er selbst freut sich über die »begeisterte Aufnahme, welche die allgemeine Relativitätstheorie bei den Fachgenossen findet, auch in England und Amerika«. In dieses Heiligtum dringe kein Krieg ein und keine menschliche Verblendung.[534] So bereitet Eddington bereits während des Krieges eine britische Sonnenfinsternis-Expedition vor, um die von Einstein vorhergesagte Lichtablenkung nachzuweisen, was ihm dann 1919 tatsächlich gelingen wird.

Jedenfalls fühlt sich Einstein seinem Mentor Planck und anderen deutschen Kollegen zu großem Dank verpflichtet. »Ohne die hiesigen Fachgenossen wäre ich wohl ein ›verkanntes Genie‹ geblieben, dessen muss ich stets eingedenk bleiben«, teilt er Zangger mit, der ihn gerne wieder in

Zürich sehen würde. In Berlin geschehe einfach alles, was man ihm von den Augen absehen könne.[535]

Der Dank schließt auch Fritz Haber ein. Der Chemiker nutzt seine Kontakte zur Generalität, um Einstein zu helfen, als dieser ihn Anfang 1918 um Unterstützung bei einer Einreiseerlaubnis für einen ausländischen Forscher bittet. Doch hat Haber weder Zeit für Krankenbesuche, noch teilt er Einsteins physikalische Interessen. Seit er sich von der Quantenphysik abgewendet hat, gibt es keinen fachlichen Gedankenaustausch zwischen ihnen, der sich in ihrer Korrespondenz hätte niederschlagen können.

Haber geht es während des Kriegs weniger um Naturerkenntnis als um Naturbeherrschung. Er führt seinen Berliner Kollegen vor Augen, dass Wissen Macht ist und was man mit militärisch nutzbarer Forschung erreichen kann, wenn man dies unbedingt will. Er hat ein bescheidenes Kaiser-Wilhelm-Institut, das zwei Jahre vor dem Krieg zur Grundlagenforschung eingerichtet worden war, in eine fast ausschließlich militärischen Zwecken verpflichtete Großforschungseinrichtung umgewandelt. Als Direktor hat er die Geschicke des Instituts zunächst quasi allein bestimmen können. Denn es gehört zu den Gründungsprinzipien der Kaiser-Wilhelm-Gesellschaft, zuerst einen exzellenten Wissenschaftler auszuwählen und dann um ihn herum ein Institut zu errichten.

Dieses bis heute verklärte Prinzip hat einige Schattenseiten. Das zeigt sich auch bei der Gründung des von Einstein geleiteten Kaiser-Wilhelm-Instituts für Physik, nur in anderer Weise. Denn Einstein ist zwar ein herausragender Forscher – ein guter Wissenschaftsadministrator aber ist er keineswegs.

Bei Haber paart sich wissenschaftliche Exzellenz mit außergewöhnlichen Führungsqualitäten und Machtambitionen. Er treibt die Giftgasentwicklung im Ersten Weltkrieg mit einer Dringlichkeit und Skrupellosigkeit voran, die beispielgebend für Forscher im »Dritten Reich« werden wird. »Ich war einer der mächtigsten Männer in Deutschland«, wird er 1933, lange nach dem Krieg, über sich sagen. »Ich war mehr als ein großer Heerführer, mehr als ein Industriekapitän. Ich war der Gründer von Industrien; meine Arbeit war wesentlich für die wirtschaftliche und militärische Expansion Deutschlands. Alle Türen standen mir offen.«[536]

Der Chemiewaffenkrieg beansprucht ihn »bis an die Grenzen«. Denn Haber bleibt davon überzeugt, dass »es nur mit dem Gas geht«.[537] Das systematische Verschießen der an seinem Institut entwickelten chemischen Kampfstoffe führt bei der deutschen Frühjahrsoffensive 1918 erneut zu Panikreaktionen und zahllosen Vergiftungen britischer und französischer Soldaten. Auch deshalb gelingt es den deutschen Truppen, die gegnerischen Linien zwischenzeitlich zu durchbrechen.

Mangels Nachschub sind sie jedoch nicht in der Lage, ihre Geländegewinne auszudehnen. Statt sich nun wieder zurückzuziehen oder Friedensverhandlungen anzubieten, verharrt die Oberste Heeresleitung bei einer verhängnisvoll offensiven Taktik. Im Unterschied zu den Alliierten können die deutschen Truppen ihre Verluste an Soldaten nicht mehr ausgleichen. Von April 1918 an schrumpft das deutsche Heer von Woche zu Woche. Gleichzeitig landen immer mehr amerikanische Streitkräfte in Europa.

Elsa oder Ilse?

Von der allmählichen Erschöpfung der deutschen Truppen bekommt man an der Heimatfront vorerst wenig mit. Die Militärführung kontrolliert den Informationsfluss. Sie möchte die Hoffnungen auf einen deutschen Sieg möglichst lange am Leben halten.

Einstein befürchtet, der Krieg werde sich noch lange hinziehen. Er beabsichtigt, ein Buch mit Aufsätzen anerkannter Wissenschaftler aus verschiedenen Ländern herauszugeben, »das denjenigen zur Stütze und zum Trost gereichen kann, die in ihrer Einsamkeit den Glauben an die sittliche Entwicklung noch nicht verloren haben«.[538] Einen Schweizer Verleger hat er schon für sein Projekt erwärmen können.

David Hilbert ist nicht der Einzige, der nach reiflicher Überlegung absagt. Solche Erklärungen kämen »Selbstdenunziationen« gleich, warnt der Mathematiker und empfiehlt Einstein abzuwarten, bis der »Wahnsinnsorkan« ausgetobt hat. »Selbst Ihr Name würde Ihnen keinen Schutz gewähren, wirkt doch schon das Wort international auf unsere Kollegen ... wie das rote Tuch.«[539]

Während Einstein für seine Buchidee wirbt, erleidet er einen neuerlichen Rückfall. Wieder muss er für längere Zeit das Bett hüten, diesmal wegen Gelbsucht. Plötzlich fühlt er sich so schwach, dass er die alljährliche Sommerreise zu seinen Kindern in die Schweiz vorzeitig absagt.

Immerhin kann er die Zeit nutzen, um seine Scheidungsangelegenheiten voranzubringen. Nachdem er Mileva Anfang des Jahres zum zweiten Mal um eine Auflösung der Ehe gebeten hat, willigt sie schweren Herzens ein. Sein Verhältnis zu ihr hat sich unter dem Einfluss seiner Freunde Besso und Zangger spürbar gebessert. Auf ihren Nervenzusammenbruch vor zwei Jahren hatte Einstein äußerst schroff reagiert, ebenso auf ihre nachfolgenden Klinikaufenthalte. Nach wechselnden Diagnosen vermuten die Ärzte mittlerweile eine Lymphdrüsentuberkulose bei ihr.

Die Nachrichten aus Zürich bereiten ihm große Sorgen. Denn auch sein jüngster Sohn »Tete« ist ständig krank. Zuletzt war er in einem Sanatorium in Arosa untergebracht. Einstein befürchtet, seine Schwäche und Labilität seien Folgen einer Erbkrankheit. Der Junge werde wohl niemals mehr richtig gesund werden.

Wegen der hohen Krankenkosten hat Einstein im vergangenen Jahr sein komplettes Jahreseinkommen bei der Akademie in die Schweiz überwiesen.[540] Der schlechte Kurs der Mark gegenüber dem Schweizer Franken und die schleichende Inflation machen es ihm immer schwerer, die Unterhaltszahlungen zu leisten. Trotz Rücklagen und seinem zusätzlichen Gehalt als Leiter des Kaiser-Wilhelm-Instituts für Physik hat er seinen finanziellen Spielraum weitgehend ausgereizt.

Um Mileva dennoch entgegenzukommen und die finanzielle Zukunft seiner Kinder abzusichern, unterbreitet er ihr einen originellen Vorschlag: Da er fest damit rechnet, im Laufe der nächsten Jahre mit dem Physik-Nobelpreis geehrt zu werden, für den er seit 1910 immer wieder nominiert worden ist, möchte er ihr das Preisgeld, ein kleines Vermögen, schon im Vorhinein abtreten. Eine außergewöhnliche Verfügung in der Geschichte des Nobelpreises!

Das Gravitationsfeld

Mileva und seinen Schweizer Freunden ist es schleierhaft, warum er sich scheiden lassen und noch einmal heiraten möchte. Sie alle kennen seinen Drang nach Unabhängigkeit und sein ständiges Bedürfnis, sich im Alltag abzugrenzen, und werfen ihm vor, sich von seiner Verwandtschaft für eine neue Ehe einspannen zu lassen. Hat er sich nicht mehrfach gegen eine zweite Heirat ausgesprochen?

Allem Anschein nach sind Elsas Eltern die treibende Kraft. Immer wieder haben sie ihre moralischen Vorbehalte gegen eine wilde Ehe geäußert. Albert begründet seinen Wunsch nach einer Scheidung erneut damit, dass die Aussichten von Elsas Töchtern, sich zu verheiraten, »bei dem jetzigen Zustande durch meine Schuld erheblich beeinträchtigt werden«.[541] Er wolle daher Ordnung in seine privaten Verhältnisse bringen.

Umso mehr staunt man über einen Brief, der im Nachlass von Georg Friedrich Nicolai entdeckt wurde. Von wegen Ordnung! Einstein hat ein Auge auf seine neue Sekretärin geworfen. Mit einem Mal weiß er nicht mehr, wen er lieber heiraten möchte: seine 42-jährige Cousine Elsa oder ihre halb so alte Tochter Ilse.

Mitte Mai 1918 kehrt Ilse von einem Besuch bei ihrem Schwarm Nicolai in Eilenburg zurück. Der radikale Pazifist ist in Berlin als Don Juan bekannt, der bei seinen Liebschaften gerne von den Müttern zu den Töchtern umschwenkt, gelegentlich auch umgekehrt. Nicolai hat Ilse zu verstehen gegeben, eine Eheschließung Alberts mit ihr wäre aus seiner Sicht vernünftiger als die geplante Verbindung mit Elsa.

Kurz nach Ilses Rückkehr kommt es in ihrer Familie plötzlich zu einer bemerkenswert offenen Aussprache darüber. Die Frage, zuerst halb im Scherz gesprochen, sei innerhalb weniger Minuten eine ernste Angelegenheit geworden, wendet sich Ilse am Tag darauf vertrauensvoll an Nicolai. »Albert selbst lehnt jede Entscheidung ab, er ist bereit mich oder Mama zu heiraten. Dass A. mich sehr lieb hat, vielleicht so lieb wie mich nie mehr ein Mann haben wird, weiß ich, hat er mir auch selbst gestern gesagt.« Sie selber habe allerdings nie die geringste Lust verspürt, ihm körperlich nahe zu sein. »Anders bei ihm – wenigstens in letzter Zeit. Er hat mir selbst einmal zugegeben, wie schwer es ihm fällt, sich zu beherrschen.«[542]

Es dürfte Nicolai, der noch weniger von bürgerlichen Konventionen hält als sein Professorenkollege Einstein, in höchstem Maße amüsiert haben, wie sich dieser vor der ganzen Familie als Trophäe inszeniert und was er damit auslöst. Philister wie ihre Großeltern seien natürlich entsetzt über die neuen Pläne, schreibt Ilse. Und die Mutter? Was sagt Elsa zu alldem? »Vorläufig – da sie noch nicht fest dran glaubt, dass ich wirklich Ernst mache – hat sie mir vollkommen freie Wahl gelassen.«[543]

Der Brief der 20-Jährigen changiert zwischen Panik und einer Art Rausch, der sich dadurch erklären könnte, dass sie die zurückliegenden Jahre vornehmlich unter Frauen zugebracht hat. Alle jungen Männer sind im Krieg. »Wir lebten in einer Welt von Frauen«, wird Marlene Dietrich rückblickend über ihre Berliner Jugend sagen.[544]

Ilse lässt allerdings kaum Zweifel daran, dass sie der Mutter den Platz nicht streitig machen möchte, unter anderem deshalb nicht, weil sie wisse, wie viel ihrer Mutter »all der äußere Glanz« bedeute, der sich als Ehegattin des berühmtesten zeitgenössischen Physikers über sie legen würde. Ähnlich groß ist offenbar die Eitelkeit der Großeltern. Obschon Ilse selbst von einer »stark komischen Angelegenheit« spricht, schließt sie ihren langes Schreiben mit einem Hilferuf an Nicolai und fügt noch hinzu: »Vernichten Sie bitte diesen Brief sofort nach dem Lesen!«[545]

Nicolai folgt dieser Bitte nicht, wodurch der Nachwelt ein hübsches Beweisstück dafür erhalten geblieben ist, dass Albert nach wie vor nicht wirklich heiraten will. Ihm liegt herzlich wenig an der »Formalität der Ehe«. Ob Elsa unter diesen Bedingungen die Richtige für ihn ist? Oder vielleicht die jüngere Ilse? Jedenfalls würde er ihr in einer Ehe alle erdenklichen Freiheiten lassen.

Über die unmittelbaren Folgen der hier geschilderten Episode ist nichts weiter bekannt, sodass Ilses Brief schwer einzuordnen ist. Der Aktivist Nicolai taucht noch im Juni 1918 in Berlin in der Haberlandstraße 5 unter, von wo aus er Kontakt zu linken Kreisen aufnimmt und eine spektakuläre Flucht einleitet: In einem gekaperten Militärflugzeug verlässt er Deutschland und landet in Kopenhagen, was von der internationalen Presse bejubelt und im Hause Einstein musikalisch gefeiert wird.[546]

Das Gravitationsfeld

Abb. 16: Nach der Hochzeit auf Reisen: Elsa Einstein und ihr Cousin und Mann Albert.

Wenige Tage später fahren Elsa, Ilse, Margot und Albert für acht Wochen an die Ostsee. In dem kleinen Ferienort Ahrenshoop lässt sich Albert den Meereswind um die Ohren wehen. Fernab der Hauptstadt, umgeben von seinem »kleinen Harem« und unbehelligt von den Schreckensnachrichten des Kriegs erholt er sich endlich von seinen diversen Leiden. Ein Jahr später werden er und Elsa in aller Stille heiraten und eine Ehe schließen, der keine neuen Liebeserklärungen und Treueschwüre vorausgehen, sondern gegenseitiger Respekt und eine große Offenheit, Dankbarkeit und Pragmatismus.

Kriegsende und Novemberrevolution

Nach ihrer Rückkehr in die Hauptstadt geht plötzlich alles ganz schnell. Als die Alliierten zur Gegenoffensive an der Westfront übergehen, zeigen sich allenthalben die Erschöpfung und Kriegsmüdigkeit des arg dezimierten deutschen Heeres. Die Zahl der Gefangenen steigt ähnlich schnell wie die der Fahnenflüchtigen. Ludendorff muss schließlich den Bankrott anmelden. Auf einmal verlangt er nach einer demokratischen und dadurch verhandlungsfähigen Regierung, die einen Waffenstillstand gemäß den Vorgaben des amerikanischen Präsidenten Woodrow Wilson herbeiführen soll. »Diese Bitte um Waffenstillstand war in Wahrheit eine verschleierte Kapitulation«, so der Philosoph Ernst Troeltsch. [547]

Am 26. Oktober 1918 wird Ludendorff vom Kaiser entlassen. Drei Tage später verlässt Wilhelm II. die Hauptstadt und reist ins Große Hauptquartier nach Spa, von wo aus er sich gegen die mittlerweile öffentlich erhobenen Abdankungsforderungen verteidigt: »Ich denke nicht daran, wegen der paar 100 Juden und der 1000 Arbeiter den Thron zu verlassen.« Gegebenenfalls werde er die Antwort mit Maschinengewehren auf das Berliner Straßenpflaster schreiben. »Und wenn ich mir mein Schloss zerschieße, aber Ordnung soll sein.«[548]

Zu Beginn des Krieges hatten die deutschen Juden dem Kaiser nicht weniger begeistert zugejubelt als alle anderen. Viele von ihnen waren freiwillig zu den Fahnen geeilt. Doch ihre Hoffnung auf eine soziale Integration durch den Krieg wurde bitter enttäuscht. Dass die Alldeutschen die Juden als Kriegsgewinnler und Drückeberger darstellten, konnte niemanden überraschen. Aber dass sich das preußische Kriegsministerium schließlich hinter solche Verdächtigungen stellte und im Oktober 1916 eine »Judenzählung« in der Armee anordnete, traf die Juden in Deutschland wie ein Schlag ins Gesicht. Sie fühlten sich gebrandmarkt und herabgesetzt. Und je länger der Krieg dauerte, umso unverblümter wurde die antisemitische Propaganda im Reich. Die Verdächtigungen des deutschen Kaisers, die Juden hätten die Revolution vorbereitet, passen in dieses Bild.

Das Schicksal seines russischen Vetters Nikolaus II., der im Juli 1918 mitsamt der Zarenfamilie ermordet worden ist, bereitet ihm Albträume. Durch seine Flucht in den Schoß der Generalität hat Wilhelm II. allerdings ein Machtvakuum hinterlassen, in das am 9. November revolutionäre Kräfte vorstoßen. An diesem denkwürdigen Tag der deutschen Geschichte verlassen die Berliner Arbeiterinnen und Arbeiter ihre Fabriken und bewegen sich, wie im Januar, in riesigen Demonstrationszügen auf das politische Zentrum zu.

Das Gravitationsfeld

»Sie wussten nichts davon, dass die ›Truppe nicht mehr hielt‹, sie erwarteten Maschinengewehrsalven, wenn sie vor den Kasernen und Regierungsgebäuden ankamen«, schildert der Publizist Sebastian Haffner ihren mutigen Protest. In den vorderen Reihen der endlosen, dumpf und langsam aus allen Himmelsrichtungen heranmarschierenden Kolonnen habe man Plakate mit der Aufschrift »Brüder nicht schießen!« getragen. »In den hinteren Reihen trug man vielfach Waffen.«[549]

Doch statt zu schießen, legen die in Berlin stationierten Soldaten ihre Waffen nieder. Selbst bei der eigenen Truppe hat der Kaiser keine nennenswerte Unterstützung mehr. Ganze Regimenter schließen sich der Bewegung an.[550]

In der Innenstadt treffen die Streikenden mit den bereits gefeierten Helden der Revolution zusammen: jenen Matrosen, die die Protestwelle wenige Tage zuvor durch eine offene Meuterei ins Rollen gebracht haben. Eine Abordnung der Matrosen ist per Luftschiff aus Wilhelmshaven nach Berlin-Johannisthal gekommen, wo Arbeiter den Flugplatz besetzt halten. Weitere 3000 Matrosen treffen im Laufe des Tages per Bahn und Kraftfahrzeugen in der Hauptstadt ein.

Unter dem Druck der Ereignisse verkündet Reichskanzler Max von Baden gegen Mittag eigenmächtig die Abdankung des deutschen Kaisers und damit das Ende der Monarchie. Die Macht liegt plötzlich auf der Straße, und als Erste greifen die Sozialdemokraten danach. Umgehend übernimmt Friedrich Ebert das Amt des Reichskanzlers, getreu der von seinem Parteigenossen Philipp Scheidemann im Vorfeld ausgegebenen Devise, sich an die Spitze der Bewegung stellen zu müssen, um anarchische Zustände im Reich zu verhindern.

Am 9. November 1918 um 14 Uhr ruft Scheidemann von einem Fenster des Reichstags die Republik aus: »Das Alte, Morsche ist zusammengebrochen. Der Militarismus ist erledigt. Die Hohenzollern haben abgedankt. Es lebe das Neue, es lebe die deutsche Republik!«[551] Zwei Stunden später verkündet der erst zwei Wochen zuvor aus der Gefangenschaft freigelassene Karl Liebknecht vor dem Berliner Schloss die »freie sozialistische Republik«.

»9. XI. – fiel aus wegen Revolution« – Einstein, der Aktivist

Abb. 17: Von einem Fenster des Reichstagsgebäudes ruft Philipp Scheidemann die Republik aus.

Vor dem Schloss und am Marstall wird immer noch geschossen, desgleichen vor der Berliner Universität, wo für diesen Sonnabend Albert Einsteins Seminar zur Relativitätstheorie angekündigt war. Das wöchentliche Kolleg, das er nach dem langen Sommerurlaub wieder aufgenommen hat, kann diesmal nicht stattfinden. Nicht wegen Krankheit, sondern weil die ganze politische Ordnung einstürzt.

»9. XI. – fiel aus wegen Revolution«, trägt Einstein in sein Vorlesungsmanuskript ein.[552] Eine Woche später geht er bereits wieder zur Normalität über. »16. XI. – Lorentz-Transformation«.[553] Als wäre nichts weiter geschehen.

Diese Simultanität von Weltgeschehen und Trivialitäten des Alltags ist ein beliebtes Einfallstor für Klischees: der Wissenschaftler im Elfenbeinturm, gleichgültig gegenüber welthistorischen Ereignissen, nimmt seine

Das Gravitationsfeld

Studien sofort wieder auf. In diesem Fall kann die Darstellung des weltfremden Forschers durch Einsteins Briefe weiter ausgeschmückt werden.

So schreibt er seiner Mutter Pauline, sie brauche sich keine Sorgen zu machen. Die neue Reichsleitung scheine ihrer Aufgabe gewachsen zu sein. Er selbst sei sehr glücklich über die Entwicklung der Sache und unter den Akademikern so eine Art Obersozi. »Wir sind gesund, und die Haberlandstraße lugt halb neugierig, halb ängstlich in die Welt hinein.«[554]

Das klingt – bei aller Freude – nach bürgerlicher Gemütlichkeit in sicherer Distanz zu den Massendemonstrationen und dem Aufruhr im Zentrum der Millionenmetropole. Seine Postkarte passt zu dem Stimmungsbild, das Ernst Troeltsch vom zweiten Tag der Revolution zeichnet, an dem er die Sonntagsspaziergänger im Westen der Stadt beobachtet: »Keine eleganten Toiletten, lauter Bürger, manche wohl absichtlich einfach angezogen. Alles etwas gedämpft wie Leute, deren Schicksal irgendwo weit in der Ferne entschieden wird, aber doch beruhigt und behaglich, dass es so abgegangen war ... Auf allen Gesichtern stand geschrieben: Die Gehälter werden weiterbezahlt.«[555]

Einstein hat sich in dieser bürgerlichen Welt eingenistet. Die vielen Bilder, Wandbehänge und Teppiche in der Wohnung seiner Cousine spiegeln eine gut gepolsterte Behäbigkeit. Einige seiner Besucher werden später sagen, Einstein sei ihnen in dieser Umgebung wie ein Fremdling vorgekommen.

Aber was ist mit dem anderen Einstein, dem Freigeist und »Obersozi«?

Man muss die Zeitungen der Revolutionstage aufschlagen, das »Berliner Tageblatt«, die »Vossische Zeitung«, die »Berliner Morgenpost« oder die »Welt am Montag«, um ihm auf die Spur zu kommen. Obschon er im zurückliegenden Jahr wegen seiner vielen Erkrankungen ziemlich zurückgezogen gelebt hat, wird Einstein im Zusammenhang mit der Revolution so oft in der Presse genannt wie kein anderer Naturwissenschaftler. Plötzlich ist er in allen Medien präsent. Unter anderem erfährt man von einer politischen Ansprache Einsteins vor mehr als tausend Zuhörern in den »Prachtsälen des Westens«. Wie ist das zu verstehen?

Der Kreis engagierter Pazifisten und demokratischer Vordenker während des Krieges war klein. So hatte der »Bund Neues Vaterland« bis zu seinem Verbot im Februar 1916 nur etwa 150 Mitglieder mit teils unterschiedlichen Weltanschauungen. Man kannte sich bestens. Nach dem Verbot beteiligten sich viele von ihnen an der Gründung neuer Zusammenschlüsse. Einstein zum Beispiel frequentierte die bereits erwähnte »Vereinigung Gleichgesinnter«, andere riefen die »Zentralstelle Völkerrecht« ins Leben. Wieder andere versammelten sich bei dem Bankier Richard Witting, wo die Grundlagen für eine spätere demokratische Verfassung ausgearbeitet wurden. Zwischen diesen von der Polizei bespitzelten Gruppen gab es zahlreiche Querverbindungen.

Nach dem militärischen Zusammenbruch formierte sich der »Bund Neues Vaterland« im Herbst 1918 neu. Die Mitglieder wandten sich umgehend an den Reichskanzler und seine Minister und forderten eine sofortige Freilassung der politischen Gefangenen und die Wiedereinführung der Versammlungs-, Rede- und Pressefreiheit. Bei zwei großen Versammlungen am 14. und 19. Oktober legte der »Bund« seine neuen politischen Ziele fest: eine Verfassung in demokratischem und sozialistischem Geist und die »Einberufung einer gesetzgebenden Nationalversammlung mit gleichem geheimem und direktem Wahlrecht auch für Frauen und Soldaten«.[556]

Am Vorabend der Revolution rief der »Bund«, ohne zu wissen, was sich am kommenden Tag in Berlin ereignen würde, zu einer Massenkundgebung auf.[557] Die für den 10. November um 12 Uhr geplante Volksversammlung sollte zur größten öffentlichen Protestaktion seit seinem Bestehen werden. Und tatsächlich strömen an diesem Sonntag bei schönem Herbstwetter »unabsehbare Scharen« zum Reichstag. Von vielen Tausend bis hunderttausend Menschen ist die Rede. Schwer vorstellbar, dass Einstein nicht unter ihnen ist. Steht er vielleicht sogar auf der Rednerliste?

Als Erster ergreift der Arzt Magnus Hirschfeld das Wort und gibt die Parole aus: »Alles durch das Volk, für das Volk!« Kaum hat er seine Stimme erhoben, »als die Dorotheenstraße entlang ein wildes Maschinengewehrfeuer begann, teilweise von Handgranatenfeuer unterbrochen«, wie die

Das Gravitationsfeld

»Berliner Morgenpost« am Tag darauf berichtet.[558] Allem Anschein nach haben kaisertreue Offiziere das Feuer eröffnet. Im »Berliner Tageblatt« heißt es, nachdem mehrere Schüsse in die Menge abgegeben worden seien, hätten die Revolutionäre in Form der 200 Mann starken Besatzung des Reichstagsgebäudes das Feuer sofort aus den oberen Stockwerken erwidert. Die Menschen seien in wilder Panik geflohen. »Das recht heftige Gefecht hatte bewirkt, dass die geplante Versammlung … zur Auflösung gebracht wurde.«[559]

Die geplatzte Massenkundgebung ist symptomatisch für das Geschehen an diesem zweiten Tag der Revolution, an dem, wie Sebastian Haffner zugespitzt formuliert, die Gegenrevolution bereits die Oberhand gewinnt.[560] Die Arbeiterinnen und Arbeiter sind nach ihren Revolutionsmärschen am Vortag in ihre Fabriken zurückgekehrt, um Arbeiterräte zu wählen. Doch im Zentrum der Politik ziehen die gut organisierten Sozialdemokraten die Fäden. Sie ziehen die Soldatenräte auf ihre Seite und treffen geheime Absprachen mit dem Militär, das im Gegenzug auf einem besonderen Status in dem entstehenden republikanischen Staat beharrt.

Friedrich Ebert und Philipp Scheidemann warnen vor russischen Zuständen. Sie drängen die weiter links stehenden, spürbar erstarkten Unabhängigen Sozialdemokraten zu einer »Einheit der Arbeiterbewegung«. Im Laufe des Nachmittags gelingt es ihnen, die Oppositionspartei in eine vorläufige Regierung einzubinden. Noch am selben Abend besiegeln sie bei einer turbulenten Veranstaltung gemeinsam die Bildung eines sechsköpfigen Kollegiums von »Volksbeauftragten«.

Von nun an lenken die Sozialdemokraten die politische Entwicklung maßgeblich. Sie gehen auch auf den »Bund Neues Vaterland« zu, der aufgrund seiner Tätigkeit während des Kriegs einen hohen Vertrauensvorschuss in linken Kreisen genießt. Einige Mitglieder übernehmen politische Funktionen im neuen Innen-, Finanz- und Handelsministerium.

Schon am 11. Oktober richtet der »Bund« ein Büro im Reichstag ein, eine Anlaufstelle unter anderem für die aus dem Exil zurückgekehrten Friedensaktivisten. An diesem Tag geht der Krieg zu Ende, der fast zehn Millionen Soldaten das Leben gekostet hat, darunter mehr als zwei Millionen deutsche. Die deutsche Delegation und die der Entente unterzeichnen in Compiègne den Waffenstillstandsvertrag.

In den Berliner Tageszeitungen ist als Randnotiz zu lesen, die Universität sei geschlossen. Ein revolutionärer Studentenrat nehme nun vom Reichstag aus die Angelegenheiten der Studierenden wahr. »Am gleichen Tag rief Einstein mich an und sagte mir, dass ... mehrere Professoren, darunter der Rektor, interniert wären«, erzählt der Physiker Max Born in seinen Lebenserinnerungen. Einstein habe gefürchtet, ihr Leben sei in Gefahr. »Da er glaubte, einigen Einfluss auf die Studenten zu haben, beabsichtigte er zu intervenieren; ob ich mitkommen wolle.«[561]

Zusammen mit Born und dessen Freund, dem Psychologen Max Wertheimer, macht sich Einstein auf den Weg zum Reichstagsgebäude, das von einer riesigen Menschenmenge umgeben ist und von »roten Soldaten« bewacht wird. Nach längerem Warten gelingt es ihm, über ein Mitglied des »Bundes« Zugang zum Gebäude zu bekommen. Drinnen wimmelt es von Soldaten und Matrosen, die in den Clubsesseln liegen. Ihre Gewehre haben sie in Pyramiden zusammengestellt.

Der Studentenrat tagt in einem kleinen Konferenzzimmer und diskutiert über die neuen Universitätsstatuten. Als Linker ist Einstein in diesen Kreisen bekannt genug, dass man ihn und seine beiden Begleiter an der Sitzung teilnehmen lässt. Statt den jungen Leuten beizupflichten, künftig nur noch sozialistische Professoren und Studieninhalte zuzulassen, verteidigt Einstein nach längerem Zuhören die akademische Freiheit als wertvollstes Gut der deutschen Universitäten. Born erinnert sich an die erstaunten Gesichter, als Einstein, den die Studenten auf ihrer Seite wähnen, ihrem Fanatismus nicht folgen will. Dass er außerdem die Freilassung des reaktionären Unirektors Reinhold Seeberg erwirken will, der während des Kriegs wie kaum ein anderer für einen deutschen Siegfrieden eingetreten ist, will ihnen vermutlich noch weniger in den Kopf.

Nachdem sie erfahren haben, der Rektor und die anderen Gefangenen seien der neuen Regierung übergeben worden, begeben sich die drei Professoren zur Reichskanzlei in die Wilhelmstraße, wo ihnen Journalisten, Gewerkschafter und sozialistische Parlamentarier entgegenkommen. »Ein-

Das Gravitationsfeld

stein wurde bald erkannt und begrüßt.« Eduard Bernstein, einer seiner Nachbarn in Schöneberg, seit vielen Jahren Mitglied im »Bund Neues Vaterland« und Mitbegründer der Unabhängigen Sozialdemokraten, begleitet sie zum Bibliothekszimmer, zum Chef der neuen Regierung. Ebert hat zwar alle Hände voll zu tun, hört sich Einsteins Klage über die Festnahme des Rektors und seiner Kollegen aber geduldig an und setzt ein entsprechendes Schreiben auf. »Damit war die Audienz beendet und wir traten unseren Rückzug an«, erzählt Born. Die Freilassung war mit einem Federstrich besiegelt.[562]

Der Rektor und seine Universitätskollegen melden sich kurz darauf wieder lautstark mit ihrem Revisionismus zu Wort. Einem Gelehrten, der sie in einem Zeitungsaufruf dazu ermutigt hat, antwortet Einstein umgehend: »Die Professoren haben in diesem Krieg zur Evidenz gezeigt, dass man von ihnen in politischen Dingen nichts lernen kann, dass es dagegen dringend not tut, dass sie eines lernen, nämlich:[563]

> Maul halten!«

Borns oben zitierte Erinnerungen widersprechen in manchen Details anderen historischen Quellen.[564] Gleichwohl vermitteln sie einen lebendigen Eindruck von Einsteins persönlicher Aufbruchsstimmung und von seinem Gerechtigkeitssinn. Man fragt sich, warum ein und derselbe Mann die Professoren als reaktionäre Kräfte bekämpft und sich zugleich für ihre Freilassung einsetzt. Einstein fühlt sich zu Letzterem verpflichtet, weil er nicht unmoralischer sein will als jene, gegen deren Tun er sich wendet.

Seiner Schwester Maja schreibt er am 11. November voller Enthusiasmus vom größten politischen Erlebnis, das denkbar war. »Dass ich das erleben durfte! Keine Pleite ist so groß, dass man sie nicht gerne in Kauf nähme um einer so herrlichen Kompensation willen. Bei uns ist der Militarismus und der Geheimratsdusel gründlich beseitigt.«[565]

In Berlin zirkulieren an diesem Montag Flugblätter mit dem Titel: »Proletarier und Intellektuelle vereinigt Euch!« Sie kündigen einen Vortrag von Eduard Bernstein am selben Abend im Lehrervereinshaus an. Wie den

Zetteln und einem Artikel in der »Vossischen Zeitung« zu entnehmen ist, lädt Professor Einstein mit zu der Versammlung ein.[566]

Obschon er Schweizer ist, möchte Einstein seinen Einfluss in dieser prekären politischen Situation geltend machen und betritt die öffentliche Bühne. Seinen vermeintlich größten Auftritt hat der Physiker und Pazifist zwei Tage darauf in den Spichernsälen. Dorthin lädt der »Bund Neues Vaterland« ein, nachdem die Massenkundgebung vor dem Reichstag gesprengt worden ist. Mit mehr als tausend Zuhörern ist das Lokal an diesem Nachmittag bis auf den letzten Platz gefüllt.

»Im oberen Saale sprach zunächst Professor Einstein«, berichtet das »Berliner Tageblatt«.[567] Einstein kann hier als alter Demokrat auftreten, der nicht habe umlernen müssen. Offenbar appelliert er an die Berliner, dem schweizerischen Beispiel zu folgen und nicht dem russischen.[568] Laut Zeitungsbericht ist er »gegen die Diktatur des Proletariats« und für eine sofortige Einberufung der Nationalversammlung.[569]

Das deckt sich mit dem Inhalt eines handschriftlichen Redemanuskripts, das in seinen Aufzeichnungen gefunden wurde, aber auch für eine andere politische Ansprache gedacht gewesen sein kann. Darin stellt sich Einstein gegen die radikale Linke, zollt den sozialdemokratischen Führern Anerkennung und warnt davor, dass die Klassen-Tyrannei von rechts durch eine Klassentyrannei von links ersetzt werde. »Lasset Euch nicht durch Rachegefühle zu der verhängnisvollen Meinung verleiten, dass Gewalt durch Gewalt zu bekämpfen sei.«[570]

Sein Name taucht nun auch außerhalb der Aktivitäten des »Bundes Neues Vaterland« in deutschen Zeitungen auf, zum Beispiel in zahlreichen Aufrufen zur Gründung der neuen »Deutschen Demokratischen Partei« (DDP). Dahinter stehen Theodor Wolff, der Chefredakteur des »Berliner Tageblatts«, und weitere Vertreter des liberalen Bürgertums.[571] Die neue Partei wird bei den Wahlen zur Nationalversammlung fast ein Fünftel der Wählerstimmen gewinnen.

Außerdem tritt Einstein in der Presse mehrfach als Unterstützer des »Demokratischen Volksbunds« in Erscheinung. Der Industrielle Walther Rathenau hat diese Partei ins Leben gerufen, um die bürgerlichen Kräfte als Gegengewicht zur extremen Linken zu bündeln, damit »ein neues, lebensstarkes Reich geboren werde«. In den Gründungsaufrufen finden sich neben Einstein auch einige Großindustrielle, der Universitätsrektor Reinhold Seeberg und Fritz Haber.[572]

Wie ist das zu erklären? Was verbindet Einstein politisch mit Haber, Seeberg oder dem Initiator Rathenau, der noch im Oktober öffentlich für eine Fortführung des Kriegs und eine Volkserhebung gegen die drohende Niederlage plädierte? Während Einstein in den Revolutionstagen jubelt, ist für Haber, Seeberg und Rathenau eine Welt zusammengebrochen. Wie kommt es, dass er nun mit ihnen paktiert?

Die Frage drängt sich förmlich auf. Einsteins Biografen haben sie unbeantwortet gelassen oder seine Parteinahme für die DDP und den »Volksbund« dazu benutzt, seine Naivität in politischen Fragen zu unterstreichen und ihn als Meister der Verdrängung darzustellen. Ist es nicht typisch für »Habers Freund«, dass er auch aus den Programmen politischer Parteien das ausblendet, was ihm missfällt?

Die Gründung des »Demokratischen Volksbundes« zählt zu Rathenaus verzweifelten Versuchen, in der völlig veränderten politischen Landschaft Fuß zu fassen. Er will auch nach dem Krieg wieder dabei sein. Ganz vorne dabei. Seinen Machtanspruch verteidigt er in den politischen Kreisen Berlins in einem so werbenden wie fordernden Ton unter Verweis auf seine bisherigen Verdienste. Doch kommt er nirgends zum Zug und fühlt sich von allen übergangen, sowohl von dem soeben gegründeten »Rat der geistigen Arbeiter« als auch von Friedrich Ebert.

Kurt Tucholsky, die spitzeste Feder der neuen Republik, wird ihn später in der »Weltbühne« abkanzeln. Rathenau habe mitgeholfen, die Köpfe zu benebeln, ohne Mitverantwortlichkeit, ohne den ehrlichen Willen, auch für das einzustehen, was er predigte. Nicht das sei eine Schande, im Krieg geirrt zu haben und für den Pan-Germanismus auch noch eingetreten zu sein, wenn er Verbrechen beging. »Aber es ist eine Schmach und Charakterlosigkeit, nun hinterher, wenn diese Gesinnung nicht mehr trägt, ... sofort die neue Melodie mitzublasen.«[573]

Während der chaotischen Revolutionstage »benebelt« Rathenau die

Köpfe, indem er bekannte Gelehrte ohne ihr Wissen für seine politischen Ambitionen in Dienst nimmt. Unter dem Gründungsaufruf des »Demokratischen Volksbundes« stehen Namen wie der des Kunsthistorikers Wilhelm Reinhold Valentiner, der dagegen protestiert, so vereinnahmt zu werden, oder des Soziologen Alfred Weber, der den »Volksbund«, in dem »bekannte reaktionäre Elemente anscheinend wesentlich mitzusprechen haben«, keineswegs unterstützt.[574] Genauso wenig wie Einstein. Der mit großen Zeitungsanzeigen umworbene »Demokratische Volksbund« löst sich nach wenigen Tagen in nichts auf. Einsteins Name unter dem Gründungsaufruf dagegen bleibt für hundert Jahre im historischen Gedächtnis bewahrt.

Das gilt auch für sein angebliches Bekenntnis zur DDP. Dass Einstein auch mit Theodor Wolffs Parteigründung nichts zu tun hat, stellt er umgehend klar. Am 19. November druckt das »Berliner Tageblatt« eine von ihm eingeforderte Gegendarstellung: »Prof. A. Einstein ist nicht Mitglied der ›Demokratischen Partei‹ und erklärt, dass er noch weniger gedenke, Mitglied des ›Demokratischen Volksbundes‹ zu werden, der seinen Namen unter einen Aufruf gesetzt hat.«[575] Der Vierzeiler im hinteren Teil der Zeitung fällt nicht einmal den Mitarbeitern der Zeitung auf. Nur zwei Tage später schmückt Einsteins Name unter der Überschrift »Männer und Frauen des neuen Deutschland!« den nächsten Parteiaufruf der DDP – diesmal, wie schon fünf Tage zuvor, prominent auf der Titelseite des Blattes.[576]

Einstein, das zeigen die ersten Tage der Republik, hat mittlerweile als Forscher und Pazifist einen so hohen Bekanntheitsgrad erreicht, dass man sich von seinem Namen politischen Rückenwind verspricht. Seine Popularität beruht nicht nur auf seinen herausragenden wissenschaftlichen Leistungen, sondern auch auf seinem beharrlichen Eintreten für den Frieden und demokratische Ideale. Doch kann er jetzt und auch fortan wenig dagegen tun, dass sein Name von Kollegen und Politikern für ihm widerstrebende Zwecke missbraucht wird.

»Ich genieße den Ruf eines untadeligen Sozi«, schreibt er dem Freund Michele Besso Anfang Dezember. »Infolgedessen gelangen Helden von gestern schweifwedelnd zu mir, in der Meinung, dass ich ihren Sturz ins Leere aufhalten könne. Drollige Welt.«[577]

Der »Bund Neues Vaterland«, dem er seit vier Jahren angehört und der sich bald in »Deutsche Liga für Menschenrechte« umbenennen wird, gewinnt viele neue aktive Mitstreiter, etwa den Schriftsteller Heinrich Mann, den Verleger und Galeristen Paul Cassirer, den Diplomaten und Publizisten Harry Graf Kessler, die Maler Max Pechstein und Käthe Kollwitz, die allesamt dem neuen Hauptausschuss angehören. Etwas Großes sei erreicht worden, schreibt Einstein in dem oben zitierten Brief an Besso, in dem er eine Zwischenbilanz der ersten Revolutionsphase zieht. Zwar betrachtet er die wirtschaftliche Entwicklung und fortschreitende Geldentwertung mit Sorge, aber seinen Optimismus lässt er sich dadurch nicht nehmen. »Die militärische Religion ist verschwunden. Ich glaube, sie wird nicht mehr wiederkehren.«[578]

Hier irrt er gewaltig. Und nicht nur er. Die gesamte politische Linke unterschätzt die Aversion der deutschen Weltkriegsheimkehrer gegen die neuen politischen und gesellschaftlichen Entwicklungen. Insbesondere das Heer wird ein Fremdkörper im Gefüge der Republik bleiben.[579]

Im Herbst 1918 ahnt Einstein noch nicht, wie stark der politisch motivierte Terror von rechts schon in allernächster Zeit werden wird. Nicht nur Karl Liebknecht und Rosa Luxemburg fallen ihm zum Opfer, sondern auch viele Mitglieder des »Bundes Neues Vaterland«: Kurt Eisner und Gustav Landauer, Alexander Futran und Hans Paasche, während Magnus Hirschfeld und Hellmut von Gerlach die auf sie verübten Mordanschläge mit Glück überleben. Georg Friedrich Nicolai, der Weihnachten 1918 aus Kopenhagen zurückgekehrt ist, wird seine Lehrerlaubnis erneut aberkannt. Er wandert 1922 nach Argentinien aus.

Auch Einstein ist nach dem Krieg zunehmend antisemitischen Anfeindungen und Bedrohungen von rechts ausgesetzt, denen er sich unter anderem durch Auslandsreisen zu entziehen versucht. Er verlässt Berlin für längere Zeiträume, reist in die USA oder nach Japan. Dort wird der Physiker, der Newtons Weltbild aus den Angeln gehoben hat, begeistert empfangen. Nachdem britische Forscher seine allgemeine Relativitätstheorie bei einer Sonnenfinsternis Ende 1919 eindrucksvoll bestätigt haben, strahlt sein Ruhm plötzlich über den ganzen Globus aus.

Als man ihn auf der ganzen Welt als neuen Kopernikus zu feiern beginnt, ist er in Berlin schon längst eine Autorität. In der deutschen Hauptstadt leuchtet sein Licht in den Revolutionstagen heller denn je. Ende 1918 kursieren bereits Witze über ihn. Unter dem Titel »Berliner Gespräch« notiert die »Vossische Zeitung«:

»Wissen Sie, welcher Philosoph in Berlin am häufigsten zitiert wird?«

»Nein.«

»Na, Professor Einstein.«

»Wieso denn?«

»Überall, bei der Stadtbahn, Hochbahn, Fernbahn, ruft's doch auf den Bahnsteigen vor Abfahrt: Einstei'n!«[580]

Nachwort

Albert Einstein hat wie kein anderer Forscher unser Verständnis der Natur verändert. Während der Ruhm eines Physikers für gewöhnlich darauf beruht, von seinen Fachkollegen zitiert zu werden, geriet er durch eine mediale Kettenreaktion ins Rampenlicht der internationalen Öffentlichkeit. Quasi über Nacht machte ihn seine allgemeine Relativitätstheorie weltberühmt.

Dass Einstein kurz nach dem Krieg derart gefeiert wurde, ist zuallererst seinen epochemachenden Entdeckungen zuzuschreiben. In den Jahren zwischen 1914 und 1918 hob er die newtonsche Vorstellung von der Schwerkraft aus den Angeln und eröffnete der Wissenschaft eine völlig neue, nur schwer durchschaubare Perspektive auf Raum und Zeit und den Aufbau unseres Universums. Wenn das Schönste, was wir erleben, das Geheimnisvolle ist, wie er selbst herausstellte, dann lässt sich erahnen, warum die allgemeine Relativitätstheorie ihn bis an sein Lebensende beschäftigte und warum sie die menschliche Phantasie bis heute beflügelt.

Verständlich wird seine internationale Popularität nach Kriegsende allerdings erst beim Blick auf die politische Situation. Einstein hatte in Berlin als Vorkämpfer für pazifistische und demokratische Ziele von sich Reden gemacht. Nun avancierte er zu einer Leitfigur. Der Physiker galt als Aushängeschild der deutschen Wissenschaft, die noch lange von internationalen Konferenzen ausgeschlossen blieb. Wer wenn nicht Einstein konnte ihr beschädigtes Ansehen im Ausland wiederherstellen! Dort nahm man ihn nun als Forscher wahr, der sich im Weltkrieg nicht von der Kriegseuphorie der deutschen Gelehrten hatte mitreißen lassen.

Doch was viele während und noch lange nach dem Krieg nicht wussten oder nicht wahrhaben wollten: Einstein war als Schweizer Staatsbürger nach Berlin gekommen. Wie allen Schweizern musste ihm ein deutsch-französischer Krieg wie ein Brudermord erscheinen. Dass er in den Kriegsjahren als überzeugter Europäer auftrat, war für ihn kein Grund zur Selbstbeweihräucherung. Dem Arzt Georg Friedrich Nicolai schrieb er im Frühling 1918, er wäre höchstens zu tadeln, wenn er als Schweizer eine andere Haltung eingenommen hätte.[581] Viel eher machte er sich Vorwürfe. Er habe nichts getan, um die öffentliche Meinung zu sanieren, erklärte er gegenüber Nicolai. »Aber ich weiß selbst nicht, ob ich mir diese meine Passivität verübeln soll.«[582]

Einstein legte hier dieselbe Art von Bescheidenheit an den Tag, die viele andere Menschen im Ersten oder Zweiten Weltkrieg auszeichnete. Wer etwas getan hatte, um anderen zu helfen oder die öffentliche Meinung zu beeinflussen, der hielt sein Handeln für selbstverständlich und wusste außerdem, wie viel mehr er noch hätte tun können.

Da er im August 1914 in Deutschland blieb, statt dem Exodus der Schweizer zu folgen, war er angesichts des allgemeinen Kriegstaumels zunächst zur »Passivität« verdammt. Mit einem politischen Aktivismus à la Nicolai, der umgehend strafversetzt wurde, wäre Einstein aus Deutschland ausgewiesen worden. In den ersten Kriegswochen blieb ihm nur die Hoffnung, der Spuk werde bald vorüber sein.

Er hätte fortan den Krieg an sich vorüberziehen lassen, sich ganz der Physik widmen können. Niemand hätte sich darüber gewundert. Im Gegenteil. Im Kollegenkreis galt er als Ausnahmeforscher. Für Max Planck war er bereits der »neue Kopernikus«.

Doch Einstein fühlte sich nicht von der Sorge um das Gemeinwohl entbunden. Seine gesamte Korrespondenz zeugt davon, wie sehr er am Ausmaß der Zerstörung und des menschlichen Elends und am Abbruch der internationalen wissenschaftlichen Beziehungen litt. Im Krieg traten einige Facetten seiner komplexen Persönlichkeit besonders zum Vorschein: sein tiefes Mitgefühl und seine geistige Unabhängigkeit bis hin zur Eigenbrötlerei, sein soziales Verantwortungsbewusstsein und seine verstörende Abwesenheit als Vater, seine Heimatlosigkeit und seine Solidarität mit dem

Judentum, eine Begeisterungsfähigkeit, die ansteckend wirkte, und ein Scharfsinn, der verletzend sein konnte, sein couragiertes, nonkonformes Handeln und seine Aversion gegen alles Militärische, sein elitäres Bewusstsein und seine Bescheidenheit, sein Sarkasmus und eine tiefe Melancholie.

Völlig unbegreiflich war ihm die Kriegsbegeisterung seiner Kollegen Max Planck, Fritz Haber und Walther Nernst, die im Herbst 1914 im chauvinistischen Aufruf »An die Kulturwelt« ihren deutlichen Ausdruck fand. Das Manifest, das maßgeblich zum Boykott der deutschen Forschung nach dem Krieg beitragen sollte, provozierte seinen Widerstand. Als direkte Antwort darauf unterstützte der 35-Jährige den pazifistischen Aufruf »An die Europäer«. Es war der Beginn einer Metamorphose.

Von da an politisierte ihn der Krieg in einem hohen Tempo. Mit dem »Bund Neues Vaterland« fand er eine Möglichkeit, sich in politische Diskussionen wie die Kriegszieldebatte einzumischen. Die Organisation arbeitete auf einen Verständigungsfrieden ohne Annexionen hin und knüpfte Kontakte zu pazifistischen Vereinigungen im Ausland. Er selbst entwickelte sich zu einem kämpferischen Intellektuellen.

Unterdessen lief ihm die allgemeine Relativitätstheorie weg wie ein scheues Reh, das zu lange vergeblich auf Fütterung gewartet hatte. Als er die Hoffnung auf eine Vollendung seines Werks schwinden sah, begann er mit der fieberhaften Überarbeitung des physikalischen Stoffes. So gelang ihm im Verlauf von wenigen Wochen der Abschluss seiner Theorie der Gravitation, die auf einem völlig neuen Verständnis von Raum und Zeit fußte, die größte Einzelleistung in der Geschichte der modernen Wissenschaft.

Doch selbst diese intensive Arbeit hielt ihn im Herbst 1915 nicht davon ab, seine persönliche Meinung zum Krieg für ein aufwendig gestaltetes »Vaterländisches Gedenkbuch« aufzuschreiben. Im Laufe des Ersten Weltkriegs verwandelte sich Einstein von einem allein der Forschung und Lehre verpflichteten Physikprofessor zu einem in Deutschland über die Fachgrenzen hinaus sichtbaren Repräsentanten seines Fachs und Verfechter des Pazifismus. Zwischen seiner Freiheit im wissenschaftlichen Denken und seiner beherzten Kriegsgegnerschaft gab es enge Verbindungen. Einstein

Nachwort

hatte auch in Fragen der Politik den Mut, sich seines eigenen Verstandes zu bedienen. Er war nicht dazu bereit, den militanten Nationalismus in Europa, der in eine unaufhaltsame Aufrüstung mündete, als politische Realität anzuerkennen.

Seine Vorstellungskraft befreite ihn von den gedanklichen Fesseln der Gegenwart und reichte in eine Zukunft, in der sich die Staaten zu einem Völkerbund zusammenschließen würden. Er wurde zur Stimme der Hoffnung: auf ein friedliches Zusammenleben der Völker. Das machte ihn in den Revolutionstagen in Berlin populär und nach dem Krieg vor allem in den USA, wo Präsident Woodrow Wilson schon seit langem für ähnliche Ziele eintrat. Auch den Grundstein für seine später zentrale Rolle in der deutsch-französischen Verständigung und seine Mitgliedschaft im »Internationalen Institut für geistige Zusammenarbeit«, der Vorgängerorganisation der UNESCO, legte Einstein bereits in den Jahren zwischen 1914 und 1918.

In den Berliner Wissenschaftskreisen war er in dieser Zeit mit seinem Pazifismus isoliert. Er lebe wie ein Tropfen Öl im Wasser, schrieb er an Heinrich Zangger. Die Verschiedenheit auch in den unausgesprochenen Lebensanschauungen trenne ihn von den Menschen. »Der Kontakt wird aber stets durch das rein Intellektuelle, besonders natürlich Physik, aufrechterhalten.«[583]

Einstein brauchte Mit-Denkende wie die theoretischen Physiker Max Planck und Max Born, vor denen er seine Ideen ausbreiten konnte. Unter anderem deshalb war er nach Berlin gekommen. Selbst Planck und Born, mit denen er genauso gerne und oft musizierte, fühlte er sich menschlich jedoch nie so nahe wie Freunden in der Schweiz und in Holland.

Der »Einspänner« und Nonkonformist hielt es aus, dass er anderen »defekt« erschien, dass sie seinen Pazifismus als »grell« und seine politischen Ansichten als »naiv« bezeichneten. Mit einer großen Souveränität und zunehmenden Direktheit begegnete er politisch Andersdenkenden, wie seine private Korrespondenz belegt. Mit zunehmender Dauer des Kriegs provozierte er bewusst politische Kontroversen. Zu seiner Streitkultur gehörte eine ausgesprochene Toleranz. »Schopenhauers Spruch: ›Ein Mensch kann zwar tun, was er will, aber nicht wollen, was er will‹, hat mich seit meiner Jugend lebendig erfüllt und ist mir beim Anblick und beim Erleiden der Härten des Lebens immer ein Trost gewesen und eine unerschöpfliche Quelle der Toleranz«, sollte Einstein später einmal sagen.[584]

Viel Aufmerksamkeit wurde in diesem Buch seiner oft missverstandenen Beziehung zu Fritz Haber gewidmet. Haber bemühte sich sehr um den von ihm verehrten Berliner Neuankömmling und um dessen Familie. Doch weder hatten sie in der Forschung Berührungspunkte noch war Haber sein engster Freund. Anhand der Quellen konnte nachgezeichnet werden, wie ambivalent Einsteins Verhältnis zu Haber von Beginn an war und dass sie von 1915 an getrennte Wege gingen. Für die weiteren Kriegsjahre finden sich so gut wie keine Hinweise mehr auf eine Verbindung zwischen ihnen.

Das Fehlen jeglicher Stellungnahmen Einsteins zum Gaskrieg ist befremdlich. Anders als der uneingeschränkte U-Boot-Krieg war der Einsatz chemischer Reiz- und Kampfstoffe während des Kriegs allerdings nie Gegenstand öffentlicher Debatten. Und die Bemühungen um ein Verbot der Giftgase nach dem Krieg griffen aus Einsteins Sicht zu kurz. »Dem Krieg gewisse Regeln und Beschränkungen vorschreiben zu wollen, scheint mir ganz aussichtslos. Krieg ist eben kein Spiel und kann daher nicht nach Spielregeln betrieben werden.« Nur der Krieg als solcher könne bekämpft werden.[585] Ob sich Einstein im persönlichen Dialog mit Haber gegen den Giftgaskrieg aussprach? Wir wissen es nicht. Doch gibt es wenig Grund zu der Annahme, dass er Haber gegenüber ausgerechnet in diesem Punkt Zurückhaltung gewahrt haben sollte.

Statt sich entrüstet von ihm abzuwenden, brach Einstein den Kontakt zu dem »Giftfanatiker«, wie sein Freund Zangger ihn nannte, und »rasenden Barbaren«, wie er selbst über ihn urteilte, nicht ab. Er wusste aus eigener Erfahrung um die Diskriminierung, der sein Stammesgenosse von Kindesbeinen an ausgesetzt gewesen war. In seinem assimilatorischen und militärischen Eifer war Haber, dessen Frau sich im Mai 1915 mit seiner Dienstpistole das Leben nahm, für ihn auch eine tragische Figur: der bedauernswerte getaufte jüdische Geheimrat, der nicht nur in der deutschen Gesellschaft aufgehen, sondern aus ihr herausragen wollte. In seinem Schicksal sah Einstein »die Tragik des deutschen Juden, die Tragik der verschmähten Liebe«, wie er dessen Sohn Hermann noch 1934, nach Habers Tod, in einem Kondolenzbrief schrieb.[586]

Die theoretische Physik blieb den ganzen Krieg über Einsteins geistiger Ankerplatz. Mitunter lebte er wie ein Eremit, zog sich tagelang in seine unermessliche Gedankenwelt zurück, wo er auch den Augen des Biografen entschwindet, obschon er vielen Fragen über Jahre hinweg treu blieb. Er durchdachte sie immer und immer wieder neu. Da er in keiner Einzeldisziplin beheimatet war, baute er ständig Brücken zwischen weit auseinanderliegenden Gebieten. Seine assoziativen Gedankenschleifen und mathematischen Höhenflüge lassen sich kaum adäquat darstellen. Jedes Schreiben über die faszinierende Entstehungsgeschichte der allgemeinen Relativitätstheorie stößt hier an Grenzen.

Dass die experimentelle Bestätigung der Theorie nach dem Ersten Weltkrieg derartige Begeisterungsstürme auslöste, konnte Einstein nie verstehen. In einem Brief an den Physiker Max von Laue schrieb er Jahre später: »Wenn ich in den Grübeleien eines langen Lebens eines gelernt habe, so ist es dies, dass wir von einer tieferen Einsicht in die elementaren Vorgänge viel weiter entfernt sind als die meisten unserer Zeitgenossen glauben ..., sodass geräuschvolle Feiern der tatsächlichen Sachlage wenig entsprechen.«[587]

Von Laue war da anderer Ansicht: »Die Nachwelt wird einen anderen Maßstab anlegen. Sie wird nicht fragen, wie weit ein solcher Mann von den selbstgesteckten Zielen entfernt blieb, sondern wie viel er zu dem vorgefundenen Schatz an Erkenntnissen hinzutat.«[588] Und wie sehr er sich dafür einsetzte, dass solche Erkenntnisse einem friedlichen Zusammenleben der Menschen zugutekommen.

Dank

Ich danke allen, die mich bei diesem Buch unterstützt haben, allen voran Barbara Wenner, Christian Koth und dem Hanser Verlag, Alexander Zock, Stefan Klein und Jörg Resag, den Mitarbeiterinnen und Mitarbeitern der Staatsbibliothek zu Berlin, dem Archiv der Max-Planck-Gesellschaft sowie den Forscherinnen und Forschern, die die Manuskripte und Briefe Einsteins herausgegeben, kommentiert und sein Werk erschlossen haben. Dem Max-Planck-Institut für Wissenschaftsgeschichte in Berlin, insbesondere Jürgen Renn, Hansjakob Ziemer, Giuseppe Castagnetti und Urs Schoepflin, gebührt mein Dank für ihre Unterstützung während meiner Zeit als »Journalist in Residence« am Institut und bei späteren Gastaufenthalten. Alle Fehler in diesem Buch sind selbstredend meine.

Berlin, im Juli 2015   Der Verfasser

Anmerkungen

1 Jost, R. 1979, S. 19
2 Collected Papers 1993, Vol. 5, S. 538
3 Ebd. Vol. 8, S. 103
4 Deutsche Hochschulstimmen 1914, S. 351
5 Collected Papers 1998, Vol. 8, S. 410
6 Schulmann, R. 2012, S. 116
7 Collected Papers 1998, Vol. 8, S. 562
8 Sloterdijk, P. 1988, S. 129
9 Trischler, H. 1992, S. 45 f.
10 Intelligenzblatt der Stadt Bern, 14. Juli 1913
11 Flugsport 1913, S. 510
12 Intelligenzblatt der Stadt Bern, 14. Juli 1913
13 Ebd.
14 Walter, O. 1938, S. 219
15 Ebd.
16 Kafka, F. 1994, S. 318
17 Dienel, H.-L. 1992, S. 140
18 Intelligenzblatt der Stadt Bern, 14. Juli 1913
19 Kirsten, C. & Treder, H.-J. 1979, S. 97
20 Collected Papers 1993, Vol. 5, S. 467
21 Grüning, M. 1990, S. 185
22 Ebd., S. 175 f.
23 Kirsten, C. & Treder, H.-J. 1979, S. 97
24 Planck, M. 1910, S. 117
25 Kirsten, C. & Treder, H.-J. 1979, S. 95
26 Ebd., S. 96
27 Collected Papers 1993, Vol. 5, S. 505
28 Pais, A. 1986, S. 240
29 Collected Papers 1993, Vol. 5, S. 588 f.
30 Schilpp, P. A. 1979, S. 16
31 Collected Papers 1993, Vol. 5, S. 432 f.

32 Ebd., S. 499
33 Reiser, A. 1930, S. 75
34 Seelig, C. 1952, S. 101
35 Collected Papers 1993, Vol. 5, S. 510 f.
36 Reiser, A. 1930, S. 90
37 Collected Papers 1993, Vol. 5, S. 534
38 Ebd., S. 536 f.
39 Ebd., S. 537
40 Ebd., S. 456
41 Ebd., S. 518
42 Ebd., S. 469
43 Castagnetti, G. 1994
44 Collected Papers 1993, Vol. 5, S. 538
45 Kirsten, C. & Treder, H.-J. 1979, S. 101 f.
46 Kirchhoff, A. 1897, S. 320 f.
47 Ebd., S. 256 f.
48 Popovic, M. 2003, S. 4
49 Collected Papers 1987, Vol. 1, S. 254
50 Ebd., S. 248
51 Ebd., S. 253 f.
52 Fölsing, A. 1995, S. 134
53 Collected Papers 1993, Vol. 5, S. 345
54 Fölsing, U. 2001, S. 41
55 Goldsmith, B. 2010, S. 168
56 Beuys, B. 2014, S. 297
57 Collected Papers 1993, Vol. 5, S. 544
58 Sloterdijk, P. 2010, S. 51
59 Highfield, R. & Carter, P. 1994, S. 163
60 Popovic, M. 2003, S. 16
61 Collected Papers 1993, Vol. 5, S. 573 f.
62 Fölsing, A. 1995, S. 593
63 Collected Papers 1993, Vol. 5, S. 544
64 Reid, R. 1974, S. 158 f.
65 Curie, E. 1994, S. 250
66 Moszkowski, A. 1921, S. 10
67 Einstein, A. 1913, S. 1249 f.
68 Keisinger, F. 2008, S. 44
69 Freie Presse, 11. August 1913
70 Piper, E. 2013, S. 292 f.
71 Clark, C. 2013, S. 320
72 Keisinger, F. 2008, S. 121 f.

Anmerkungen

73 Clark, C. 2013, S. 376
74 Collected Papers 1993, Vol. 5, S. 508
75 Clark, C. 2013, S. 360
76 Keisinger, F. 2008, S. 124 f.
77 Ebd.
78 Prager Tagblatt, 11. August 1913
79 Clark, C. 2013, S. 361
80 Musil, R. 1978, S. 9
81 Berliner Morgenpost, 27. März 1914
82 Berliner Tageblatt, 23. Juli 1914
83 Saal, K. 1996, S. 189
84 Berliner Tageblatt, 25. Juli 1914
85 März, R. 2000, S. 4
86 Fürst, A. 1915, S. 95
87 Posener, J. 1979, S. 32
88 Fürst, A. 1915, S. 115
89 Clark, C. 2008, S. 672
90 Vierhaus, R. 1963, S. 565
91 Berliner Morgenpost, 12. November 1913
92 Urban, H. F. 1912, S. 49 f.
93 Berliner Tageblatt, 30. März 1914
94 Schmitt, G. 1987, S. 163
95 Ebd., S. 102 f.
96 Suttner, B. von 1912, S. 5
97 Schmitt, G. 1987, S. 130
98 Berliner Tageblatt, 3. Juli 1914
99 Preußische Zeitung, 30. März 1914
100 Die Redaktion, 1. Mai 1914
101 Neffe, J. 2005, S. 115
102 Collected Papers 1993, Vol. 5, S. 565
103 Ebd., S. 585
104 Zott, R. 1997, S. 75
105 Hoffmann, D. 2006, S. 12
106 Collected Papers 1998, Vol. 8, S. 13
107 Hahn, O. 1968, S. 106
108 Collected Papers 1993, Vol. 5, S. 574
109 Clark, C. 2008, S. 684 f.
110 Seelig, C. 1991, S. 13
111 Girardet, C.-M. 1997, S. 37
112 Ebd., S. 8
113 Kollros, L. 1956, S. 30

Anmerkungen

114 Vossische Zeitung, 26. April 1914
115 Ebd.
116 Ebd.
117 Einstein, A. 1905
118 Vossische Zeitung, 26. April 1914
119 Pössel, M. 2005, S. 70
120 Vossische Zeitung, 26. April 1914
121 Einstein, A. 1905, S. 893
122 Elias, N. 1998, S. VIII f.
123 Einstein, A. 1905, S. 893
124 Sexl R. & Schmidt, H. K. 1991, S. 33
125 Vossische Zeitung, 26. April 1914
126 Promies, W. 1991, S. 224
127 Collected Papers 1998, Vol. 8, S. 50
128 Ebd., S. 49
129 Ebd., S. 47
130 Freie Presse, 10. Juli 1914
131 Collected Papers 1998, Vol. 8, S. 17
132 Frank, P. 1979, S. 387
133 Collected Papers 1998, Vol. 8, S. 28
134 Frisé, A. 1983, S. 1007
135 Scheel, K. (Hrsg.) 1914
136 Collected Papers 1993, Vol. 5, S. 34
137 Gehrke, E. 1924a, S. 34 f.
138 Gehrke, E. 1924b, S. 5
139 Wazeck, M. 2009, S. 133
140 Collected Papers 1993, Vol. 5, S. 555
141 Gehrke, E. 1924a, S. 19
142 Einstein, A. 1912, S. 12
143 Wazeck, M. 2009, S. 124
144 Gehrke, E. 1924a, S. 35
145 Collected Papers 1998, Vol. 8, S. 29
146 Berliner Tageblatt, 3. Juli 1914
147 Planck, M. 1914, S. 742 f.
148 Ebd.
149 Ebd.
150 Kirsten, C. & Treder, H.-J. 1979, S. 104
151 Scheel, K. (Hrsg.) 1914, S. 457 f. & 512 f.
152 Ebd., S. 735 & S. 820 f.
153 Münkler. H. 2014, S. 36
154 Röhl, J. 2009, S. 1131

Anmerkungen

155 Leonhard, J. 2014, S. 91 f.
156 Collected Papers 1998, Vol. 8, S. 41
157 Collected Papers 1993, Vol. 5, S. 572 f.
158 Collected Papers 1998, Vol. 8, S. 48 f.
159 Ebd.
160 Ebd., S. 1032 f.
161 Ebd., S. 44
162 Ebd., S. 45
163 Fischer-Dückelmann, A. 1913, S. 246 f.
164 Ebd.
165 Beuys, B. 2014, S. 174
166 Collected Papers 1998, Vol. 8, S. 1032 f.
167 Ebd. S. 47
168 Hölzle, E. 1995, S. 398 f.
169 Institut für Marxismus-Leninismus 1975, S. 492 f.
170 Kruse, W. 1989, S. 116
171 Berliner Tageblatt, 29. Juli 1914
172 Kuczynski, J. 1957, S. 57
173 Afflerbach, H. 2005, S. 130
174 Hölzle, E. 1995, S. 420
175 Ebd., S. 424
176 Ebd., S. 433
177 Münkler, H. 2014, S. 82 f.
178 Hölzle, E. 1995, S. 429 f.
179 Stoltzenberg, D. 1994, S. 230
180 Collected Papers 1998, Vol. 8, S. 49 f.
181 Schulmann, R. 2012, S. 113
182 Collected Papers 1998, Vol. 8, S. 50
183 Ebd., S. 52
184 Collected Papers 1998, Vol. 8, S. 562
185 Leonhard, J. 2014, S. 102
186 Reichsarchiv 1928, S. 32 f.
187 Knipping, A. 2005, S. 40
188 Ebd.
189 Moltke, H. von 1892, S. 38 f.
190 Heinze, D. 2008, S. 43
191 Collected Papers 1998, Vol. 8, S. 56
192 Ebd. S. 112
193 Frisé, A. 1983, S. 1020 f.
194 Verhey, J. 2000, S. 167 f.
195 Rürup, I. 1989, S. 182

196 Verhey, J. 2000, S. 162
197 Ebd., S. 192
198 Collected Papers 2012, Vol. 13, S. 747
199 Heilbron, J. L. 2006, S. 94
200 Wilde, H. 1971, S. 79
201 Röhl, J. 2009, S. 1174 f.
202 Basler, W. 1961, S. 201
203 Ebd., S. 182
204 Deutsche Hochschulstimmen 1914, S. 351
205 Johann, E. 1968, S. 67
206 Wilde, H. 1971, S. 82
207 Zott, R. 1997, S. 77
208 Mendelssohn, K. 1976, S. 112 f.
209 Benrabi, I. 1916, S. 210
210 Schulmann, R. 2012, S. 112 f.
211 Lipp, K. 2004, S. 15
212 Deutsche Hochschulstimmen 1914, S. 395
213 Kühlem, K. 2012, S. 195 f.
214 Johann, E. 1968, S. 61
215 Rolland, R. 1963, S. 47
216 Ungern-Sternberg, J. & W. von 1996
217 Berliner Tageblatt, 4. Oktober 1914
218 Ebd.
219 Szöllösi-Janze, M. 1998, S. 259
220 Brocke, B. vom 1985, S. 667 f.
221 Reinbothe, R. 2006, S. 422
222 Rolland, R. 1963, Vol. 1, S. 400
223 Mac-Leod, R. 2014, S. 3
224 Kox, A. J. 2008, S. 395
225 Brocke, B. vom 1985, S. 686
226 Collected Papers 1998, Vol. 8, S. 63
227 Kox, A. J. 2008, S. 446
228 Glasser, O. 1931, S. 119
229 Tollmien, C. 1993, S. 187
230 Ungern-Sternberg, J. & W. von 1996, S. 64 f.
231 Kox, A. J. 2008, S. 446
232 Ebd., S. 427 f.
233 Schulmann, R. 2012, S. 116 f.
234 Ebd., S. 256 f.
235 Frank, P. 1979, S. 198
236 Ebd.

Anmerkungen

237 Ebd.
238 Riemer, K.-H. 1987, S. 6
239 Nicolai, W. 1920, S. 41
240 Schulmann, R. 2012, S. 116 f.
241 Collected Papers 1998, Vol. 8, S. 145
242 Schulmann, R. 2012, S. 172
243 Vierhaus, R. & Brocke, B. vom 1990, S. 177
244 Reiser, A. 1930, S. 138
245 Zuelzer, W. 1981, S. 144
246 Lipp, K. 2004, S. 26 f.
247 Brocke, B. vom 1985, S. 683
248 Schulmann, R. 2012, S. 116
249 Ebd.
250 Haber, C. 1970, S. 90
251 Haffner, S. 2000, S. 24 f.
252 Sösemann, B. 1984, S. 211 f.
253 Haffner, S. 2000, S. 21
254 Collected Papers 1998, Vol. 8, S. 85
255 Hahn, O. 1968, S. 119
256 Schmidt-Ott, F. 1952, S. 124
257 MPG, Archiv, Va Abt., Rep. 0005, Nr. 856
258 Stern, F. 1990, S. 523
259 Frank, P. 1979, S. 251
260 Wilde, H. 1971, S. 19 f.
261 Einstein, A. 1921b, S. 352
262 Collected Papers 1998, Vol. 8, S. 18
263 Seelig, C. 1991, S. 170 f.
264 Ebd., S. 153
265 Collected Papers 1998, Vol. 8, S. 53
266 Jaenicke, W. 1994, S. 62
267 Stoltzenberg, D. 1994, S. 155
268 Szöllösi-Janze, M. 1998, S. 178 f.
269 Mittasch, A. 1951, S. 116
270 Jaenicke, W. 1994, S. 49
271 Leitner, G. von 1993, S. 148
272 Willstätter, R. 1940, S. 203
273 Leitner, G. von 1993, S. 191
274 Haber, F. 1927, S. 13
275 Szöllösi-Janze, M. 1998, S. 315
276 Nobel Foundation 1966, S. 321 f.
277 Szöllösi-Janze, M. 1998, S. 314 f.

278 Schulmann, R. 2012, S. 340
279 Stoltzenberg, D. 1994, S. 396
280 Fölsing, A. 1995, S. 752
281 MPG, Archiv, III. Abt., Rep. 98, Nr. 58
282 Born, M. 1969, S. 39
283 Ebd., S. 40 f.
284 Münkler, H. 2014, S. 362 f.
285 Baumann, T. 2008, S. 258 f.
286 Sommerfeld, A. 1949, S. 144
287 Baumann, T. 2008, S. 286
288 Szöllösi-Janze, M. 1998, S. 272
289 MPG, Archiv, Va Abt., Rep. 0005, Nr. 1479
290 Ernst, S. 1992, S. 26
291 Münkler, H. 2014, S. 289
292 Scheel, K. (Hrsg.) 1916, S. 41
293 Bartel, H.-G. & Huebener, R. P. 2007, S. 256
294 Leonhard, J. 2014, S. 182
295 Baumann, T. 2008, S. 294
296 Martinez, D. 1996, S. 18
297 Mendelssohn, K. 1976, S. 113
298 Schulmann, R. 2012, S. 116
299 Collected Papers 1998, Vol. 8, S. 85
300 Schulmann, R. 2012, S. 117
301 Collected Papers 1998, Vol. 8, S. 113
302 Archiv der BBAW, PAW II (1912–1945), Signatur II–V, 90–94 & 133
303 MPG, Archiv, Va Abt., Rep. 0005, Nr. 860
304 Collected Papers 2006, Vol. 10, S. 275
305 Martinez, D. 1996, S. 13 f.
306 Ebd., S. 20
307 Ebd., S. 20 f.
308 Baumann, T. 2008, S. 343
309 Born, M. 1975, S. 261 f.
310 F Martinez, D. 1996, S. 42
311 Hahn, O. 1968, S. 117 f.
312 Ernst, S. 1992, S. 41
313 MPG, Archiv, Va Abt., Rep 0005, Nr. 1480
314 Ebd.
315 Ebd., Nr. 1470
316 Schulmann, R. 2012, S. 129
317 Ebd., S. 124
318 Kox, A. J. 2008, S. 427 f.

Anmerkungen

319 Ebd.
320 Münkler, H. 2014, S. 295
321 Kühlem, K. 2012, S. 222
322 Lehmann-Russbüldt, O. 1927, S. 48 f.
323 Münkler, H. 2014, S. 292 f.
324 Eisenbeiß, W. 1980, S. 136
325 Scheer, F.-K. 1983, S. 248
326 Grundmann, S. 1998, S. 49
327 Ebd., S. 48 f.
328 Collected Papers 1998, Vol. 8, S. 103
329 Lehmann-Russbüldt, O. 1927, S. 30
330 Leonhard, J. 2014, S. 294
331 Niedhart, G. 2009, S. 363
332 Erdmann, K. D. 1972, S. 270
333 Kühlem, K. 2012, S. 234 f.
334 Hahn, O. 1968, S. 119
335 Niedhart, G. 2009, S. 370
336 Collected Papers 1998, Vol. 8, S. 129
337 Ebd. S. 386
338 Rolland, R. 1963, S. 696
339 Ebd.
340 Ebd., S. 700
341 Ebd., S. 697 f.
342 Eisenbeiß, W. 1980, S. 139
343 Collected Papers 1996, Vol. 6, S. 211
344 Berliner Goethebund 1916, S. 30
345 Grundmann, S. 1998, S. 49
346 Eckert, M. & Märker, K. 2000, S. 501
347 Collected Papers 1998, Vol. 8, S. 177 f.
348 Fölsing, A. 1995, S. 418
349 Einstein, A. 1992, S. 42
350 Einstein, A. & Infeld, L. 2014, S. 168
351 Ebd., S. 164
352 Einstein, A. 1992, S. 41
353 Ebd., S. 42
354 Einstein, A. & Infeld, L. 2014, S. 46
355 Born, M. 1975, S. 234
356 Einstein, A. 1982, S. 45 f.
357 Pössel, M. 2005, S. 105
358 Einstein, A. 1907, S. 454
359 Ebd., S. 461

360 Collected Papers 1993, Vol. 5, S. 317
361 Eckert, M. & Märker, K. 2000, S. 510
362 Einstein, A. 1911, S. 493
363 Staude, J. & Hofmann, A. 2000, S. 110
364 Einstein, A. & Infeld, L. 2014, S. 260
365 Chou, T. C. W. et al. 2010, S. 1630 f.
366 Laue, M. von 1961, Bd. II, S. 23
367 Kollros, L. 1956, S. 27
368 Collected Papers 1993, Vol. 5, S. 505
369 Seelig, C. 1991, S. 228
370 Padova, T. de 2009, S. 227
371 Heintz, B. 2000, S. 48 f.
372 Einstein, A. 1921a, S. 2
373 Ebd., S. 1
374 Ebd., S. 3
375 Wußing, H. 2009, S. 458
376 Schirrmacher, A. 2010, S. 43
377 Corry, L. 1999, S. 489 f.
378 Collected Papers 1998, Vol. 8, S. 147
379 Tollmien, C. 1993, S. 146
380 Busse, D. 2008, S. 240
381 Howard, D. & Norton, J. 1993, S. 39
382 Collected Papers 1998, Vol. 8, S. 181
383 Schulmann, R. 2012, S. 192
384 Collected Papers 2012, Vol. 13, S. 265
385 Sauer, T. & Majer, U. 2009, S. 167
386 Ebd., S. 108
387 Collected Papers 1998, Vol. 8, S. 91
388 Ebd., S. 113
389 Ebd., S. 146
390 Ebd., S. 168
391 Rolland, R. 1963, S. 624 f.
392 Collected Papers 1998, Vol. 8, S. 178
393 Einstein, A. 1915a, S. 778
394 Ebd.
395 Ebd., S. 779
396 Einstein, A. 1915b, S. 799
397 Collected Papers 1998, Vol. 8, S. 195 f.
398 Ebd., S. 199
399 Einstein, A. 1915c, S. 831 f.
400 Collected Papers 1998, Vol. 8, S. 202

Anmerkungen

401 Ebd., S. 201
402 Renn, J. & Sauer, T. 1996, S. 865 f.
403 Renn, J. 2006a, S. 281
404 Einstein, A. 1915d, S. 847
405 Collected Papers 1998, Vol. 8, S. 217
406 Seelig, C. 1991, S. 228 f.
407 Padova, T. de 2013, S. 238 f.
408 Collected Papers 1998, Vol. 8, S. 205
409 Ebd., S. 222
410 Ebd., S. 291
411 Einstein, A. 1916b
412 Ebd., S. 366
413 Collected Papers 1998, Vol. 8, S. 225
414 Scheel, K. (Hrsg.) 1916, S. 261
415 Collected Papers 1998, Vol. 8, S. 411
416 Born, M. 1983, S. 195
417 Born, H. 1956, S. 36
418 Born, M. 1983, S. 193
419 Collected Papers 1998, Vol. 8, S. 223
420 MPG, Archiv, Va Abt., Rep 0005, Nr. 1470
421 Frank, P. 1979, S. 188
422 Ebd.
423 Sloterdijk, P. 2010, S. 49 f.
424 Schulmann, R. 2012, S. 309 f.
425 Ebd., S. 180
426 Ebd.
427 Seelig, C. 1960, S. 259 f.
428 Döring, H. 1975, S. 56
429 Heilbron, J. L. 1988, S. 262 f.
430 Eisenbeiß, W. 1980, S. 140
431 Gülzow, E. 1969, S. 234
432 Grundmann, S. 1998, S. 51
433 Collected Papers 1998, Vol. 8, S. 636
434 Einstein, A. 1916a, S. 104
435 Collected Papers 1998, Vol. 8, S. 410
436 Ernst, S. 1992, S. 64
437 Gülzow, E. 1969, S. 234
438 Schulmann, R. 2012, S. 184
439 Lehmann-Russbüldt, O. 1927, S. 46; Collected Papers 1998, Vol. 8, S. 134
440 Schulmann, R. 2012, S. 203
441 Seelig, C. 1991, S. 79

442 Meinecke, F. 1969, S. 254
443 Schulmann, R. 2012, S. 192
444 Collected Papers 1998, Vol. 8, S. 399
445 Leonhard, J. 2014, S. 438
446 Holitscher, A. 1928, S. 114
447 Leonhard, J. 2014, S. 445
448 Born, M. 1975, S. 241
449 Scheel, K. (Hrsg.) 1916, S. 297
450 Ebd., S. 318 f.
451 Schwabe, K. 1969, S. 95
452 Wehler, H.-U. 2003, S. 71
453 Mendelssohn, K. 1976, S. 125
454 Born, M. 1975, S. 246
455 Schulmann, R. 2012, S. 186
456 Schwabe, K. 1969, S. 104
457 Nernst, W. 1916, S. 1207
458 Ebd.
459 Schwabe, K. 1969, S. 97
460 Holl, K. 1972, S. 374
461 Born, M. 1975, S. 256
462 Ebd.
463 Martinez, D. 1996, S. 70
464 Baumann, T. 2008, S. 386
465 Hahn, O. 1968, S. 122
466 Ebd., S. 132
467 MPG, Archiv, Va Abt., Rep. 0005, Nr. 858
468 Ebd.
469 Ebd., Nr. 963
470 Leonhard, J. 2014, S. 296
471 Martinez, D. 1996, S. 79
472 Collected Papers 1998, Vol. 8, S. 386
473 Ebd.
474 Einstein, A. 1917a
475 Einstein, A. 1917b, S. 71 f.
476 Einstein, A. 1917a, S. 143
477 Ebd., S. 144
478 Einstein, A. 1917b, S. 71 f.
479 Ebd.
480 Born, M. 1975, S. 234
481 Einstein, A. 1917a, S. 152
482 Renn, J. 2006a, S. 293

483 Collected Papers 1998, Vol. 8, S. 411
484 Flugsport 1917, S. 93 f.
485 Münkler, H. 2014, S. 453
486 Einstein, A. 1916d, S. 509
487 Collected Papers 2012, Vol. 13, S. 256
488 Interavia 1955, S. 684
489 Ebd.
490 Illy, J. 2012, S. 72 f.
491 Interavia 1955, S. 684
492 Ebd.
493 Ebd.
494 Collected Papers 1998, Vol. 8, S. 577
495 Berliner Tageblatt, 3. Oktober 1918
496 Schmitt, G. 1987, S. 180
497 Leonhard, J. 2014, S. 862
498 Inspektion des Flugzeugwesens 1918, S. 92
499 Collected Papers 1998, Vol. 8, S. 588
500 Archiv der BBAW, PAW II (1912–1945), Signatur II-V, 93, Blatt 12, 22 & 133, Blatt 96 f.
501 MPG, Archiv, III. Abt., Rep. 98, Nr. 36
502 Szöllösi-Janze, M. 1998, S. 403 f.; Haber, C. 1970, S. 113
503 Collected Papers 1998, Vol. 8, S. 465
504 Berliner Tageblatt, 25. Dezember 1917
505 Collected Papers 1998, Vol. 8, S. 506
506 Ebd., S. 465 f.
507 Kessler, H. G. 2006, S. 262
508 Ebd., S. 268
509 Gülzow, E. 1969, S. 373
510 Kessler, H. G. 2006, S. 262
511 Grundmann, S. 1998, S. 63
512 Fölsing, A, 1995, S. 464
513 Collected Papers 1998, Vol. 8, S. 636
514 Ebd., S. 614
515 Hoffmann, D. 2006, S. 23
516 Grüning, M. 1990, S. 457
517 Collected Papers 1993, Vol. 5, S. 570 f.
518 Kox, A. J. 2008, S. 495
519 Collected Papers 1998, Vol. 8, S. 849
520 Ebd., S. 613
521 Schulmann, R. 2012, S. 283
522 Leonhard, J. 2014, S. 813 f.

523 Münkler, H. 2014, S. 677
524 Berliner Tageblatt, 27. März 1918
525 Schulmann, R. 2012, S. 297
526 Collected Papers 1998, Vol. 8, S. 505
527 Kox, A. J. 2008, S. 495
528 Collected Papers 1998, Vol. 8, 663
529 Ebd., S. 430
530 Ebd., S. 329
531 Seelig, C. 1991, S. 13 f.
532 Kox, A. J. 2008, S. 500
533 Ebd., S. 502
534 Schulmann, R. 2012, S. 209
535 Ebd., S. 256 f.
536 Stoltzenberg, D. 1994, S. 620
537 MPG, Archiv, III. Abt., Rep. 98, Nr. 27
538 Collected Papers 1998, Vol. 8, S. 736
539 Ebd., S. 745
540 Fölsing, A. 1995, S. 472
541 Collected Papers 1998, Vol. 8, S. 667
542 Ebd., S. 769 f.
543 Ebd.
544 Wenzel, G. 1989, S. 163
545 Collected Papers 1998, Vol. 8, S. 769 f.
546 Zuelzer, W. 1981, S. 229
547 Troeltsch, E. 1924, S. 8
548 Röhl, J. 2009, S. 1242
549 Haffner, S. 1994, S. 77
550 Vossische Zeitung, 9. November 1918
551 Clark, C. 2008, S. 704
552 Collected Papers 2002, Vol. 7, S. 90
553 Ebd.
554 Collected Papers 1998, Vol. 8, S. 945
555 Troeltsch, E. 1924, S. 24
556 Lehmann-Russbüldt, O. 1927, S. 80 f.
557 Gülzow, E. 1969, S. 410
558 Berliner Morgenpost, 11. November 1918
559 Berliner Tageblatt, 11. November 1918
560 Haffner, S. 1994, S. 97 f.
561 Born, M. 1975, S. 257 f.
562 Ebd.
563 Collected Papers 1998, Vol. 8, S. 945

Anmerkungen

564 Holitscher, A. 1928, S. 162; Goenner, H. 2005, S. 114 f.
565 Collected Papers 1998, Vol. 8, S. 945
566 Vossische Zeitung, 10. November 1918
567 Berliner Tageblatt, 14. November 1918
568 Collected Papers 2002, Vol. 7, S. 123
569 Berliner Tageblatt, 14. November 1918
570 Collected Papers 2002, Vol. 7, S. 123
571 Berliner Tageblatt, 16. November 1918; Vossische Zeitung, 16. November 1918
572 Vossische Zeitung, 18. November 1918; Berliner Tageblatt, 19. November 1918; Berliner Morgenpost, 19. November 1918
573 Die Weltbühne, 29. Mai 1919
574 Schölzel, C. 2006, S. 264; Berliner Tageblatt, 19. November 1918
575 Ebd.
576 Berliner Tageblatt, 21. November 1918
577 Collected Papers 1998, Vol. 8, S. 959
578 Ebd., S. 958
579 Clark, C. 2008, S. 715
580 Vossische Zeitung, 22. Dezember 1918
581 Collected Papers 1998, Vol. 8, S. 759
582 Ebd.
583 Schulmann, R. 2012, S. 208
584 Seelig, C. 1991, S. 10
585 Nathan, O. & Norden, H. 1975, S. 109
586 MPG, Archiv, III. Abt., Rep. 98, Nr. 58
587 Laue, M. von 1961, Bd. III, S. 228
588 Ebd., S. 229

Literatur

Afflerbach, H., Kaiser Wilhelm II. als Oberster Kriegsherr im Ersten Weltkrieg. Quellen aus der militärischen Umgebung des Kaisers, München (2005)

Bartel, H.-G. & Huebener, R. P., Walther Nernst, Pioneer of physics and of chemistry, London (2007)

Bartel, H.-G., Ein Geheimrat im Militärdienst, in: Physik Journal 13, Nr. 7, Weinheim (2014)

Basler, W., Zur politischen Rolle der Berliner Universität im ersten imperialistischen Weltkrieg 1914 bis 1918, in: Wissenschaftliche Zeitschrift der Humboldt-Universität zu Berlin, gesellschafts- und sprachwissenschaftliche Reihe, Jahrgang X, Heft 2/3, Berlin (1961)

Baumann, T., Giftgas und Salpeter, Düsseldorf (2008)

Benrabi, I., Die Kulturmission der Schweiz, in: Internationale Monatsschrift für Wissenschaft, Kunst und Technik, Jahrgang 10, Heft 10, Leipzig (1916)

Berliner Goethebund, Das Land Goethes 1914–1916. Ein vaterländisches Gedenkbuch, Berlin (1916)

Beuys, B., Die neuen Frauen – Revolution im Kaiserreich 1900–1914, München (2014)

Bloch, J. von, Der zukünftige Krieg in seiner technischen, volkswirtschaftlichen und politischen Bedeutung, Berlin (1899)

Bohnke-Kollwitz, J. (Hrsg.), Käthe Kollwitz. Die Tagebücher, Berlin (1989)

Born, H., Albert Einstein ganz privat, in: Seelig, C., Helle Zeit – Dunkle Zeit, Zürich (1956)

Born, M., Albert Einstein, Hedwig und Max Born. Briefwechsel 1916–1955, München (1969)

Born, M., Mein Leben, München (1975)

Born, M., Physik im Wandel meiner Zeit, Braunschweig (1983)

Born, M., Die Relativitätstheorie Einsteins, Heidelberg (2003)

Brenner, W., Walther Rathenau. Deutscher und Jude, München (2005)

Brocke, B. vom, Wissenschaft und Militarismus, Darmstadt (1985)

Busse, D., Engagement oder Rückzug? Göttinger Naturwissenschaften im Ersten Weltkrieg, Göttingen (2008)

Castagnetti G. et al., Einstein in Berlin. Wissenschaft zwischen Grundlagenkrise und Politik, Berlin (1994)

Literatur

Chou, T. C. W. et al., Optical Clocks and Relativity, in: Science 329, New York (2010)

Clark, C., Preußen. Aufstieg und Niedergang 1600–1947, München (2008)

Clark, C., Die Schlafwandler. Wie Europa in den Ersten Weltkrieg zog, München (2013)

Corry, L., David Hilbert between mechanical and electromagnetic reductionism 1910–1915, in: Archive for History of Exact Sciences Nr. 53 (6), Berlin (1999)

Curie, E., Marie Curie. Eine Biographie, Frankfurt am Main (1994)

Deutsche Hochschulstimmen, Nr. 33, Wien (1914)

Döring, H., Der Weimarer Kreis. Studien zum Bewusstsein verfassungstreuer Hochschullehrer in der Weimarer Republik, Meisenheim am Glan (1975)

Eckert, M. & Märker, K. (Hrsg.), Arnold Sommerfeld. Wissenschaftlicher Briefwechsel, Band 1: 1892–1918, München (2000)

Einstein, A., Zur Elektrodynamik bewegter Körper, in: Annalen der Physik 17, Leipzig (1905)

Einstein, A., Über das Relativitätsprinzip und die aus demselben gezogenen Folgerungen, in: Jahrbuch der Radioaktivität und Elektronik, Leipzig (1907)

Einstein, A., Über den Einfluss der Schwerkraft auf die Ausbreitung des Lichtes, in: Annalen der Physik 35, Leipzig (1911)

Einstein, A., Die Relativitäts-Theorie, in: Vierteljahrsschrift der Naturforschenden Gesellschaft in Zürich, Bd. 56, Zürich (1912)

Einstein, A., Zum gegenwärtigen Stande des Gravitationsproblems, in: Physikalische Zeitschrift, Nr. 25, Leipzig (1913)

Einstein, A., Die formale Grundlage der allgemeinen Relativitätstheorie, in: Sitzungsberichte der Preußischen Akademie der Wissenschaften, Berlin (1914)

Einstein, A., Zur allgemeinen Relativitätstheorie, in: Sitzungsberichte der Preußischen Akademie der Wissenschaften, Berlin (1915a)

Einstein, A., Zur allgemeinen Relativitätstheorie (Nachtrag), in: Sitzungsberichte der Preußischen Akademie der Wissenschaften, Berlin (1915b)

Einstein, A., Erklärung der Perihelbewegung des Merkur aus der allgemeinen Relativitätstheorie, in: Sitzungsberichte der Preußischen Akademie der Wissenschaften, Berlin (1915c)

Einstein, A., Die Feldgleichungen der Gravitation, in: Sitzungsberichte der Preußischen Akademie der Wissenschaften, Berlin (1915d)

Einstein, A., Ernst Mach, in: Physikalische Zeitschrift, Nr. 7, Leipzig (1916a)

Einstein, A., Näherungsweise Integration der Feldgleichungen der Gravitation, in: Sitzungsberichte der Preußischen Akademie der Wissenschaften, Berlin (1916b)

Einstein A., Hamiltonsches Prinzip und allgemeine Relativitätstheorie, in: Sitzungsberichte der Preußischen Akademie der Wissenschaften, Berlin (1916c)

Einstein, A., Elementare Theorie der Wasserwellen und des Fluges, in: Die Naturwissenschaften, 4. Jahrgang, Heft 34, Berlin (1916d)

Einstein, A., Kosmologische Betrachtungen zur allgemeinen Relativitätstheorie, in: Sitzungsberichte der Preußischen Akademie der Wissenschaften, Berlin (1917a)

Einstein, A., Über die spezielle und die allgemeine Relativitätstheorie, Braunschweig (1917b)

Einstein, A., Über Gravitationswellen, in: Sitzungsberichte der Preußischen Akademie der Wissenschaften, Berlin (1918a)

Einstein, A., Kritisches zu einer von Hrn. De Sitter gegebenen Lösung der Gravitationsgleichungen, in: Sitzungsberichte der Preußischen Akademie der Wissenschaften, Berlin (1918b)

Einstein, A., Geometrie und Erfahrung, in: Sitzungsberichte der Preußischen Akademie der Wissenschaften, Berlin (1921a)

Einstein, A., Wie ich Zionist wurde, in: Jüdische Rundschau 49, 21. Juni, Berlin (1921b)

Einstein, A., How I created the theory of relativity, in: Physics Today, Nr. 8, New York (1982)

Einstein, A., Über die spezielle und allgemeine Relativitätstheorie, Braunschweig (1992)

Einstein A. & Infeld L., Die Evolution der Physik, Köln (2014)

Eisenbeiß, W., Die bürgerliche Friedensbewegung in Deutschland während des Ersten Weltkriegs, Frankfurt am Main (1980)

Elias, N., Über die Zeit, Frankfurt am Main (1998)

Erdmann, K. D. (Hrsg.), Kurt Riezler, Tagebücher, Aufsätze, Dokumente, Göttingen (1972)

Ernst, S., Lise Meitner an Otto Hahn. Briefe aus den Jahren 1912 bis 1924, Stuttgart (1992)

Fischer-Dückelmann, A., Die Frau als Hausärztin, Stuttgart (1913)

Flugsport, Illustrierte Flugtechnische Zeitschrift für das gesamte Flugwesen, Frankfurt am Main (1909–1944)

Fölsing, A., Albert Einstein, Frankfurt am Main (1995)

Fölsing, U., Nobel-Frauen. Naturwissenschaftlerinnen im Porträt, München (2001)

Frank, P., Einsteins Stellung zur Philosophie, in: Deutsche Beiträge, Heft 2, München (1949)

Frank, P., Einstein. Sein Leben und seine Zeit, Braunschweig (1979)

Fraunholz, U., Motorphobia. Anti-automobiler Protest in Kaiserreich und Weimarer Republik, Göttingen (2000)

Fries, H., Die große Katharsis, Konstanz (1994)

Frisé, A. (Hrsg.), Robert Musil. Der Mann ohne Eigenschaften, Hamburg (1978)

Frisé, A. (Hrsg.), Robert Musil. Gesammelte Werke, Bd. II, Hamburg (1983)

Fuchs, M., Georg von Arco (1869–1940) – Ingenieur, Pazifist, Technischer Direktor von Telefunken, Berlin (2004)

Fürst, A., Emil Rathenau. Der Mann und sein Werk, Berlin (1915)

Gehrke, E., Kritik der Relativitätstheorie, Berlin (1924a)

Gehrke, E., Die Massensuggestion der Relativitätstheorie, Berlin (1924b)

Girardet, C.-M., Jüdische Mäzene für die Preußischen Museen zu Berlin, Berlin (1997)

Giulini, D., Am Anfang war die Ewigkeit, München (2004)

Literatur

Glasser, O., Wilhelm Conrad Roentgen und die Geschichte der Entdeckung der Röntgenstrahlung, Berlin (1931)
Glatzer, R. Das wilhelminische Berlin, Berlin (1997)
Goenner, H., Einstein in Berlin, München (2005)
Goldsmith, B., Marie Curie. Die erste Frau der Wissenschaft, München (2010)
Grundmann, S., Einsteins Akte, Berlin (1998)
Grüning, M., Ein Haus für Albert Einstein. Erinnerungen, Briefe, Dokumente, Berlin (1990)
Gülzow, E., Der Bund »Neues Vaterland«, Berlin (1969)
Haber, C., Mein Leben mit Fritz Haber, Düsseldorf (1970)
Haber, F., Aus Leben und Beruf, Berlin (1927)
Haber, L. F., The poisonous cloud. Chemical warfare in the First World War, Oxford (1986)
Haenisch, K., Die deutsche Sozialdemokratie in und nach dem Weltkriege, Berlin (1916)
Haffner, S., Der Verrat. 1918/1919 – als Deutschland wurde, wie es ist, Berlin (1994)
Haffner, S., Geschichte eines Deutschen, Stuttgart (2000)
Hahn, O., Mein Leben, München (1968)
Heilbron, J. L., Max Planck, Ein Leben für die Wissenschaft 1858–1947, Stuttgart (1988)
Heilbron, J. L., Max Planck, Stuttgart (2006)
Heintz, B., Die Innenwelt der Mathematik, Wien (2000)
Heinze, D., Räder rollen für den Krieg. Die militärische Nutzung der Eisenbahn von den frühen Anfängen bis 1989, Leipzig (2008)
Henning, E. & Kazemi, M., Dahlem – Domäne der Wissenschaft, Berlin (2009)
Hermann, A., Einstein – Der Weltweise und sein Jahrhundert, München (1994)
Highfield, R. & Carter, P., Die geheimen Leben des Albert Einstein, München (1994)
Hoffmann, D., Einsteins Berlin. Auf den Spuren eines Genies, Weinheim (2006)
Holitscher, A., Mein Leben in dieser Zeit, Potsdam (1928)
Holl, K., Die »Vereinigung Gleichgesinnter«. Ein Berliner Kreis pazifistischer Intellektueller im Ersten Weltkrieg, in: Archiv für Kulturgeschichte, Bd. 54, Wien (1972)
Holton, G., Einstein, die Geschichte und andere Leidenschaften, Braunschweig (1998)
Hölzle, E. (Hrsg.), Quellen zur Entstehung des Ersten Weltkriegs. Internationale Dokumente 1901–1914, Darmstadt (1995)
Horgan, J., An den Grenzen des Wissens, München (1996)
Howard, D. & Norton, J., Out of the labyrinth? Einstein, Hertz, and the Göttingen answer to the hole argument, in: Earman, J. et al., The attraction of gravitation: New studies in the history of general relativity, Boston (1993)
Illy, J., The practical Einstein, Baltimore (2012)
Inspektion des Flugzeugwesens, Geschichte der deutschen Flugzeugindustrie, Berlin (1918)
Institut für Marxismus-Leninismus beim Zentralkomitee der Sozialistischen Einheitspartei Deutschlands (Hrsg.), Dokumente und Materialien zur Geschichte der deutschen Arbeiterbewegung, Bd. IV, Berlin (1975)
Interavia, Professor Einsteins »Leichtsinn«, 10. Jahrgang, Nr. 9, Frankfurt am Main (1955)

Jaenicke, W., 100 Jahre Bunsen-Gesellschaft 1894–1994, Darmstadt (1994)
Johann, E. (Hrsg.), Innenansicht eines Krieges, Deutsche Dokumente 1914–1918, Frankfurt am Main (1968)
Jost, R., Einstein und Zürich. Zürich und Einstein, in: Thomas, E. A. (Hrsg.), Vierteljahrsschrift der Naturforschenden Gesellschaft in Zürich, 124. Jahrgang, Zürich (1979)
Kafka, F., Ein Landarzt und andere Drucke zu Lebzeiten, Frankfurt am Main (1994)
Kanitscheider, B., Von der mechanistischen Welt zum kreativen Universum, Darmstadt (1993)
Keisinger, F., Unzivilisierte Kriege im zivilisierten Europa? Die Balkankriege und die öffentliche Meinung in Deutschland, England und Irland 1876–1913, Paderborn (2008)
Kessler, H. G., Das Tagebuch, Sechster Band 1916–1918, Stuttgart (2006)
Kirchhoff, A., Die akademische Frau. Gutachten hervorragender Universitätsprofessoren, Frauenlehrer und Schriftsteller über die Befähigung der Frau zum wissenschaftlichen Studium und Berufe, Berlin (1897)
Kirsten, C. & Treder, H.-J., Albert Einstein in Berlin (1913–1933), Darstellungen und Dokumente, Berlin (1979)
Knipping, A., Eisenbahn im Krieg, München (2005)
Köhler, H., Berlin in der Weimarer Republik, in: Geschichte Berlins, Bd. II, Berlin (2002)
Kollros, L., Erinnerungen eines Kommilitonen, in: Seelig, C., Helle Zeit – Dunkle Zeit, Zürich (1956)
Kox, A. J. (Hrsg.), The scientific correspondence of H. A. Lorentz, Vol. 1, New York (2008)
Krumeich, G. & Lepsius, M. R., Max Weber. Briefe 1918–1920, Tübingen (2012)
Kruse, W., »Welche Wendung durch des Weltkrieges Schickung« – Die SPD und der Beginn des Ersten Weltkrieges, in: Berliner Geschichtswerkstatt, August 1914. Ein Volk zieht in den Krieg, Berlin (1989)
Kuczynski, J., Der Ausbruch des Ersten Weltkrieges und die deutsche Sozialdemokratie, Berlin (1957)
Kühlem, K., Carl Duisberg (1861–1935). Briefe eines Industriellen, München (2012)
Laue, M. von, Gesammelte Schriften und Vorträge, Braunschweig (1961)
Lehmann-Russbüldt, O., Der Kampf der Deutschen Liga für Menschenrechte vormals Bund Neues Vaterland für den Weltfrieden, Berlin (1927)
Leitner, G. von, Der Fall Clara Immerwahr, München (1993)
Leonhard, J., Die Büchse der Pandora. Geschichte des Ersten Weltkriegs, München (2014)
Lipp, K., Pazifismus im Ersten Weltkrieg, Herbolzheim (2004)
Livio, M., Ist Gott ein Mathematiker?, München (2010)
Mac-Leod, R., Mobilmachung der Forscher, in: Physik Journal, 13, Nr. 7, Weinheim (2014)
Martinez, D., Der Gaskrieg 1914–1918, Bonn (1996)
März, R., Ernst Ludwig Kirchner. Potsdamer Platz 1914, Berlin (2000)
Meinecke, F., Autobiographische Schiften, Stuttgart (1969)
Mendelssohn, K., Walther Nernst und seine Zeit, Weinheim (1976)

Literatur

Mittasch, A., Der Stickstoff als Lebensfrage, in: Deutsches Museum, Abhandlungen und Berichte, 13. Jahrgang, Berlin (1941)

Mittasch, A., Geschichte der Ammoniaksynthese, Weinheim (1951)

Moltke, H. von, Gesammelte Schriften und Denkwürdigkeiten, Bd. 7 Reden des General-Feldmarschalls Grafen Helmuth von Moltke, Berlin (1892)

Moszkowski, A., Einstein. Einblicke in seine Gedankenwelt, Berlin (1921)

Mudry, A., Galileo Galilei – Schriften, Briefe, Dokumente, Berlin (1987)

Münkler, H., Der große Krieg. Die Welt 1914–1918, Berlin (2014)

Nathan, O. & Norden, H., Albert Einstein. Über den Frieden, Bern (1975)

Nationalgalerie Berlin, Ernst Ludwig Kirchner 1880–1938, Berlin (1980)

Neffe, J., Einstein. Eine Biographie, Hamburg (2005)

Nernst, W., Der Krieg und die deutsche Industrie, in: Internationale Monatsschrift für Wissenschaft, Kunst und Technik, Jahrgang 10, Heft 10, Leipzig (1916)

Nicolai, W., Nachrichtendienst, Presse und Volksstimmung im Weltkrieg, Berlin (1920)

Niedhart, G. (Hrsg.), Gustav Mayer. Als deutsch-jüdischer Historiker in Krieg und Revolution 1914–1920, München (2009)

Padova, T. de, Das Weltgeheimnis. Kepler, Galilei und die Vermessung des Himmels, München (2009)

Padova, T. de, Leibniz, Newton und die Erfindung der Zeit, München (2013)

Piper, E., Nacht über Europa. Kulturgeschichte des Ersten Weltkriegs, Berlin (2013)

Planck, M., Acht Vorlesungen über theoretische Physik, Leipzig (1910)

Planck, M., Erwiderung an Hrn. Einstein, in: Sitzungsberichte der Königlich Preußischen Akademie der Wissenschaften, Bd. II, Berlin (1914)

Popovic, M., In Albert's shadow. The life and letters of Mileva Maric, Einstein's first wife, Baltimore (2003)

Posener, J., Berlin auf dem Weg zu einer neuen Architektur, Das Zeitalter Wilhelms II., München (1979)

Pössel, M., Das Einstein-Fenster. Eine Reise in die Raumzeit, Hamburg (2005)

Promies, W. (Hrsg.), Georg Christoph Lichtenberg, Aphorismen, Schriften, Briefe, München (1991)

Reichsarchiv, Der Weltkrieg 1914 bis 1918. Das deutsche Feldeisenbahnwesen, Bd. 1: Die Eisenbahnen zu Kriegsbeginn, Berlin (1928)

Reid, R., Marie Curie, New York (1974)

Reinbothe, R., Deutsch als internationale Wissenschaftssprache und der Boykott nach dem Ersten Weltkrieg, Frankfurt am Main (2006)

Reiser A., Albert Einstein, New York (1930)

Renn, J. & Sauer, T., Einsteins Züricher Notizbuch. Die Entdeckung der Feldgleichungen der Gravitation im Jahre 1912, in: Physikalische Blätter Bd. 52, Nr. 9, Weinheim (1996)

Renn, J., Albert Einstein – Ingenieur des Universums. Hundert Autoren für Einstein, Berlin (2005a)

Renn, J. (Hrsg.), Einstein's Annalen Papers, The complete collection 1901–1922, Weinheim (2005b)

Renn, J., Auf den Schultern von Riesen und Zwergen, Weinheim (2006a)

Renn, J., The Genesis of General Relativity, Dordrecht (2006b)

Riemer, K.-H., Die Postüberwachung im Deutschen Reich durch Postüberwachungsstellen 1914–1918, in: Neue Schriftenreihe Poststempelgilde »Rhein-Donau«, Heft Nr. 109, Düsseldorf (1987)

Rife, P., Lise Meitner. Ein Leben für die Wissenschaft, Hildesheim (1992)

Röhl, J., Wilhelm II. – Der Weg in den Abgrund 1900–1941, München (2009)

Rolland, R., Das Gewissen Europas. Tagebuch der Kriegsjahre 1914–1919, Berlin (1963)

Rowe, D. E. & Schulmann, R., Einstein on politics, Princeton (2007)

Rürup, I., »Es entspricht nicht dem Ernste der Zeit, dass die Jugend müßig gehe«, in: Berliner Geschichtswerkstatt, August 1914. Ein Volk zieht in den Krieg, Berlin (1989)

Russell, B., Das ABC der Relativitätstheorie, München (1970)

Saal K., Lärmbekämpfung im Deutschen Kaiserreich, in: Bayerl, G., Umweltgeschichte – Methoden, Themen, Potentiale, Münster (1996)

Sauer, T. & Majer, U., David Hilbert's lectures on the foundations of physics, Heidelberg (2009)

Scheel, K. (Hrsg.), Verhandlungen der Deutschen Physikalischen Gesellschaft, 16. bis 19. Jahrg., Berlin (1914–1918)

Scheer, F.-K., Die Deutsche Friedensgesellschaft (1892–1933). Organisation, Ideologie. Politische Ziele, Frankfurt am Main (1983)

Schilpp, P. A., Albert Einstein als Philosoph und Naturforscher, Braunschweig (1979)

Schirrmacher, A., Theoretiker zwischen mathematischer und experimenteller Physik – zu Max Plancks Stil physikalischen Argumentierens, in: Hoffmann, D. (Hrsg.), Max Planck und die moderne Physik, Heidelberg (2010)

Schirrmacher, A., Die Physik im Großen Krieg, in: Physik Journal, 13, Nr. 7, Weinheim (2014)

Schlick, M., Die philosophische Bedeutung des Relativitätsprinzips, Zeitschrift für Philosophie und philosophische Kritik 159 (1915), S. 129–175, in: Stöltzner, M & Uebel, T., Wiener Kreis, Hamburg (2006)

Schmidt-Ott, F., Erlebtes und Erstrebtes. 1860–1950, Wiesbaden (1952)

Schmitt, G., Als die Oldtimer flogen. Die Geschichte des Flugplatzes Berlin-Johannisthal, Berlin (1987)

Schölzel, C., Walther Rathenau, Paderborn (2006)

Schulmann, R., Seelenverwandte. Der Briefwechsel zwischen Albert Einstein und Heinrich Zangger (1910–1947), Zürich (2012)

Schwabe, K., Wissenschaft und Kriegsmoral. Die deutschen Hochschullehrer und die politischen Grundfragen des Ersten Weltkriegs, Göttingen (1969)

Seelig, C., Albert Einstein und die Schweiz, Zürich (1952)

Seelig, C., Albert Einstein. Leben und Werk eines Genies unserer Zeit, Zürich (1960)

Seelig, C., Albert Einstein. Mein Weltbild, Frankfurt am Main (1991)

Sexl R. & Schmidt, H. K., Raum – Zeit – Relativität, Braunschweig (1991)

Sloterdijk, P., Zur Welt kommen – Zur Sprache kommen, Frankfurt am Main (1988)

Sloterdijk, P., Scheintod im Denken. Von Philosophie und Wissenschaft als Übung, Berlin (2010)

Sommerfeld, A., Zum siebzigsten Geburtstag Albert Einsteins, in: Deutsche Beiträge, Heft 2, München (1949)

Sösemann, B., Theodor Wolff. Tagebücher 1914–1919, Erster Teil, Boppard (1984)

Sösemann, B. & Frölich, J., Theodor Wolff, Berlin (2003)

Stachel, J., Schulmann, R. et al., The Collected Papers of Albert Einstein, Vols. 1–13, Princeton (1987–2015)

Staude, J. & Hofmann, A., Sonnenforschung in Potsdam, in: Dick, W. & Fritze, K., 300 Jahre Astronomie in Berlin und Potsdam, Frankfurt am Main (2000)

Stern, F., Freunde im Widerspruch. Haber und Einstein, in: Vierhaus, R. & Brocke, B. vom, Forschung im Spannungsfeld von Politik und Gesellschaft. Geschichte und Struktur der Kaiser-Wilhelm-/Max-Planck-Gesellschaft, Stuttgart (1990)

Stoltzenberg, D., Fritz Haber, Weinheim (1994)

Supf, P., Das Buch der deutschen Fluggeschichte, Bd. 2, Stuttgart (1958)

Suttner, B. von, Die Barbarisierung der Luft, in: Internationale Organisation, Heft 6, Berlin (1912)

Szöllösi-Janze, M., Fritz Haber, München (1998)

Tollmien, C., Der »Krieg der Geister« in der Provinz – das Beispiel der Universität Göttingen 1914–1919, in: Göttinger Jahrbuch, Bd. 41, Göttingen (1993)

Trischler, H., Luft- und Raumfahrtforschung in Deutschland 1900–1970, Frankfurt am Main (1992)

Troeltsch, E., Spektator-Briefe. Aufsätze über die deutsche Revolution und die Weltpolitik 1918/22, Tübingen (1924)

Ungern-Sternberg, J. & W. von, Der Aufruf »An die Kulturwelt«, Stuttgart (1996)

Urban, H. F., Die Entdeckung Berlins, Berlin (1912)

Verhey, J., Der »Geist von 1914« und die Erfindung der Volksgemeinschaft, Hamburg (2000)

Vierhaus, R. (Hrsg.), Das Tagebuch der Baronin Spitzemberg, Göttingen (1963)

Vierhaus, R. & Brocke, B. vom (Hrsg.), Forschung im Spannungsfeld von Politik und Gesellschaft. Geschichte und Struktur der Kaiser-Wilhelm-/Max-Planck-Gesellschaft, Stuttgart (1990)

Walter, O., Bider, der Flieger, Olten (1938)

Wazeck, M., Einsteins Gegner, Frankfurt am Main (2009)

Wehler, H.-U., Deutsche Gesellschaftsgeschichte 1914–1949, München (2003)

Wenzel, G., Schöneberg voran!, in: Berliner Geschichtswerkstatt, August 1914. Ein Volk zieht in den Krieg, Berlin (1989)

Wilde, H., Walther Rathenau, Hamburg (1971)

Literatur

Willstätter, R., Aus meinem Leben, Weinheim (1940)
Winkler, H. A., Weimar 1918–1933, München (1993)
Wuensch, D., Zwei wirkliche Kerle, Göttingen (2005)
Wußing, H., 6000 Jahre Mathematik, Heidelberg (2009)
Zott, R., Fritz Haber in seiner Korrespondenz mit Wilhelm Ostwald sowie in Briefen an Svante Arrhenius, Berlin (1997)
Zott, R., Wilhelm Ostwald und Walther Nernst in ihren Briefen, Berlin (1996)
Zuelzer, W., Der Fall Nicolai, Frankfurt am Main (1981)

Bildnachweise

Abb. 1: gemeinfrei
Abb. 2: © akg-images
Abb. 3: © http://www.luftfahrtarchiv.eu/
Abb. 4: gemeinfrei
Abb. 5: © Archiv der Max-Planck-Gesellschaft, Berlin-Dahlem
Abb. 6: © Hulton Archive
Abb. 8: © akg/Science Photo Library
Abb. 9: © bpk/Kunstbibliothek, SMB, Photothek Willy Römer/Willy Römer
Abb. 10: © akg/Science Photo Library
Abb. 11: © akg-images
Abb. 12: gemeinfrei
Abb. 13: © akg-images
Abb. 14: © akg-images
Abb. 15: © akg-images
Abb. 16: © IAM/akg-images/World History Archive
Abb. 17: gemeinfrei

Personenregister

A

Archimedes *193*
Arco, Georg von *155*
Aristoteles *75*
Arnhold, Eduard *62*
Auguste Viktoria, Kaiserin von Deutschland *125*

B

Bach, Johann Sebastian *211*
Baeyer, Adolf von *118*
Bauer, Max *151*
Beese, Melli *54, 56*
Beethoven, Ludwig van *118, 217*
Behrens, Peter *50*
Behring, Emil von *118*
Bergson, Henri *116*
Bernstein, Eduard *268*
Besso, Michele *98, 105, 123, 168, 192, 257, 271 f.*
Besso-Winteler, Anna *98*
Bethmann Hollweg, Theobald von *96, 103, 157 f., 223*
Bider, Oskar *5, 17 ff.*
Bismarck, Otto von *89*
Blériot, Louis *18 f.*
Boelcke, Oswald *238*
Bohr, Niels *94*
Born, Hedwig *210, 221*
Born, Max *143, 152, 172, 210 f., 215, 220 f., 224, 233, 237, 242, 248, 254, 267 f., 278*
Bosch, Carl *138*
Bosch, Robert *212*
Brindejonc, Marcel *18*

C

Carol I., König von Rumänien *42, 45*
Cassirer, Paul *272*
Chávez, Jorge *18*
Clark, Christopher *43*
Curie, Eve *35, 37 f.*
Curie, Irène *35, 38*
Curie, Marie (geb. Maria Sklodowska) *29, 31, 34 f., 37 f., 40 f., 120*
Curie, Pierre *31, 34*

D

Deimling, Berthold von *151, 154*
Delbrück, Hans *189*
Dietrich, Marlene *259*
Drago, Marco *209*
Dreyfus, Alfred *116*
Duisberg, Carl *112, 114 ff., 144 f., 157, 160, 226 f.*

E

Ebert, Friedrich *262, 266, 268, 270*

Personenregister

Echnaton 62
Eddington, Arthur Stanley 254
Ehrenfest, Paul 83, 85f., 96, 109, 123, 231
Ehrhardt, Paul Georg 239f.
Ehrlich, Paul 118
Einstein, Eduard 24, 37, 57, 80, 106, 148, 257
Einstein, Elsa (geb. Löwenthal) 6, 26f., 38ff., 57f., 88, 97f., 100, 106, 122ff., 134f., 146, 150, 155, 192, 214, 247ff., 258ff.
Einstein, Fanny 58, 97
Einstein, Hans Albert 24, 35, 37, 60, 79, 106, 148, 192, 247
Einstein, Hermann 66
Einstein, Maja 268
Einstein, Mileva (geb. Maric) 24, 27, 29, 31ff., 41, 44, 46, 57f., 60, 80ff., 84, 96ff., 105f., 122, 134, 161, 192, 214, 257f.
Einstein, Pauline 32, 57f., 96f., 106, 264
Einstein, Rudolf 58, 97
Eisner, Kurt 272
Ekstrand, Ake Gerhard 141
Engler, Carl 132
Euklid 181, 185, 187f., 191, 203

F

Falkenhayn, Erich von 96, 113, 144, 147f., 153, 222
Fischer-Dückelmann, Anna 99
Fischer, Emil 118, 120, 147, 152
Fontane, Theodor 62
Förster, Wilhelm 125
Franck, James 94, 152
Frank, Philipp 123, 212
Franz Ferdinand, Erzherzog von Österreich 81

Franz Joseph I., Kaiser von Österreich 44
Freundlich, Erwin 93, 109, 175, 211
Fulda, Ludwig 30, 117
Fürst, Arthur 50, 241
Futran, Alexander 272

G

Gehrke, Ernst 84ff., 90ff.
Georg V., König von England 95
Gerlach, Hellmut von 115, 272
Goethe, Johann Wolfgang von 118
Grelling, Richard 218
Gröben, Unico von der 155
Grossmann, Marcel 184ff., 193

H

Haase, Hugo 216f.
Haber, Charlotte (geb. Nathan) 212, 226, 243
Haber, Clara (geb. Immerwahr) 60, 80, 98ff., 132, 138f., 145, 154f., 160f.
Haber, Fritz 7, 59ff., 63f., 75, 79, 98, 100, 104ff., 111ff., 118, 120, 128f., 131ff., 149ff., 159ff., 211f., 224, 226ff., 242f., 255f., 270, 277, 279f.
Haber, Hermann 60, 129, 131, 143, 148f., 155, 280
Hafele, Joseph C. 91
Haffner, Sebastian 130, 262, 266
Hahn, Otto 61, 152f., 160, 225
Hauptmann, Gerhart 59, 212
Haydn, Joseph 210
Heinrich, Prinz von Preußen 54
Hertz, Gustav 94, 152
Hertz, Heinrich 67
Hertz, Paul 190f.
Hilbert, David 8, 165, 186ff., 196, 199ff., 254, 256
Hindenburg, Paul von 222, 251

Hirschfeld, Magnus 265, 272
Holitscher, Arthur 219
Hulse, Russell 207
Hume, David 82
Humm, Rudolf Jakob 214

I

Immerwahr, Clara. Siehe Haber, Clara

J

Jannasch, Lilli 216
Just, Gerhard 145

K

Kafka, Franz 19
Kandulski, Walter 238
Kant, Immanuel 118
Kaufler, Helene 32, 36
Keating, Robert E. 91
Kepler, Johannes 185
Kessler, Harry Graf 245 f., 272
Kirchner, Ernst Ludwig 49 f.
Koch, Caesar 109
Koch, Jakob 58, 60, 66, 97
Kollwitz, Käthe 272
Kopernikus, Nikolaus 83, 233, 273, 276
Koppel, Leopold 22, 62 f., 132, 134, 150, 152, 243
Krassa, Paul 154

L

Lamprecht, Karl 119
Landauer, Gustav 272
Langevin, Paul 35, 41
Laue, Max von 184, 280
Le Corbusier 50
Leibniz, Gottfried Wilhelm 200

Lenard, Philipp 118
Leonardo da Vinci 155
Leonhard, Jörn 107
Lichnowsky, Karl Max von 155
Lichtenberg, Georg Christoph 77
Liebknecht, Karl 217, 262, 272
Lorentz, Hendrik Antoon 121, 156, 215, 252, 254
Löwenthal, Elsa. Siehe Einstein, Elsa
Löwenthal, Ilse 58, 88 ff., 247, 249, 258 ff.
Löwenthal, Margot 58, 247 f., 260
Ludendorff, Erich 222, 224, 250 f., 260 f.
Lütge, Hermann 146
Luxemburg, Rosa 272

M

Mach, Ernst 217
Mann, Heinrich 218, 272
Mann, Thomas 212
Maric, Mileva. Siehe Einstein, Mileva
Marinetti, Filippo Tommaso 43
Max von Baden 262
Maxwell, James Clerk 66 ff., 85, 169 f., 184, 211
Mayer, Gustav 160
Meitner, Lise 31, 146, 153, 217
Mendelssohn, Kurt 148
Mie, Gustav 191, 199, 201
Moltke, Helmuth von (d. Ä.) 108
Moltke, Helmuth von (d. J.) 96, 109
Mordacq, Jean Henri 159
Mozart, Wolfgang Amadeus 211
Münkler, Herfried 104, 157
Musil, Robert 47, 83, 110

N

Nathan, Charlotte. Siehe Haber, Charlotte
Neffe, Jürgen 57
Negwer, Maximilian 49
Nernst, Edith 147
Nernst, Emma 154
Nernst, Rudolf 114, 147
Nernst, Walther 5ff., 21f., 26f., 63f., 94, 112, 114, 118, 120, 137, 144f., 147ff., 211, 217, 221ff., 242f., 277
Newton, Isaac 6, 8, 85, 168ff., 179f., 182, 186, 195f., 200, 211, 232, 272, 275
Nicolai, Georg Friedrich 125ff., 249, 258f., 272, 276
Nikolaus II., Zar 95, 103f., 261
Nofretete 62

O

Ostwald, Wilhelm 118

P

Paasche, Hans 272
Pechstein, Max 272
Pégoud, Adolphe 53, 55f., 238
Pétain, Philippe 219
Planck, Karl 220
Planck, Max 5ff., 21ff., 26f., 31, 59, 64, 83, 92ff., 106, 112f., 118, 120ff., 125, 149f., 156, 176ff., 188f., 210f., 215ff., 220, 242f., 248, 251ff., 276ff.

R

Rathenau, Walther 59, 112f., 133, 212, 218f., 269f.

Renn, Jürgen 197, 235
Reuter, Ernst 155
Richthofen, Manfred von 238
Roentgen, Wilhelm 118, 121
Rolland, Romain 158, 165ff., 193, 243
Rupprecht von Bayern 152

S

Sackur, Otto 145f.
Savic, Helene (geb. Kaufler) 37, 44
Scheidemann, Philipp 262, 266
Schickele, René 122
Schmidt-Ott, Friedrich 132
Schopenhauer, Arthur 278
Schubert, Franz 217
Schulmann, Robert 127
Schwarzschild, Karl 177, 203ff.
Seeberg, Reinhold 189, 267, 270
Simon, James 62
Sitter, Willem de 86, 206, 235
Sklodowska, Maria. Siehe Curie, Marie
Sloterdijk, Peter 15, 213
Solvay, Ernest 64
Sommerfeld, Arnold 175f., 188, 197
Sophie, Herzogin von Hohenberg 81
Spinoza, Baruch de 82
Spitzemberg, Hildegard von 52
Stern, Fritz 132
Stresemann, Gustav 157
Suttner, Bertha von 54
Szöllösi-Janze, Margit 141, 150

T

Tanner, Hans 25
Taylor, Joseph 207
Tepper-Laski, Kurt von 155
Tisza, Istvan 95f.
Treitschke, Heinrich von 218
Troeltsch, Ernst 222, 247, 261, 264

Trotzki, Leo *245f.*
Tucholsky, Kurt *270*

U

Urban, Henry F. *52*

V

Valentiner, Wilhelm Reinhold *271*

W

Wankmüller, Romeo *239, 241*
Warburg, Emil *248*
Weber, Alfred *271*
Wertheimer, Max *267*
Wien, Wilhelm *118f.*

Wilhelm II., Kaiser von Deutschland *44, 50ff., 59, 95f., 102ff., 112, 217, 261*
Willstätter, Richard *139, 152*
Wilson, Woodrow *261, 278*
Witting, Richard *265*
Wolff, Theodor *269, 271*
Wright, Orville *18*
Wright, Wilbur *18*

Z

Zangger, Heinrich *7, 105, 122f., 127, 142, 148, 155, 192, 200, 213, 217, 222, 247, 254, 257, 278f.*
Zeppelin, Ferdinand von *17, 236f.*
Ziolkowski, Konstantin *39*
Zola, Émile *116*